土木工程设计施工图例

建筑结构施工图示例及讲解

周献祥 编著

中国水利水电出版社
www.waterpub.com.cn
知识产权出版社
www.cnipr.com

内容提要

本书通过选择一套设计深度和表达基本符合《建筑工程设计文件编制深度的规定》的民用建筑中常见的砌体结构、框架结构、剪力墙结构和框架-剪力墙结构的工程实际施工图作为示例，并就结构类型及适用范围、计算方法、结构施工图设计中经常采用的图集，以及相关结构设计理论进行系统的论述和提示，对目前常见结构类型的施工图做了详细而明确的说明，以期达到图文互补、看图释义的目的。

本书可供结构设计人员、大专院校学生，以及施工、监理人员参考。对于广大从事毕业设计的土建专业高年级在校大中专学生及刚从事结构设计的年轻工程师来说，是一本难得的帮助其迅速了解结构设计的参考资料。

策划编辑：阳　淼　张宝林　董拯民
责任编辑：阳　淼　董拯民

图书在版编目（CIP）数据

建筑结构施工图示例及讲解／周献祥编著．—北京：中国水利水电出版社：知识产权出版社，2007
（土木工程设计施工图例）
ISBN 978-7-5084-4839-8

Ⅰ．建…　Ⅱ．周…　Ⅲ．建筑制图—识图法　Ⅳ．TU204

中国版本图书馆 CIP 数据核字（2007）第 105025 号

土木工程设计施工图例
建筑结构施工图示例及讲解
周献祥　编著
中国水利水电出版社 / 知识产权出版社　出版 发行
（北京市西城区三里河路 6 号；电话：010-68331835　68357319）
（北京市海淀区马甸南村 1 号；电话、传真：010-82000893）
北京科水图书销售中心（零售）　电话：（010）88383994、63202643
全国各地新华书店和相关出版物销售网点经销
中国水利水电出版社微机排版中心排版
北京市兴怀印刷厂印刷
787mm×1092mm　横 8 开　12 印张　299 千字
2007 年 9 月第 1 版　2007 年 9 月第 1 次印刷
印数：0001—4100 册
定价：**30.00** 元
ISBN 978-7-5084-4839-8

前　言

目前我国建筑业正处在蓬勃发展阶段，建筑结构设计队伍也不断壮大，每年都有大批毕业生加入建筑结构设计行列。对于刚刚从事结构设计工作的工程师以及在中、小设计单位工作的工程师来说，结构施工图要表达到什么深度是他们最关心的问题，虽然建设部颁发了《建筑工程设计文件编制深度的规定》，但由于它只是文字表述，不能像图形那样能给人以具体、形象的概念。为弥补这一不足，本书选择了一套设计深度和表达基本符合《建筑工程设计文件编制深度的规定》的民用建筑中常见的砖混结构、框架结构、剪力墙结构和框架-剪力墙结构的工程实际施工图作为示例，并就结构类型及适用范围、计算方法、结构施工图设计中经常采用的图集，以及相关结构设计理论进行系统的论述和提示，以期达到图文互补、看图释义的目的。由于这些图例均来自实际工程设计，图面表达反映了作者所在设计院的一些习惯，也不可避免地将作者本人的设计风格和制图习惯反映到图纸中，而没有完全按照《建筑工程设计文件编制深度的规定》和有关制图规范、标准图集的要求作调整和修改。《红楼梦》第48回林黛玉教香菱学作诗，指出："起承转合、平声对仄声、虚对实、实对虚等这些格调规矩究竟还是末事，只要词句新奇为上。若意趣真了，连词句不用修饰，自是好的，这叫做'不以词害意'"。作者之所以选用不完全规范但确实是实际工程中用过的图纸，是因为结构施工图的主要目的在于指导施工，只要能表达清楚、全面、别人能看得懂且不产生歧义即可，不一定要完全按有关制图规范绘图，我们要重视图面表达，但不唯图面。不能因为图面表达的重要性，而不自觉地将结构工程师沦为百分百的"画图匠"，结构工程师的职责还有很多。同样，对于手册、规范上的一些规定，如果影响使用和其他要求时，就应以基本理论和工程概念为依据，寻求适当的变通方法，而不宜被手册、规范上的一些规定所束缚。

总结作者十几年的结构设计经验，作者认为结构工程师应具备以下基本修养：

（1）工程师必须会选型。面对一个实际工程设计项目，作为工程师首先要做的就是要选择结构类型、确定构件规格、型号或断面尺寸，然后才能计算荷载，才能选定合适的软件上机计算。一个项目结构设计的合理性往往取决于选型的优、劣，它是设计者理论素养、工程经验和设计思想的综合反映。列夫·托尔斯泰说："正确的道路是这样：吸取你的前辈所做的一切，然后再往前走。"工程设计最忌讳的是一切从零开始，希望本书所提供的一些实例和理论分析，有助于经验不足的结构工程师能合理地选型。

（2）考虑问题的全面性、综合性。有一个故事，说得是从前江苏扬州有兄弟二人，哥哥是衙门的书吏，弟弟正在念书准备应考。有一年的中秋节，皓月当空，兄弟二人在庭院赏月之际，哥哥一时兴起，就让弟弟以月为题作一首诗。弟弟略作思索后吟诵道："月光如水照扬州……"弟弟刚说出第一句，哥哥马上叫停，并训斥道："怎么能这么说呢？既然月光如水就应该普照天下，怎么会只照扬州而不照其他地方呢，显然不通。应改为'月光如水照扬州等地'，这样意思就全面了。"虽然故事中哥哥改诗有点"画蛇添足"，但哥哥考虑问题的全面性、综合性值得结构工程师学习。结构设计的全面性和综合性不仅体现在结构选型、结构布置时要综合考虑建筑专业、设备专业对结构的各种要求，还要考虑施工，以及使用过程中的一些不利因素和可能的使用功能变化。结构设计太保守、太浪费不合适，但使用功能稍有变化就得加固也不宜提倡，因为这种做法是另一种形式的浪费。此外，由于施工现场的多变性及参与施工人员素质的参差不齐，施工图设计中将我们习以为常的内容在施工图中表示出来，常常是解脱设计责任的必备措施，同时，某些关键内容的重复表示也是经常的，这也许是施工图设计的一大特色。

（3）变通的能力。结构工程师要处理的问题是很多的，有些问题是可以预见的，有些问题可以采用常规的方法解决，而大量的是需要工程师凭理论、经验和判断解决的。例如，框架结构的梁高选取，规范和手册给出的经验值，对于常规使用条件下往往是有富余的，如果实际工程中要求的梁高取值小于规范和手册给出的经验值，就必须要一套详细的计算方法。再如，对于现浇钢筋混凝土框架结构，框架梁配筋一般按矩形截面计算的，但由于现浇板的作用，跨中截面可以按 T 形截面计算，所以跨中截面如果按矩形截面计算配筋，则跨中截面承载力有富余量。如果使用阶段梁上使用荷载比原设计有所增加，按照新的荷载计算梁的内力并按 T 形截面计算配筋后，往往出现跨中截面安全仍有裕度，而支座配筋不足的情况。出现这种情况要么加固支座配筋，要么将支座负弯矩调到跨中，但《钢筋混凝土连续梁和框架考虑内力重分布设计规程》（CECS51：93）规定的调整幅度一般不宜超过 25%，突破这一限值后行不行呢？此外，《混凝土结构设计规范》（GB 50010—2002）第 10.1.2 条规定：四边支承板当长边与短边长度之比 $L_2/L_1 \leqslant 2$ 时，应按双向板计算；当 $2 < L_2/L_1 < 3$ 时，宜按双向板计算，如按沿短边方向受力的单向板计算时，应沿长边方向布置足够数量的构造钢筋；当 $L_2/L_1 \geqslant 3$ 时，可按沿短边方向受力的单向板计算。这就出现了一个问题，即当 $2 < L_2/L_1 < 3$ 时，究竟是属于双向板还是单向板？目前，钢筋混凝土双向板在竖向荷载的作用下的内力分析有两类方法：将双向板视为均质弹性体的弹性理论计算方法和考虑钢筋混凝土塑性变形影响的塑性理论方法。既然弹性理论计算方法跨中和支座配筋均比塑性理论大，塑性理论方法可靠吗？在目前我国现行规范的可靠度水准比较低的情况下，是否具有降低结构工程造价的可能性呢？本书将这类问题根据内容的相关性穿插在各个章节中，并分别作了相应论述，这也是本书的一大特色。

感谢我院领导对本书出版的大力支持！感谢我的同事！在与他们的工作配合和技术交流中，学到了源自他们的一些好的表示方式、节点大样以及处理问题的经验。郭沫若先生曾有诗云：“读书卅载探龙穴，云水茫茫未得珠。知有神方医俗骨，难排蛊毒困穷隅。”结构专业涉及面很广、基础理论十分深奥，虽然本书所引用的工程和理论讲述仅为示例，但仍感到“云水茫茫未得珠”，疏漏和不当之处恳请“神方”和同行指正！

作　者

2007 年 7 月于总后建筑设计研究院

目　录

前言

第 1 章　砌体结构 …… 1

第 1 节　砌体结构施工图深度要求及示例 …… 1

第 2 节　现浇钢筋混凝土双向板塑性设计的可靠性和经济性 …… 11

第 3 节　双向板与单向板的分界界限 …… 14

第 4 节　关于钢筋混凝土连续梁弯矩调幅法的调幅限值 …… 15

第 5 节　若干构造 …… 16

第 6 节　多层砖墙-混凝土墙楼房的抗震性能 …… 20

第 2 章　框架结构 …… 23

第 1 节　框架结构施工图设计深度要求及工程示例 …… 23

第 2 节　大直径灌注桩与柱下条形基础的经济性比较 …… 37

第 3 节　关于框架结构梁高取值 …… 38

第 4 节　钢筋混凝土结构的间接传力作用 …… 43

第 5 节　强剪弱弯及强柱弱梁与配筋方式 …… 49

第 6 节　防止短柱脆性破坏的有效配筋方式 …… 49

第 7 节　梁侧面腰筋设置问题 …… 49

第 8 节　03G101—2 图集中的楼梯板支座负筋的取值问题的讨论 …… 50

第 3 章　剪力墙结构 …… 51

第 1 节　剪力墙结构施工图设计深度要求及工程示例 …… 51

第 2 节　剪力墙结构与异形柱框架-剪力墙结构的经济效益比选 …… 65

第 3 节　养护措施对混凝土强度及收缩的影响 …… 67

第 4 节　关于剪力墙结构拉筋梅花形布置问题的讨论 …… 70

第 4 章　框架-剪力墙结构 …… 72

第 1 节　框架-剪力墙结构施工图设计深度要求及工程示例 …… 72

第 2 节　框架-剪力墙结构设计的若干问题 …… 82

附录　按极限平衡法计算四边支承塑性板 …… 83

参考文献 …… 87

第1章　砌　体　结　构

第1节　砌体结构施工图深度要求及示例

1.1　砌体结构类型及适用范围

砌体结构包括无筋砌体（墙、柱或壁柱）和配筋砌体。配筋砌体又分为配筋砖砌体和配筋混凝土砌块砌体；配筋砖砌体又分为网状配筋砖砌体、砖砌体与钢筋混凝土面层或钢筋砂浆面层组合墙砌体、砖砌体与混凝土构造柱组合砌体、混凝土构造柱及网状配筋组合砖砌体。

砌体结构体系的适用范围如下：

（1）在静力或非抗震（抗震设防烈度低于6度）条件下，结构体系在满足承载力、稳定和规定的变形要求，并同时具有良好的经济技术指标时，除规范规定者外，体系的适用高度、层数和跨度，允许高宽比，见表1.1。

表1.1　非抗震设防时砌体结构体系的适用范围[26]（建议）

结构体系	砌体类型	高度或宽度	层数或层高	高宽比
单层房屋	砖柱或砖壁柱 组合砖柱（含壁柱） 配筋砌块柱（含壁柱）	跨度≤15m 跨度≤18m 跨度≤24m	柱顶高度≤6.6m 柱顶高度≤7.2m 柱顶高度≤7.8m	
多层及高层房屋	无筋砌体墙 混凝土组合墙（加网状配筋）	高度≤30m 高度≤42m	≤10层 ≤14层	≤6
高层房屋	配筋砌块剪力墙	高度≤60m	≤20层	≤6

注　1. 表中单层房屋的跨越构件系按预应力混凝土双T屋面板考虑的，见东北标办DYG2000—10图集；当采用其他轻型钢结构屋盖时，其跨度或高度可不受此限制。
2. 单层房屋宜设计成刚性或刚弹性方案房屋，多层砌体房屋应设计成刚性方案房屋。

（2）对于抗震设防烈度不低于6度地区的砌体结构，在规定的地震作用下，必须满足“小震不坏、中震可修和大震不倒”的设防标准，其适用高度、层数、层高、高宽比、跨度、抗震横墙间距以及砌体墙段的局部尺寸，均应符合《建筑抗震设计规范》（GB 50011—2001）第7.1.1～7.1.7条、第9.3.1～9.3.4条、第10.1.3条，第F1.1条、第F1.3条的要求。

图1.1　中国台湾921集集地震埔里镇某角屋破坏图片

由于空间需求，两面临街道的建筑，常因设置转角窗而致使角部缺少必要抗震墙或柱子，同时因墙壁配置不均匀，在大震作用下通常房屋倾向街角而倒塌，如图1.1所示。因此，多层砌体结构应尽量避免在房屋的角部设置转角窗。《北京市技术措施》[15]第4.1.6条指出：“当8度区房屋层数为3层及3层以下、7度区房屋层数为4层及4层以下时，在采取可靠的加强措施后，可以在房屋的角部设置转角窗，但应有相应的加强措施。”

砌体结构设计时容易忽略墙体的稳定性。多层砌体房屋的下列部位应注意验算墙体的稳定性[26]：顶层楼梯间墙体、楼板侧边未伸入外墙或无拉结的外墙、较高或较长的隔墙、较高或较长的半砖墙、宽度较小的窗间墙、开孔较大的承重墙、嵌固悬挑构件（阳台、雨篷、挑檐等）上的墙体、纵横跨交接处的悬墙、较高而无拉结的女儿墙等。

1.2　砌体结构抗震验算计算方法

（1）采用手算时，多层砌体结构抗震计算可采用底部剪力法。一般情况下多层砌体结构可对建筑物纵、横两个方向进行水平地震作用下的抗震验算。一般可只选承载面积较大或竖向应力较小的墙段进行截面抗剪验算。每一楼层内各道墙的水平地震剪力分配，以及同一道墙各墙段地震剪力分配计算方法详见《北京市建筑设计技术细则——结构专业》[15]第4.2节。

（2）采用电算时，目前国内常用的计算程序是由中国建筑科学研究院编制的PMCAD。

1.3　砌体结构施工图设计中经常选用的图集

（1）03G363，即《多层砖房钢筋混凝土构造柱抗震节点详图》，主要是构造柱和圈梁的选用及构造做法。对于多孔砖墙体可选用96SG612，即《多孔砖墙体结构构造》；北京地区可选用京99SJ34，即《多孔砖墙体构造图集》。图集96（03）SG613—1～2即《混凝土小型空心砌块墙体结构构造》适用于混凝土小型空心砌块墙体。图集03SG615则是配筋混凝土砌块砌体建筑和结构的构造。

（2）04G101—4，即《混凝土结构施工图平面整体表示方法制图规则和构造详图（现浇混凝土楼面与屋面板）》，是现浇混凝土楼面与屋面板配筋构造标准图集。而图集03G101—1，即《混凝土结构施工图平面整体表示方法制图规则和构造详图（现浇混凝土框架、剪力墙、框架-剪力墙、框支剪力墙结构）》，是现浇混凝土框架、剪力墙、框架-剪力墙的制图规则和构造详图。

（3）03G101—2，即《混凝土结构施工图平面整体表示方法制图规则和构造详图（现浇混凝土板式楼梯）》，是现浇混凝土板式楼梯的制图规则和构造详图。

（4）《钢筋混凝土雨篷（建筑、结构合订本03G372）》是雨篷构造详图，常规的雨篷可直接选用该图集，不必另行绘制雨篷配筋图。

（5）04G101—3，即《混凝土结构施工图平面整体表示方法制图规则和构造详图（筏形基础）》，是筏形基础和基础梁的制图规则和构造详图。

（6）《预应力混凝土圆孔板（SG435—1～2）》图集适用于跨度2.1～7.2m，当跨度大于7.2m时，可选用《SP预应力空心板（05SG408）》图集，SP预应力空心板最大跨度可达18m。

（7）各地常用的管沟图集，如“京92G15”，以及预制过梁图集，如“京92G21”或“京99SJ34（多孔砖墙体）”。

（8）人防地下室见《防空地下室结构设计（2004年合订本）（FG01～03）》图集。人防计算及构造要求详见《2003全国民用建筑工程设计技术措施——防空地下室》。

（9）预埋件见国家标准图集《钢筋混凝土结构预埋件》，图集号04G362。图集中分为：轴心受拉预埋件、拉弯剪预埋件、压弯剪预埋件、构造预埋件和吊筋预埋件，常用的预埋件都可以直接引用。

1.4 砌体结构施工图设计总说明

砖混结构设计总说明是结构施工图的总纲，也是施工图审查的最重要的内容。每一单项工程应编写一份结构设计总说明，对于多子项工程宜编写统一的结构设计总说明。如为简单的小型单项工程，则设计总说明中的内容也可分别写在基础平面图和各层结构平面图上。砖混结构设计总说明的主要内容如下：

（1）概况。包括砌体结构形式、层数（含地下、地上）、使用功能、建设地点等。

（2）设计±0.000标高所对应的绝对标高。图纸中标高、尺寸相应的单位，一般标高为米（m），其余尺寸均以毫米（mm）为单位。

（3）设计依据。本工程结构设计所采用的主要标准及法规，岩土工程地质和水文地质资料的名称和编号、勘探单位及其提供资料的日期。

（4）建筑结构的安全等级和设计合理使用年限。设计合理使用年限既是风荷载、雪荷载以及地震作用参数确定的依据，又是主体结构保修年限确定的依据，与施工合同的订立有关。

（5）自然条件。包括抗震设防烈度和设防类别、场地类别、设计地震分组、风荷载、雪荷载、地基土的标准冰冻深度、地下水位及其变化、基础持力层及承载力、构件的环境类别，楼（屋）面使用活荷载、人防工程的抗力等级等。必要时给出某些部位施工荷载限值、地面堆载允许值。防火等级一般在建筑施工图中交代，但有的单位结构图中也要求标注。

（6）地基基础选型。包括地基基础设计等级，地基处理方案或抗液化措施及要求、基础形式、基础埋深及持力层名称；若采用桩基，应说明桩的类型、桩端持力层及进入持力层的深度。

（7）上部结构抗侧力体系的类型，构件的抗震等级、梁板选型（是现浇还是预制、是否采用预应力体系和空心楼盖体系等），以及混凝土结构的耐久性要求。

（8）主要结构材料。包括各部位的混凝土等级、抗渗等级、钢筋等级及对连接的要求（搭接和锚固的具体构造要求及搭接和锚固长度、焊接或机械连接的部位和构造要求）、墙体材料的选用及砌块和砂浆等级、预埋件、吊钩等。

（9）主要结构体系的构造做法。包括圈梁、构造柱及节点核心区纵向受力钢筋的锚固和搭接要求，箍筋加密区的设置要求；主、次梁交接处附加筋构造；板和次梁支座处钢筋的锚固做法；梁腰筋的设置要求；受力主筋保护层厚度；填充墙与主体结构的连接构造做法等。

（10）对施工的具体要求。根据《砌体结构设计规范》（GB 50003—2001）及《砌体工程施工质量验收规范》（GB 50203—2002）应指明砌体施工质量控制等级（一般为B级）；地基验槽；基坑回填方法和时间、填料选择和压实要求；大跨度梁板支模起拱要求；基础筏板，以及当两方向相交的梁高相同时，支座负筋和跨中钢筋纵横两方向钢筋哪一方向在上层、哪一方向在下层；各部分的施工顺序、后浇带的部位及施工要求（混凝土等级、浇筑混凝土的时间）；悬臂构件等重要部位拆模时的混凝土强度等级；预应力等特殊构件的施工要求（预应力筋的张拉方法、张拉顺序、张拉控制应力、预应力筋的锚固、预留孔的灌浆要求等）；钢筋和预埋件的制作安装，混凝土拌制、浇灌、养护、拆模等的特殊要求；冬、雨季施工措施；预制构件的制作、起吊、运输和安装要求等。

（11）测试要求。对桩基要求做确定承载力的静压桩试验及桩身质量稳定性的动测；有沉降观测要求的建筑的沉降观测要求（观测点布置、观测时间）等。

（12）本工程所采用的国家、行业及地方标准图集、通用图集，以及采用本设计单位重复利用图的图名及编号等。

（13）其他。

附带说明一下，施工图中的文字说明属于表述性的内容，我个人主张尽量少用动词而多用名词。记得1983年我在南京生产实习时，见过一张施工图（不是总说明）的所有文字说明中没有一个动词，令我不由得想起马致远的小令：“枯藤老树昏鸦，小桥流水人家，古道西风瘦马”的那种境界。虽然我至今的工程设计仍未能达到这种境界，但我还是推崇文字的“雅”。既然按图施工已成为我国的一条工程建设的基本原则，诸如“板混凝土等级为C30”与“板混凝土等级C30”、“板支模起拱不得小于2L/1000”与“板支模起拱≥2L/1000”、“混凝土湿养不应小于7d”与“混凝土湿养7d”等类似的前后两种表达方式之间意义差别不大。

1.5 基础平面图标注的内容

根据《建筑工程设计文件编制深度规定(2003年版)》，基础平面图的设计深度具体要求如下：

（1）绘出定位轴线、基础构件（包括承台、基础梁）的位置、尺寸、底标高、构件编号。建筑物的基础底标高有变化时，应标出放坡做法示意。

（2）标明结构承重墙及墙垛、柱的位置与尺寸、编号。为了避免图面标注尺寸太拥挤，对于钢筋混凝土剪力墙、框架柱，如果剪力墙、框架柱采用平面表示法绘制配筋图，在基础平面中，可只示意剪力墙、框架柱的平面位置，其具体尺寸以及定位关系，可在剪力墙、框架柱配筋平面图上表示。

（3）标明地沟、地坑和已定设备基础的平面位置、尺寸、标高。无地下室时，±0.000标高以下的预留孔、预埋件的位置、尺寸、标高等，也可在基础平面图中表示。

（4）说明中应包括基础持力层及基础进入持力层的深度，地基承载力特征值（北京地区为标准值，即本地区有勘察规范时，与本地区的勘察规范取值相一致；本地区无勘察规范时，按全国规范），基底及基槽回填土的处理措施与要求，土质地基的钎探等对施工的有关要求。这部分内容如总说明中已作了交代，可不再重复或适当简化。

（5）当采用人工复合地基时，应绘制出复合地基处理范围和深度，置换桩的平面布置及其材料和性能要求、构造详图。注明复合地基的承载力特征值、压缩模量等有关参数，以及检测要求。

常用的地基处理方法有[26]换填法、强夯法、砂石桩法、振冲法、水泥土搅拌法、高压喷射注浆法、预压法、夯实水泥土桩法、水泥粉煤灰碎石桩法、石灰桩法、灰土挤密桩法和土挤密桩法、柱锤冲扩桩法、单液硅化法和碱液法等。

在确定地基处理方案时，宜选取多种方法进行比选。对于复合地基而言，方案选择是针对不同土性以及设计所要求的承载力的提高幅度，选取适宜的成桩工艺和增强体材料。

（6）如采用桩基础，应绘出桩位平面位置及定位尺寸，说明桩的类型和桩顶标高、入土深度、桩端持力层及进入持力层的深度、成桩的施工要求、试桩要求和桩基检测要求（如先做试桩，应先单独绘制试桩定位平面图），注明单桩的允许极限承载力值。

从经济性角度，多层砌体结构尽量不用桩基础。如地基承载力不足且没有地下室，可考虑采用复合地基，基础采用无筋扩展基础；如有地下室，可考虑采用筏板基础，如考虑地基承载力深度和宽度修正后仍不满足承载力要求，或沉降变形不满足要求时，可采用复合地基。一些地区复合地基施工有困难或施工经验不足，或桩基础技术经济指标更好时，也可采用桩基础。上海地区由于其桩基础经验相当丰富，桩基础造价与其他基础形式相比也不高，所以上海地区对于4层以上的砌体结构可选用考虑桩土共同工作的微型桩基础。总之，基础形式的选用，地区经验很重要。如果一个带地下室工程，既可以采用复合地基，又可以采用桩基础，而且两者造价相差不大时，作者主张采用复合地基，因为复合地基基础底板下面可以做柔性卷材防水，而桩基础基础底板下面即使做柔性卷材防水，卷材也不可能贯通，防水性能不如复合地基。

（7）对有沉降观测要求的建筑物，提出沉降观测要求及测点布置，宜附测点构造详图。

1.6 基础详图标注的内容

根据《建筑工程设计文件编制深度规定（2003年版）》，基础详图的设计深度具体要求如下：

（1）无筋扩展基础应绘出剖面、基础圈梁、防潮层位置（可在建筑图中表示），并标注总尺寸、分尺寸、标高及定位尺寸。

（2）扩展基础应绘出平、剖面及配筋、基础垫层，标注总尺寸、分尺寸、标高及定位尺寸。

（3）桩基应绘出承台梁剖面或承台板平面、剖面、垫层、配筋，标注总尺寸、分尺寸、标高及定位尺寸，桩构造详图及与承台的连接构造详图。

（4）筏基、箱基可参照现浇楼面梁、板详图的方法表示，但应绘制出承重墙、柱的位置。当要求设置后浇带时应表示其平面位置，并绘制构造详图。对箱基和地下室基础，应绘制出钢筋混凝土墙的平面、剖面及其配筋，当预留孔洞、预埋件较多或复杂时，可另绘墙的模板图或留洞图。

（5）基础梁可参照现浇楼面梁详图方法表示。目前比较简洁的表示方法就是平面表示法，详见国家标准图集04G101—3。

（6）在文字说明中交代基础材料的品种、规格、性能、抗渗等级、垫层材料、杯口填充材料、受力主筋保护层厚度及其他对施工的要求。这部分内容如总说明中已作了交代，可不再重复或适当简化。

对于地下室墙体受力主筋保护层厚度《混凝土结构设计规范》（GB 50010—2002）与《地下工程防水技术规范》（GB 50108—2001）的要求不一致，而且两本规范的相应条文均为强制性条文，建设部2002年出版的《中华人民共和国工程建设标准强制性条文——房屋建筑部分2002年版》第五篇结构设计中，采用《混凝土结构设计规范》（GB 50010—2002）第9.2.1条的规定。因此，作者认为受力主筋保护层厚度可以《混凝土结构设计规范》（GB 50010—2002）第9.2.1条的规定为准。

1.7 结构平面图标注的内容

根据《建筑工程设计文件编制深度规定（2003年版）》，结构平面图的设计深度具体要求如下：

（1）一般建筑的结构平面图，均应有各层结构平面图及屋面结构平面图，包含通常所说的模板图和配筋图，具体内容包括以下几方面：

1）绘出定位轴线，以及梁、柱、承重墙、抗震构造柱等构件的定位尺寸，注明其编号和楼层标高。

2）注明预制板的跨度方向、板号、数量及板底标高，标出预留洞大小及位置，预制梁、门窗洞口过梁的位置、型号和梁底标高。

3）现浇板应注明板厚、板面标高、配筋，以及板厚变化处局部剖面示意。对于预留孔、预埋件、设备基础，应标注出其位置、规格，以及洞边加强措施。当预埋件、设备基础复杂时，为了保证图面的清晰，可另行绘制预留孔、预埋件、设备基础平面图。

4）圈梁应注明位置、编号、标高。圈梁可直接标注在平面图上，也可用小比例绘制单线平面示意图。

5）楼梯间可绘斜线注明编号以及详图所在图号。

6）电梯间应绘制机房平面布置楼面与顶面图，注明梁板编号、板的厚度、配筋、预留洞大小及位置、板面标高，以及吊钩平面位置和吊钩详图。为了简化图面，机房预留洞大小及位置可在建筑图中表示，但板配筋要考虑预留洞的不利影响或设置洞边加强筋。吊钩所在位置最好设置次梁。机房活荷载的选取应适当留有余量，以备一旦建设单位更换电梯规格和型号时，不至于因机房承载力不足而加固。

7）屋面结构平面布置内容以及预留洞、设备基础等与楼层平面类同。当屋面为结构找坡或坡屋顶时，应标注屋面板的坡度、坡向、坡向起终点处的板面标高。应绘制女儿墙及女儿墙构造柱的位置、标号及详图。

8）当选用标准图中节点或另绘节点构造详图时，应在平面图中注明详图索引号。

（2）单层空旷房屋应绘制构件布置图及屋面结构布置图。具体内容包括以下几方面：

1）构件布置应表示定位轴线、墙、柱、天桥、过梁、门樘、雨篷、柱间支撑、连系梁等构件的布置、编号、构件标高及详图索引号，并加注有关说明。

2）屋面结构布置图应表示定位轴线（可不绘墙、柱），屋面结构构件的位置及编号，支撑系统布置及编号、预留孔洞的位置、尺寸、节点详图索引号，有关的文字说明等。

1.8 钢筋混凝土构件详图标注的内容

根据《建筑工程设计文件编制深度规定（2003年版）》，钢筋混凝土构件详图的设计深度具体要求如下：

（1）现浇钢筋混凝土构件，如现浇板、梁、柱、墙等应绘出以下各图：

1）纵剖面、长度、定位轴线、标高及配筋，梁和板的支座。现浇预应力混凝土构件尚应绘制出预应力筋定位图，并提出锚固要求。

2）一般的现浇结构的梁、柱、墙可采用“平面整体表示法（详见03G101—1）”绘制，标注文字较密时，可将纵向和横向分为两幅图分别绘制。

3）横剖面、定位尺寸、断面尺寸、配筋。

4）需要时可增绘墙体立面。

5）若钢筋较复杂不易表示清楚时，宜绘制钢筋分离图。

6）对构件受力有影响的预留洞、预埋件，应注明其位置、尺寸、标高、洞边加强配筋及预埋件编号等。

7）曲梁或平面折梁宜增绘平面图，必要时可绘展开详图。

8）除总说明已叙述外，还需补充说明的一些文字内容。

（2）对于预制构件应绘出以下各图：

1）构件模板图。应表示模板尺寸、轴线关系、预留洞及预埋件位置、尺寸，预埋件编号，必要的标高等。后张预应力混凝土构件尚需表示预留孔道的定位尺寸、张拉端、锚固端等。

2）构件配筋图。纵剖面表示钢筋形式、箍筋直径和间距，配筋复杂时，宜将非预应力筋分离绘出。横剖面注明断面尺寸、钢筋规格、位置数量等。

3）总说明未交代的补充说明。

1.9 钢筋混凝土构件节点构造详图的标注内容

根据《建筑工程设计文件编制深度规定（2003年版）》，钢筋混凝土构件节点的构造详图的设计深度具体要求如下：

（1）现浇钢筋混凝土结构应绘制节点构造详图（可采用标准设计通用详图集）。

（2）预制装配式构件的节点，梁、柱与墙体锚拉等详图应绘出平、剖面，注明相互定位关系，构件代号、连接材料、附加钢筋或预埋件的规格、型号、性能、数量，并注明连接方法以及施工安装、后浇混凝土的有关要求等。

（3）总说明未交代的补充说明。

1.10 结构制图有关内容的说明

1. 关于图纸幅面规格及图纸编排顺序

根据《房屋建筑制图统一标准》（GB/T 50001—2001），图纸幅面一般可分为A0、A1、A2、A3和A4五种，其具体图框尺寸详见《房屋建筑制图统一标准》（GB/T 50001—2001）表2.1.1。图幅根据实际工程的情况选用，一个工程中每个专业所使用的图纸一般不宜多于两种图幅（不含目录及表格）。当图纸需要加长时，短边一般不应加长，长边可以加长，但应符合《房屋建筑制图统一标准》（GB/T 50001—2001）表2.1.3的规定。图幅分为横式和立式两种，图纸以短边作为垂直边的称为横式；以短边作为水平边的称为立式。需要特别说明的是，由于出版物版面尺寸的限制，本书第1章～第4章的施工图示例均非标准图框，因为如果严格按照A0～A3的图框，每页所留出的空白太多而影响页面效果。实际施工图应严格按照《房屋建筑制图统一标准》（GB/T 50001—2001）表2.1.1和表2.1.3的要求设置图框。

图纸的标题栏和会签栏详见《房屋建筑制图统一标准》（GB/T 50001—2001）第2.2.1条～第2.2.3条，目前各个设计院都有各自特色的标题栏和会签栏，与《房屋建筑制图统一标准》（GB/T 50001—2001）的要求不尽一致。

工程图纸应按专业顺序编排。常见的图纸顺序为：目录、总图、建筑图、结构图、给排水图、暖通空调图、电气图等。各专业的图纸应按图纸内容的主次关系或逻辑关系有序排列。

2. 结构设计中的常用比例

根据《建筑结构制图标准》（GB/T 50105—2001），绘图时根据图样的用途，被绘物体的复杂程度，应选用表1.2中的常用比例，特殊情况下也可选用可用比例。当构件的纵、横向断面尺寸相差悬殊时，可在同一详图中的纵、横向选用不同的比例绘制。轴线尺寸与构件尺寸也可选用不同的比例绘制。需要特别说明的是，本书第1章～第4章的施工图示例由于出版物版面尺寸的限制，均为非正常比例图。

表1.2　建筑结构制图常用比例

图　名	常　用　比　例	可　用　比　例
结构平面图 基础平面图	1:50、1:100、1:150、1:200	1:60
圈梁平面图、总图中管沟、地下设施等	1:200、1:500	1:300
详图	1:10、1:20	1:5、1:25、1:4

3. 其他

根据《房屋建筑制图统一标准》（GB/T 50001—2001），拉丁字母、阿拉伯数字与罗马数字的字高应不小于2.5mm，目前由于普遍采用计算机CAD制图，图面比例的可调性较大，往往使得字高偏小而影响观感，这一点也是刚从事设计的工程师容易忽视的。关于字体、符号、定位轴线、尺寸标注、混凝土结构、钢结构、木结构等常用材料的一般表示方法等，详见《房屋建筑制图统一标准》（GB/T 50001—2001）和《建筑结构制图标准》（GB/T 50105—2001）。

1.11 砌体结构施工图示例

本工程为地下1层（库房）、地上6层的住宅，建设地点在北京市，抗震设防烈度为8度（0.2g）。结构平面采用北京地区民用建筑工程常用的顶板结构平面表示法（即仰视投影法），与《建筑结构制图标准》（GB/T 50105—2001）第2.0.9条“结构图应采用正投影法绘制”的要求不一致，但该条也同时指出：“特殊情况下也可采用仰视投影绘制”，所以与规范的要求也不矛盾，也是符合我国工程实际情况的。仰视投影法的优点就是墙体的门窗洞口位置用实线表示，比较直观，与建筑平面图完全一致，但它的缺点就是楼面上的预埋件、设备基础平面位置等要用虚线表示，不如正投影法直观。因此，一般而言，工业建筑普遍采用正投影法，而民用建筑北方地区一些设计院习惯于采用仰视投影法，但民用建筑采用正投影法绘制的设计院也很多，可参见《民用建筑工程结构施工图设计深度图样（04G103）》。

由于砖混结构楼梯施工图比较简单，本章未给出楼梯施工图，详见第2章～第4章，以及标准图集03G101—2。

本工程的基础（包含条形基础和整板基础两种类型）及各楼层施工图示例见图1.2～图1.7。

砌体结构设计总说明

一、概述

1. 本工程按抗震设防烈度8度(0.20g)设计，设计地震分组为第一组，场地土为中软场地土，建筑场地类别为Ⅱ类，建筑抗震重要性为丙类，建筑物合理使用年限为50年，活荷载取值见表1。环境类别：基础及±0.0以下柱，墙及基础均为"二b"，其余部位为"一"类。

表1　基本风压、雪压及楼面使用活荷载

基本风压 (kN/m^2)	地面粗糙度	基本雪压 (kN/m^2)	楼(屋)面使用活荷载 (kN/m^2)					
			上人屋面	不上人屋面	楼梯(消防)	厕、厨	阳台	起居、卧室、餐厅、门厅
0.45	C	0.40	2.0	0.50	3.5	2.0	2.5	2.0

2. 本工程依据的主要设计规范：
《混凝土结构设计规范》GB 50010-2002　《建筑抗震设计规范》GB 50011-2001
《北京地区建筑地基基础勘察设计规范》DBJ 01-501-92　《建筑地基基础设计规范》GB 50007-2002
《砌体结构设计规范》GB 50003-2001　《建筑结构荷载规范》GB 50009-2001
及其他现行国家规程、规范。
3. 材料强度和施工质量必须符合国家有关施工验收规范和当地现行质量标准。
(1) 钢材：板材、型钢为Q235级钢。
(2) 钢筋：Φ为HPB235级钢筋，Φ为HRB335级钢筋，Φ为HRB400级钢筋。焊条及焊接要求详见《钢筋焊接及验收规程》(JGJ18-2003)HPB235级钢筋两端必须设弯钩，吊钩不得冷拉。
(3) 砂浆强度等级：基础采用水泥砂浆，地面以上为混合砂浆，等级见施工图。轻质材料采用混合砂浆，等级一般为M5.0。
(4) 砖强度等级：不小于MU10，砖类型的选用必须符合当地墙改的要求。
(5) 混凝土强度等级：垫层为C15，其余部分未说明时为C25。
4. 图面尺寸单位为毫米，标高为米，绝对标高及地基承载力标准(特征)值见基础施工图。
5. 采用预制构件和详图时，必须按相应的图集要求施工，本说明与施工图不相符时以施工图说明为准。

二、基础

1. 基槽挖到设计标高后，请通知甲方、勘察、设计单位，共同验槽。
2. 土质地基时必须打扦并做好记录，遇异常地基，再作现场处理。
3. 基础墙身设备管道预留洞，位置见设备图，洞口尺寸见表2，洞口尺寸大于时必须设置过梁，伸600缩缝自地圈梁分开砌墙。

表2　洞口尺寸

横穿基础留洞尺寸						
	排水	管径 DN	50~75	100	125	≥150
		$b \times h$ (mm)	300X300	300X400	330X430	(Φ+200)X(Φ+300)
		管底距洞底	90	90	90	90
	给水	管径 DN	15~50	65~80	100	125
		$b \times h$ (mm)	200X200	300X300	300X400	330X430
		管底距洞底	40	100	140	150

4. 墙垛及独立墙端部基础按该墙基础宽度尺寸相应放大。
5. 基底标高不同时，必须做踏步基础，宽高比为2:1，步高不大于500。
6. 钢筋混凝土基础梁板主筋净保护层厚度：有垫层时为40mm，无垫层时为70mm。
7. 室内设备管沟和管沟检查孔做法见京92G15图集，沟盖板未注明时按二级荷载选用，拐角位置砌120X240砖垛放预制过梁，无法放预制梁板时改为现制，断面配筋不变。
8. 钢筋混凝土构造柱做法见03G363图集。
9. 钢筋混凝土构造柱伸入基础做法为：
(1) 无管沟时自室外散水标高下0.5m。
(2) 有管沟时自管沟底标高下0.5m或见03G363页25。
(3) 有地下室时，锚入地下室底板 L_a。
(4) 有桩基时构造柱主筋伸入承台内 L_a。
10. 基槽房心回填土采用素土分层夯实，基槽外侧回填土自基础底至室外散水采用2:8灰土分层夯实。
11. 后砌轻隔墙基础做法：自地面下浇C15素混凝土500x400做法见右图。轻隔墙位于地下室底板上的，可在底板上直接砌墙。

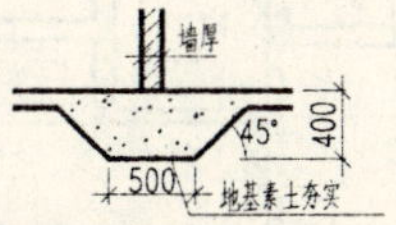

三、墙身

1. 内外墙交接处及内墙交接处均须加筋，做法见03G363图集；后砌非承重墙加筋做法见97G329(三)图集；KP1多孔砖各类构造见96SG612图集。
2. 顶层楼梯间横墙和外墙沿墙高每隔五皮砖配通2Φ6。
3. 门窗洞口过梁未注明时按京94G21图集2级荷载选用，断面型式选择按建筑图。改为现制时断面配筋不变、设备洞口尺寸大于300时必须设置过梁。
4. 预留施工洞：洞口必须放预制过梁，视承担荷载大小选用不小于2级荷载等级。
5. 伸缩缝、抗震缝必须保证净空尺寸，缝内杂物必须清除干净。
6. 屋顶女儿墙构造柱间距一般按每开间布置，但不大于3900，墙身每三皮砖加通筋2Φ6，压顶混凝土圈梁及其他构造详见03G363。
7. 瓦屋顶时内外山墙处须加踏步式扶墙梁，压顶混凝土圈梁同前条，预埋件见施工图。
8. 附墙烟囱加筋及混凝土圈梁见施工图。

四、现制钢筋混凝土构件

1. 板编号相同时表示跨中配筋相同，支座钢筋编号相同时表示支座负筋相同。
2. 板主筋净保护层厚按相应的环境类别由04G101-4选用。
3. 板主筋伸入支座锚固长度见04G101-4页25。光圆钢筋端部须另加弯钩。
4. 板内分布钢筋未注明时为Φ8@200，支座负筋的连系筋为Φ6@250，边跨负筋伸至板端，直钩高为板厚减去20，支座负筋须采用马凳钢筋支撑。
5. 板内留洞：洞(孔)口边长(直径)<300时，主钢筋绕洞口穿过，详04G101-4页35。
6. 梁柱主钢筋净保护层厚度按相应的环境类别由04G101-4选用。
7. 梁内留洞孔径 d 小于 $h/10$ 及100mm时，孔洞周边可不设置补强钢筋。
8. 板筋在跨中搭接做法详04G101-4。
9. 连续梁上下钢筋伸入端部支座锚固长度及在跨中搭接做法详03G101-1。
10. 圈梁每个拐角处须另加2Φ12斜筋，现制楼板时不加。
11. 圈梁与圈梁(梁)搭接长度为2倍圈梁高，且不得小于500，箍筋为Φ6@100。
12. 圈梁留洞时必须保证断面和配筋量，做法同前条要求。
13. 主次梁交接处，次梁两边另加4根箍筋，间距50，直径肢数同主梁，吊筋见施工图。
14. 不规则梁板及楼梯板配筋必须放大样下料，楼梯预埋件见建筑图。
15. 悬臂构件支撑待混凝土强度达到70%才能进行上部施工，待上部施工完工后方可拆除支撑。
16. 屋顶人孔配筋见右下图，位置见建施。

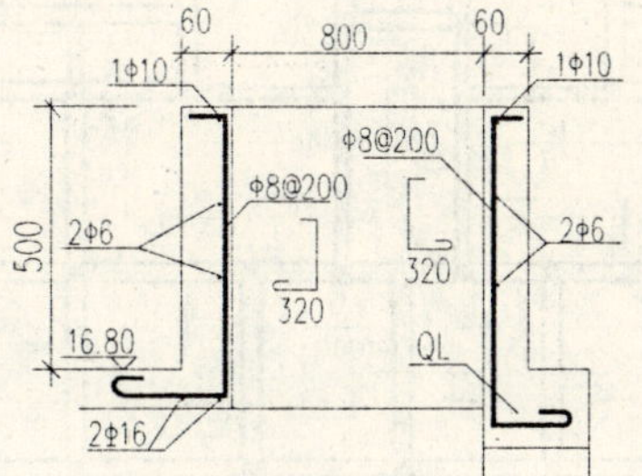

屋顶人孔配筋

五、预制钢筋混凝土构件

1. 预制构件搁置前必须先做20厚M10水泥砂浆找平层，并且浇水泥浆一道。
2. 预制楼板安装尽量采用硬架支模方法施工。
3. 悬臂构件安装时必须做好支撑，待上层施工完工后方可拆除。
4. 设备管道穿楼板时，洞口必须轻打轻凿，仅允许伤一根肋。
5. 阳台栏板、隔墙板与墙体联接，必须预留钢筋Φ10@500或做预埋件。
6. 短向圆孔板按京92G41选用，长向圆孔板按京92G42选用，圆孔板板缝间距为40，大于40时按板缝配筋见施工图。
7. 平行外墙布置的长向板(板跨大于4.8m)板面必须做拉筋做法见京92G42。
8. 楼梯安装时构件之间必须焊接做法见京92G32。
9. 屋顶挑沿板根部必须与预留筋钢焊接，做法见京92G35。
10. 阳台、雨罩按京92G36选用。
11. 屋顶YCB人孔板按GT501选用。
12. 梁垫做法见施工图。

和谐建筑设计院		审定人		建筑专业负责人		电气专业负责人		工号	
		审核人		结构专业负责人				房号	
图名	砌体结构设计总说明	工程总负责人		给排水专业负责人		设计人		图别号	结施1
				暖通专业负责人		制图人		日期	

图1.2 砌体结构设计总说明

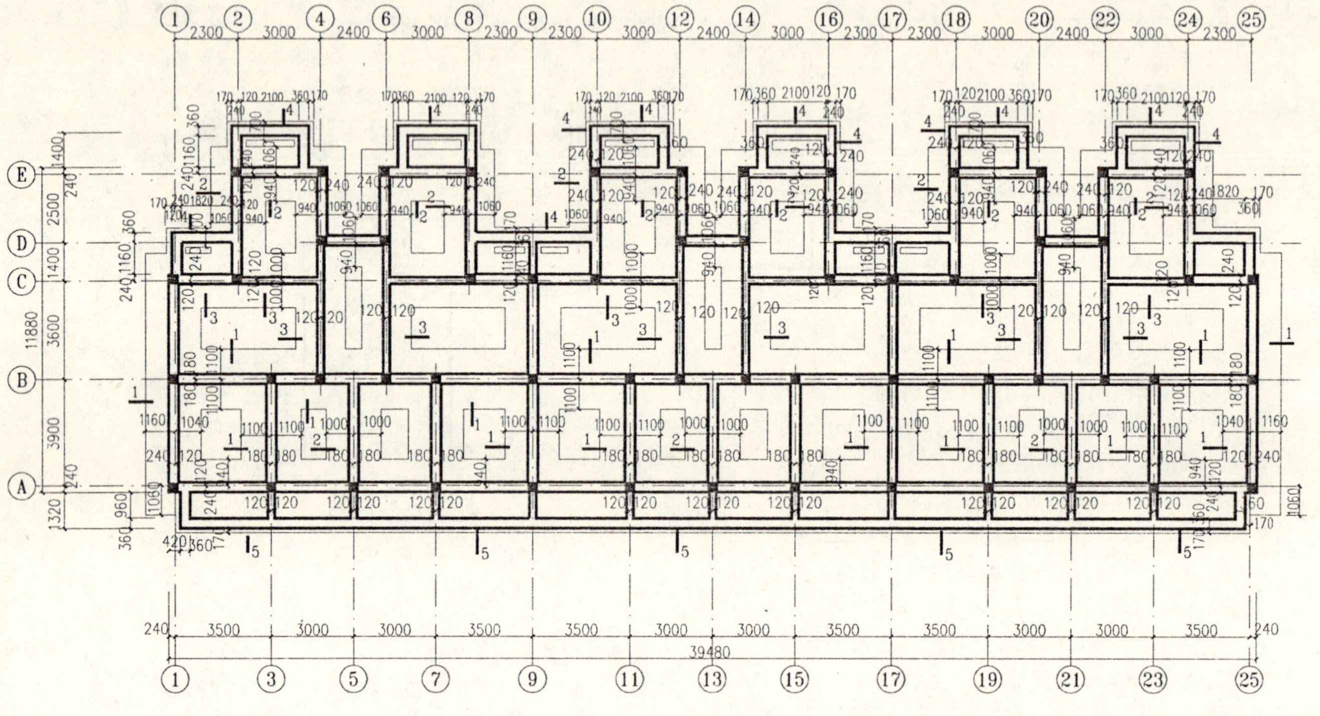

基础平面

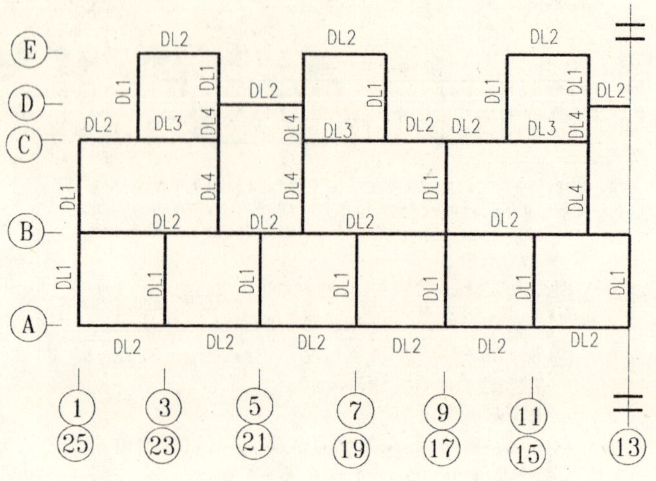

地圈梁(DLx)平面布置图

说明:

1. 本工程依据xx勘察报告设计,基底落在标高为46.00m左右的粉质黏土层③$_1$上,地基承载力标准值f_{ak}=160kPa。局部古河沟段按勘察报告要求采用天然级配砂石分层夯实回填至设计底标高.±0.00相对绝对标高50.30m。因地下水位较高,基槽开挖时要采取措施排水。
2. 材料:混凝土除垫层为C15外其余均为C25,砂浆地下室外墙及−3.30以下部分M10水泥砂浆,地下室至二层顶板为M10混合砂浆,三~四层M7.5混合砂浆,五~六层为M5混合砂浆,砖均为MU10。构造柱GZ其他要求见图集03SG363,其非加密区箍筋间距为200.其余要求见结施1。
3. 除注明者外梁、墙、基础均居轴线中,其余要求见结施1。

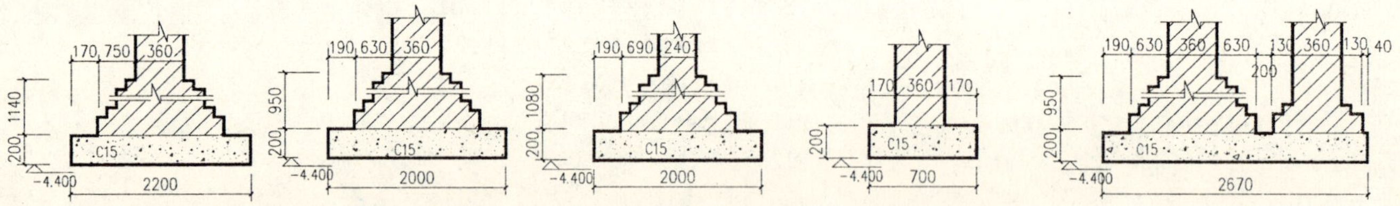

1　2　3　4　5

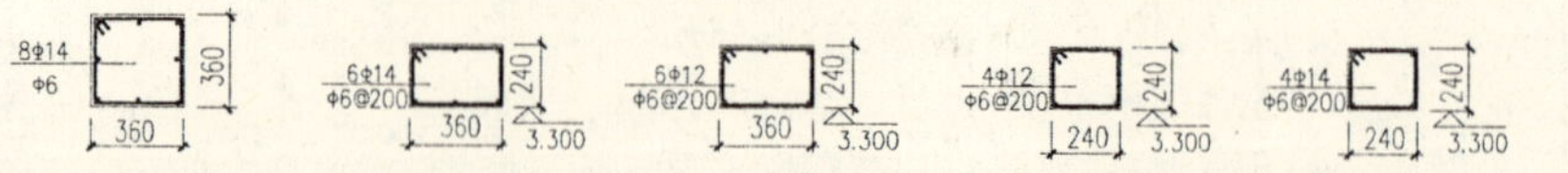

GZ　DL1　DL2　DL3　DL4

和谐建筑设计院		审定人		建筑专业负责人		电气专业负责人		工号	
		审核人		结构专业负责人				房号	
图名	基础平面及详图(条形基础)	工程总负责人		给排水专业负责人		设计人		图别号	结施 2-1
				暖通专业负责人		制图人		日期	

图1.3 砌体结构基础平面及详图(条形基础)

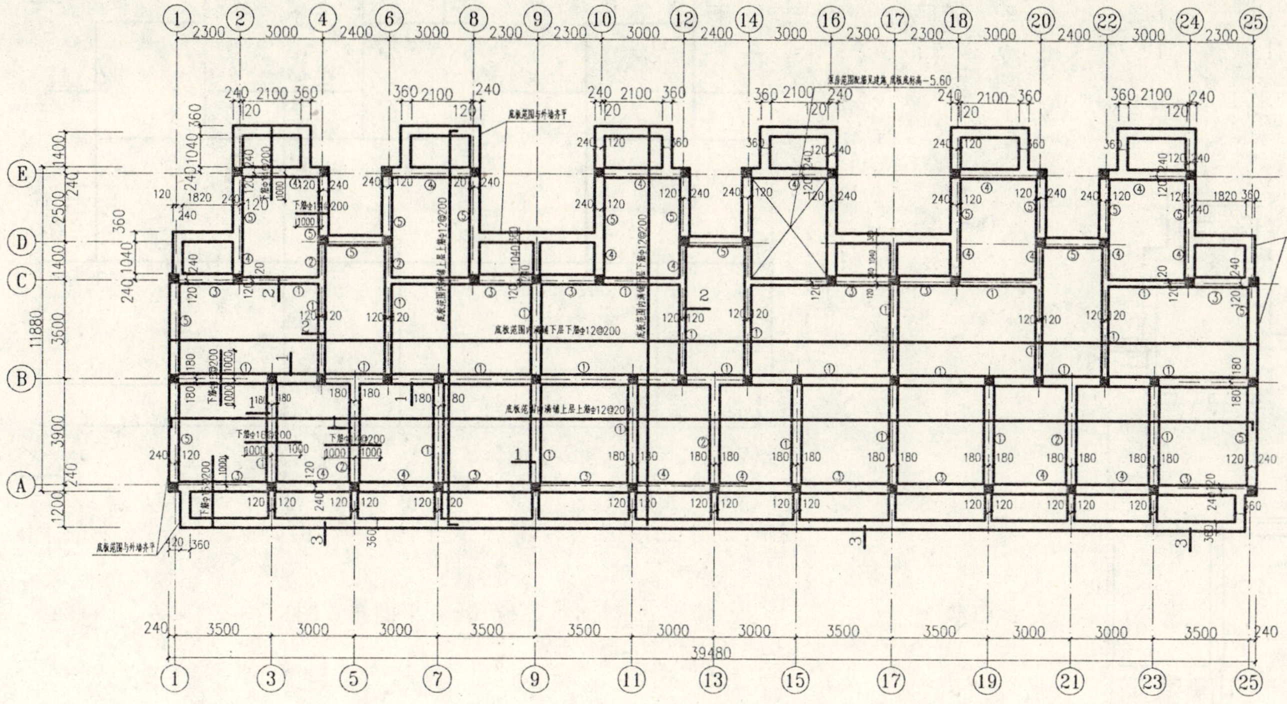

基础平面

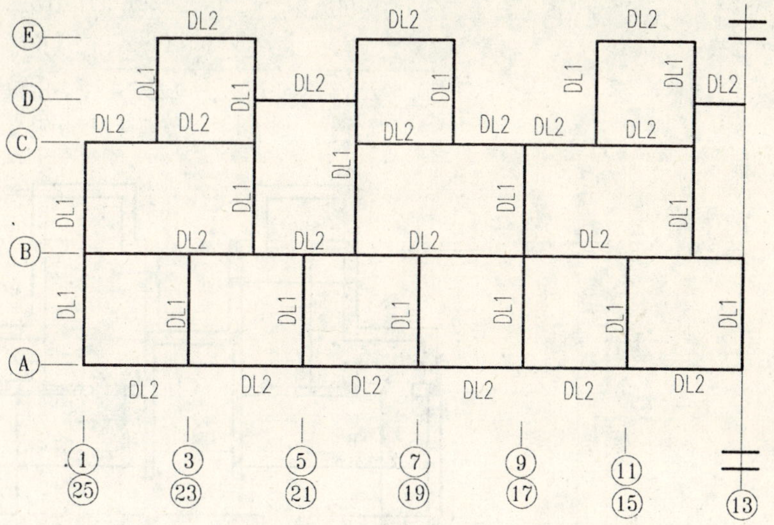

地圈梁(DLx)平面布置图

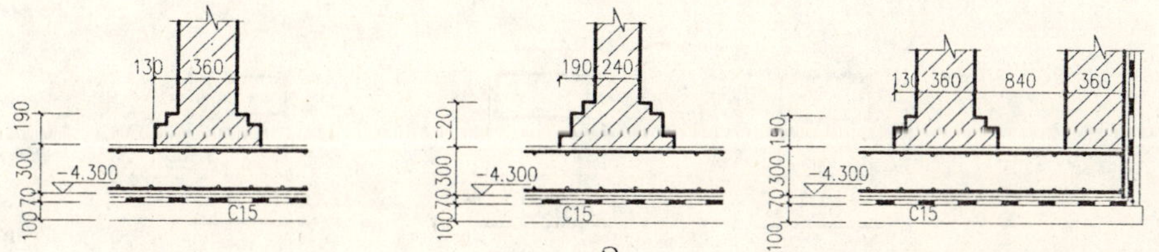

1　　2　　3

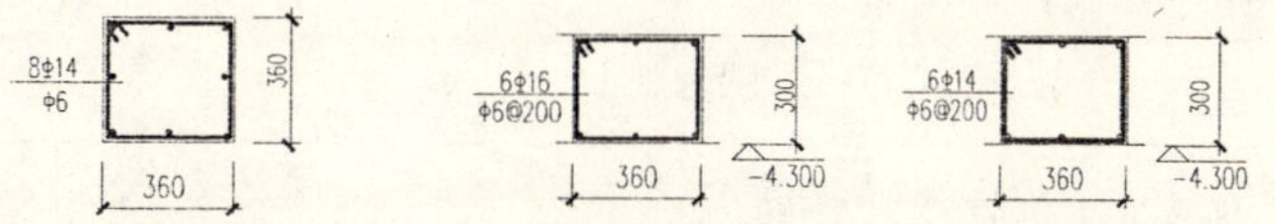

GZ　　DL1　　DL2

说明:

1. 本工程依据xx勘察报告设计,基底落在标高为46.00m左右的粉质黏土层③[1]上,地基承载力标准值 f_{ak}=160kPa. 局部古河沟段按勘察报告要求采用天然级配砂石分层夯实回填至设计底标高. ±0.00相对绝对标高50.30m. 因地下水位较高,基槽开挖时要采取措施排水.
2. 材料:混凝土除垫层为C15外其余均为C25,砂浆地下室外墙及−3.30以下部分M10水泥砂浆,地下室~三层顶板为M10混合砂浆,四~五层M7.5混合砂浆,六层为M5混合砂浆,砖均为MU10,构造柱GZ其他要求见图集04SG363,其非加密区箍筋间距为200.
3. 除注明者外,底板板厚300,板底标高−4.30,底板防水做法见建施.
4. 除注明者外,梁、墙、基础均居轴线中. 其余要求见结施1.

和谐建筑设计院		审定人		建筑专业负责人		电气专业负责人		工号	
		审核人		结构专业负责人				房号	
图名	基础平面及详图(整板基础)	工程总负责人		给排水专业负责人		设计人		图别号	结施 2-2
				暖通专业负责人		制图人		日期	

图1.4 砌体结构基础平面及详图(整板基础)

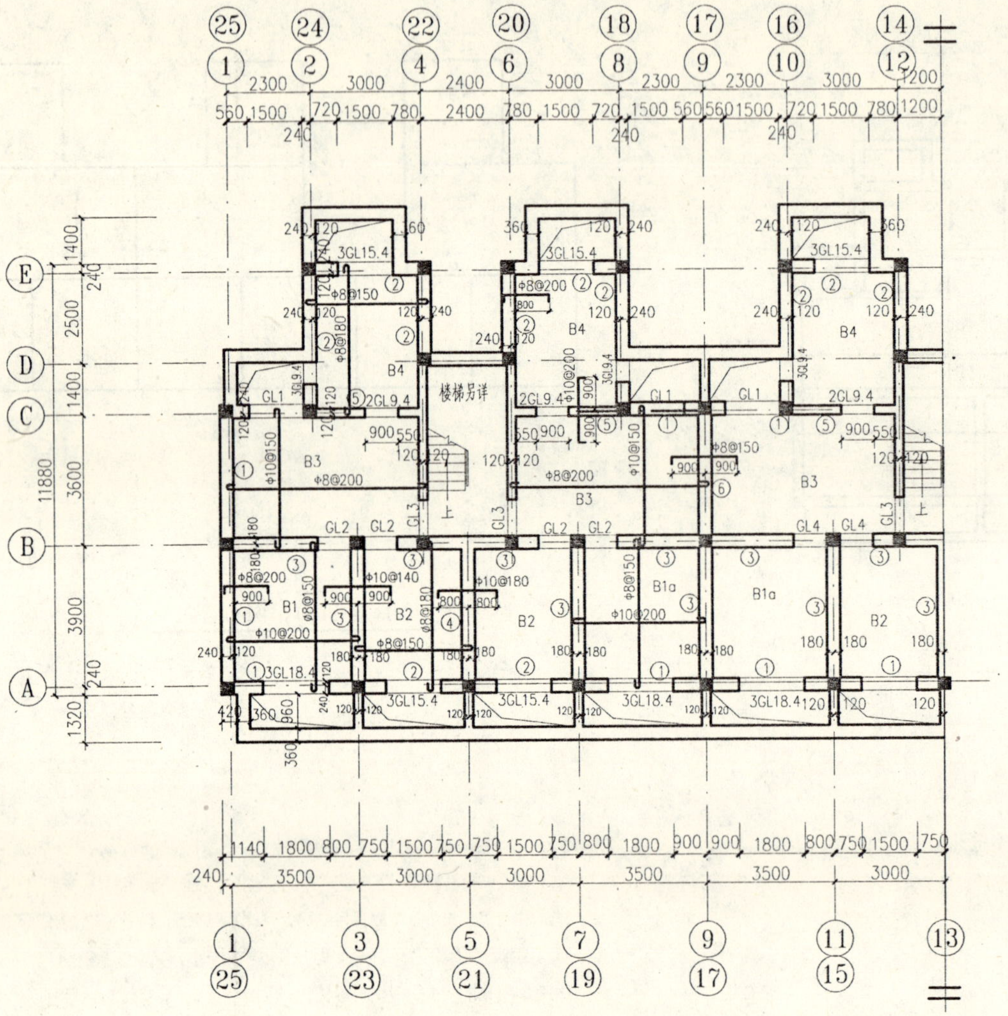

地下室顶板结构平面

(板厚120，未标注的板面标高为-0.035)

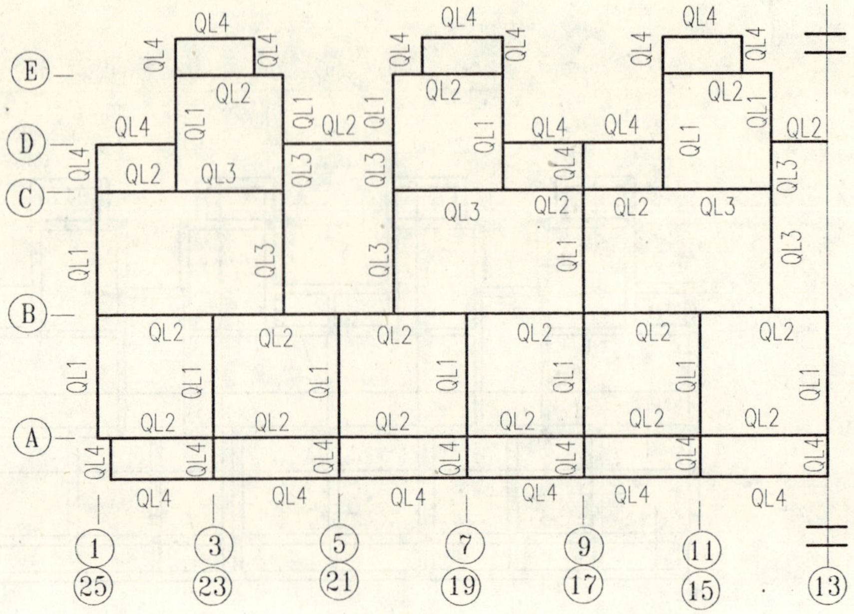

圈梁(QLx)平面布置图

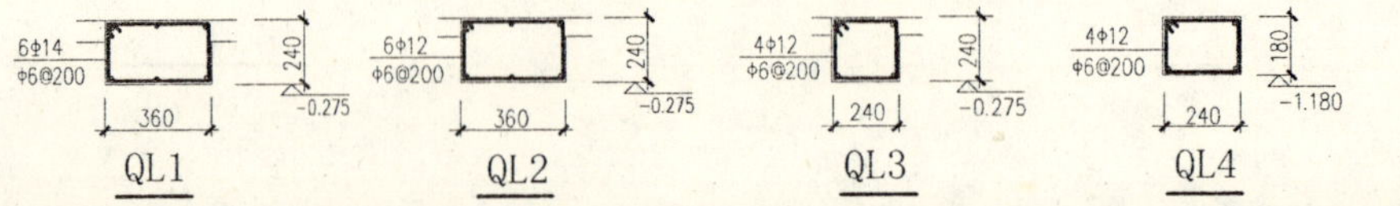

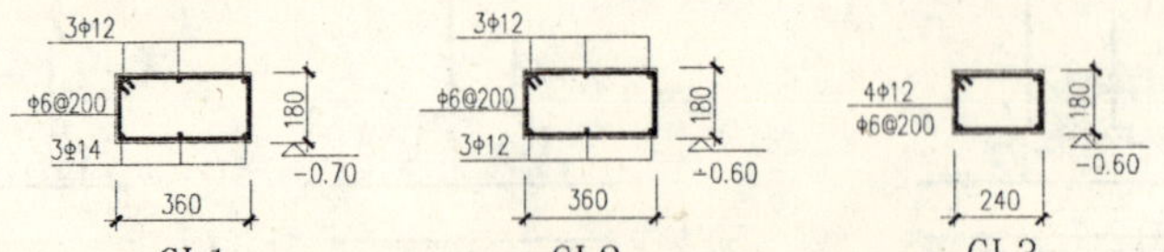

说明：

混凝土C25，其余见结施1。

和谐建筑设计院	审定人		建筑专业负责人		电气专业负责人		工号	
	审核人		结构专业负责人				房号	
图名 地下室顶板结构平面及详图	工程总负责人		给排水专业负责人		设计人		图别号	结施3
			暖通专业负责人		制图人		日期	

图1.5　砌体结构地下室顶板结构平面及详图

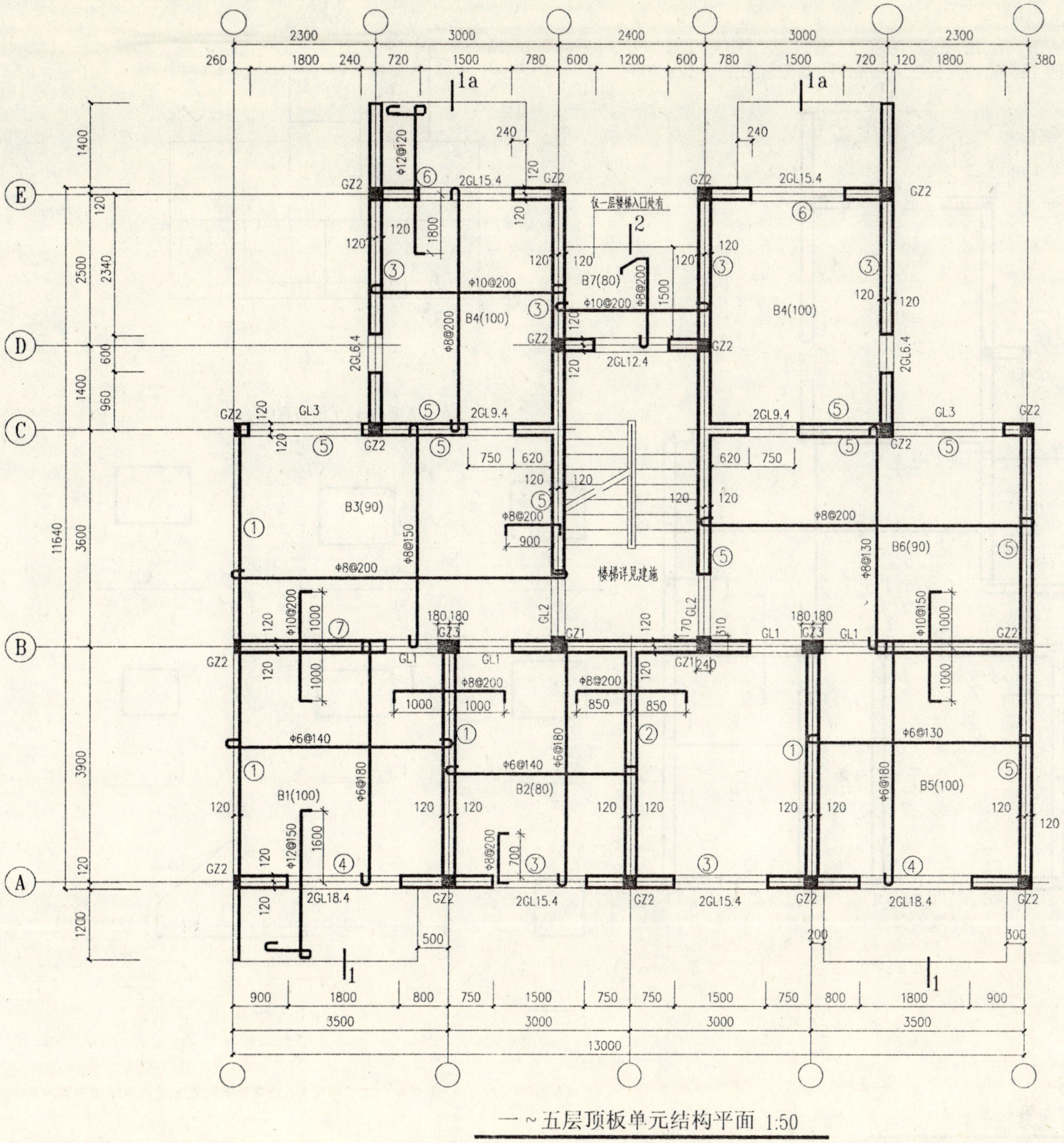

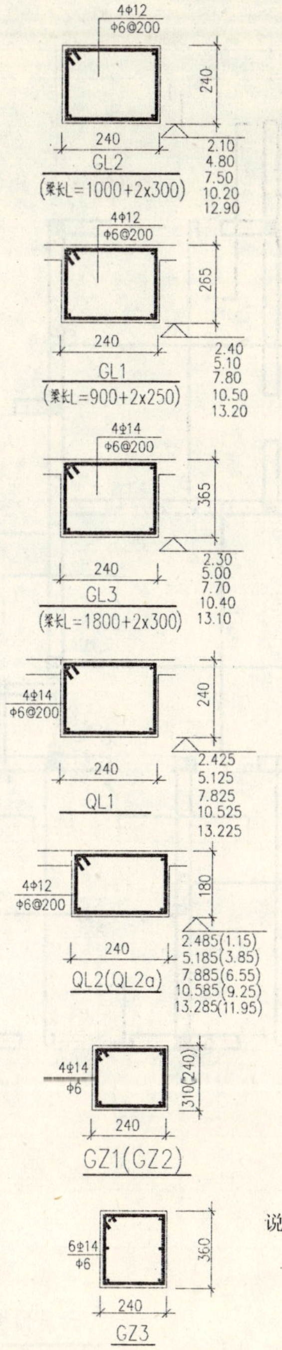

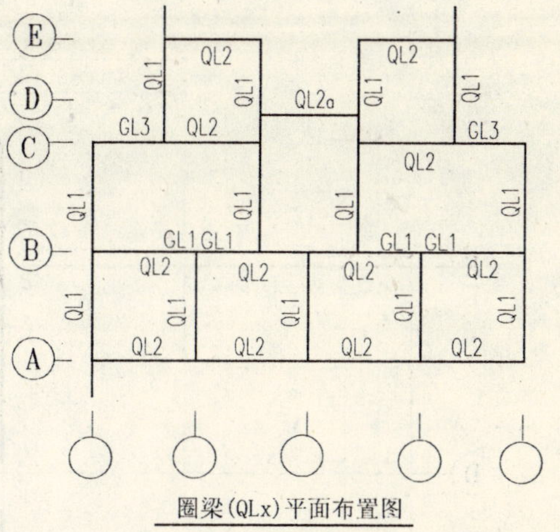

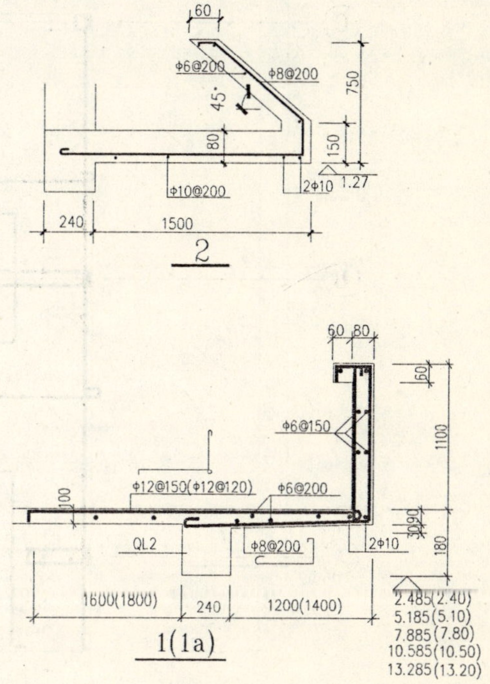

说明：

1. 板面标高除B4为2.58，5.28，7.98，10.68，13.38外，其余板均为2.665，5.365，8.065，10.765及13.465。
2. 混凝土C25，其余见结施1。

和谐建筑设计院		审定人	建筑专业负责人	电气专业负责人		工号	
		审核人	结构专业负责人			房号	
图名	一~五层顶板单元结构平面	工程总负责人	给排水专业负责人	设计人		图别号	结施 4
			暖通专业负责人	制图人		日期	

图1.6　砌体结构标准层顶板平面图

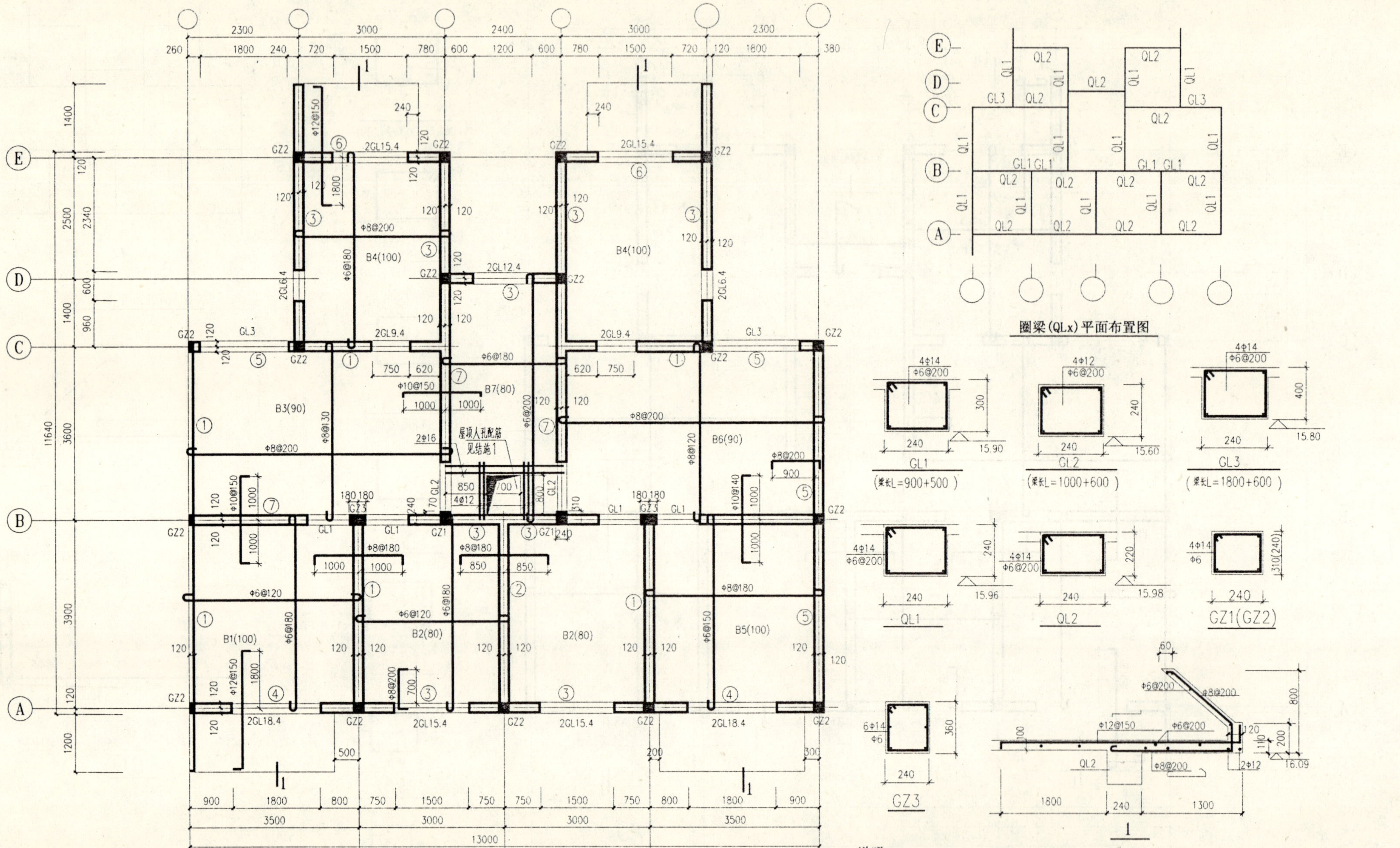

说明:

1. 板面标高B1-B7为16.20,混凝土C25。屋顶人孔位置见建施,配筋见结施1,其余要求见结施1。

六层顶板单元结构平面 1:50

和谐建筑设计院		审定人		建筑专业负责人		电气专业负责人		工号	
		审核人		结构专业负责人				房号	
图名	六层顶板单元结构平面	工程总负责人		给排水专业负责人		设计人		图别号	结施5
				暖通专业负责人		制图人		日期	

图1.7 砌体结构六层顶板(屋面)平面图

第 2 节　现浇钢筋混凝土双向板塑性设计的可靠性和经济性

砌体结构设计的一项重要内容就是楼板配筋计算。目前，钢筋混凝土双向板在竖向荷载作用下的内力分析有两类方法：将双向板视为均质弹性体的弹性理论计算方法和考虑钢筋混凝土塑性变形影响的塑性理论方法。由于混凝土的非弹性变形、裂缝的出现和开展、塑性铰的形成和转动等因素的影响，钢筋混凝土双向板的刚度在各受力阶段不断发生变化，从而使其实际内力和变形明显地不同于按刚度不变的弹性方法计算结果，所以采用塑性方法进行板的设计理论分析，使其内力分析和截面设计都同时考虑材料的塑性性能，不仅合理地调整了钢筋的布置，而且使板在破坏时有较多的截面达到极限强度，充分发挥板的潜力，更有效地节约材料。大量的工程实践表明，采用塑性设计理论分析能得到相当满意的结果。据了解，国内目前现浇钢筋混凝土双向板除北京等地的一些设计院采用塑性理论设计外，大部分的设计院通常均按弹性理论设计。塑性设计方法之所以得不到推广，设计者主要的担心有二：

（1）按塑性铰线理论（又称为极限平衡法）求得的解是其极限荷载的一个上限解，从理论上说是给出了板强度的过高估计，是偏于不安全的。而实际上，按塑性设计的板其极限强度是有保证的，这主要是因为板的塑性铰线理论忽略了以下两个重要因素[3]：

1）计算板的抵抗弯矩时，忽略了钢筋应变硬化的有利影响。由于板的配筋率较低，钢筋应变硬化将有效地增加板的抵抗弯矩，提高板的强度。

2）塑性铰线理论假定竖向荷载仅由板的弯曲作用承受，试验证明并非如此。实际上板的一部分荷载由弯曲作用承受，另一部分荷载由板平面内的诸力承受（即薄膜效应）。板弯曲得越大，薄膜及穹顶作用也越显著。设计中要精确考虑薄膜作用还比较困难，但薄膜作用的存在，使得按塑性铰线理论求得的值并不是真正的“上限值”。1955 年 A. J. Ockleston 发表了南非一栋三层钢筋混凝土原型结构的破坏性试验结果，指出由于薄膜效应的存在，实测破坏荷载比按塑性铰线理论求得的理论值高 3 ~4 倍[7]，说明塑性铰线理论计算结果是有一定安全储备的经验性结果，而非纯塑性理论上限解。美国 G. P. Manning 说[5]：“混凝土并非弹性均质材料，其受力理论并不十分明确。试图寻求‘百分之百的计算精确度’，无疑是在浪费时间和金钱。”

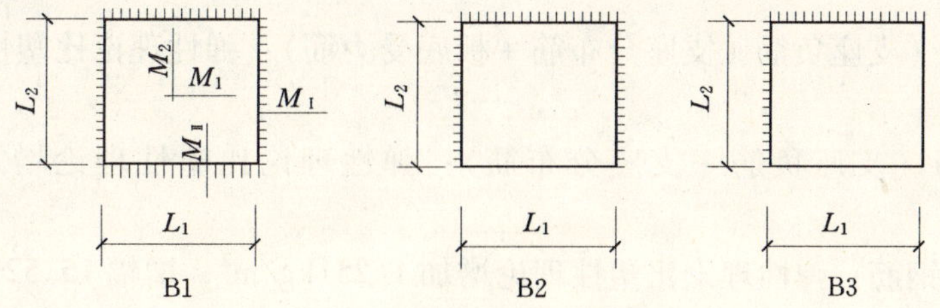

图 1.8　典型板算例计算简图

图 1.8 所示典型板算例表明（见表 1.3），除 B2 的 M_1 外，无论是跨中还是支座，按塑性铰线理论确定的弯矩系数均小于的相应弹性方法的弯矩系数[14]，即弹性理论的安全储备过大，而塑性铰线理论更接近于实际受力状态。前苏联的试验结果[2]（见表 1.4）佐证了这一结论。

表 1.3　　典型板按弹性理论和塑性理论弯矩系数对照表

$\frac{L_2}{L_1}$		跨中 M_1		跨中 M_2		支座 $M_{\rm I}$		支座 $M_{\rm II}$	
		弹 性	塑 性	弹 性	塑 性	弹 性	塑 性	弹 性	塑 性
1.0	B1	0.021	0.017	0.021	0.017	0.051	0.024	0.051	0.024
	B2	0.026	0.020	0.021	0.020	0.060	0.028	0.055	0.028
	B3	0.028	0.025	0.028	0.025	0.068	0.035	0.068	0.035
1.50	B1	0.035	0.031	0.017	0.014	0.075	0.043	0.057	0.019
	B2	0.027	0.033	0.046	0.015	0.076	0.046	0.095	0.021
	B3	0.048	0.044	0.027	0.019	0.102	0.062	0.077	0.027
1.80	B1	0.040	0.036	0.014	0.011	0.081	0.050	0.057	0.016
	B2	0.025	0.038	0.055	0.012	0.077	0.053	0.107	0.016
	B3	0.055	0.051	0.026	0.016	0.112	0.071	0.078	0.022

注　表中，塑性计算时，取固支边支座弯矩与跨中弯矩的比值 $\beta = 1.4$；弹性方法计算时取泊松比 $\nu = 0.20$。

表 1.4　　周边固定板的极限荷载

平　板　尺　寸			极限荷载 q_u（kN）		$\frac{塑性理论\ q_u^p}{试验值\ q_u^t}$	$\frac{弹性理论\ q_u^e}{试验值\ q_u^t}$
板厚（mm）	边长 L_1（m）	边长 L_2（m）	试验值 q_u^t	塑性理论值 q_u^p		
121	2.0	2.0	434.0	395.0	0.910	0.664
80	2.0	2.0	270.2	248.0	0.918	0.670
122	2.0	2.0	426.2	378.0	0.883	0.644
81	2.0	2.0	275.3	237.0	0.860	0.628
122	2.0	2.0	416.2	385.0	0.926	0.675
81	2.0	2.0	263.8	235.0	0.890	0.650
121	3.0	2.0	462.2	381.0	0.825	0.507
121	4.0	2.0	531.5	428.0	0.805	0.520

（2）按塑性设计板容易产生过宽的裂缝。产生这一担心的主要原因是受原 74 规范的影响，没有严格区分正常使用极限状态和承载力极限状态，对塑性内力重分布的形成过程没有作深入的分析。连续梁的试验表明，连续梁的塑性内力重分布分为两个过程[1]：第一过程为裂缝形成和开展，引起这一过程内力重分布的主要因素是结构各部分的刚度变化；第二过程为塑性铰形成以后塑性铰的转动而引起的内力重分布，这一过程内力重分布的起因主要是结构计算图形的改变。根据现行的设计规范，设计内力分析时，在正常使用荷载作用下的变形、裂缝验算相应于第一过程，而承载力计算则相应于第二过程。对于薄板，由于前述薄膜作用的存在、设计中板配筋往往有超配以及板钢筋直径较细因而对控制裂缝宽度十分有利等有利因素，通常在正常使用荷载作用下，其第一过程常常是不充分的，正常使用阶段通常都能满足规范要求。

工程实践表明，只要构造合理，正常使用阶段，按塑性设计的板一般也不一定出现受力裂缝，工程实例中板出现受力裂缝与采用弹性或塑性计算方法的对应性并不像想象的那么明显，采用弹性计算的板不一定就不出现受力裂缝而采用塑性计算的板也不一定必然会出现受力裂缝，因为弹性理论或塑性理论仅仅是求解板内力的一种方法，而根据求得的内力采用钢筋混凝土极限强度理论进行构件截面设计时，是允许构件带裂缝工作的，而且收缩和温度作用也常常是现浇板开裂的主要因素之一。所以美国 ACI 和英国 CP110 规范都不主张采用纯弹性理论方法设计，而采用建立在试验基础上的经验系数法。按塑性理论设计的大量的民用建筑工程实践表明，只有 20 世纪五六十年代设计的板厚 50 ~ 60mm 的较薄的双向板或活荷载较大的藏书库等才出现典型的塑性铰线，一般情况下板面并不出现规则的受力裂缝，对铺面砖等楼面，装饰完后其面层几乎没有裂缝，表明是否出现典型的塑性铰线不仅仅取决于配筋，也与板厚即板的刚度有直接关系。况且即使板有明显的塑性铰线，其安全性仍有保障。某办公楼板厚只有 50 ~ 60mm，几乎所有的板都产生明显塑性铰线，使用了 30 余年，未发生任何安全问题。Ocklesten 在监督旧医院工作时发现，很难用竖向加载的办法去破坏一块四周与其他板相连的板[3]。作者十多年来亲自按塑性铰线理论设计的工程已有几十万平方米、作者所在单位按塑性铰线理论设计的工程已有几亿平方米建筑，均能满足承载能力和正常使用极限状态，对塑性设计方法的担心是没有必要的。文献[14]中给出了塑性理论分离式配筋双向板系数表，按该表计算比弹性计算更方便而快捷。对固支边，支座弯矩与跨中弯矩的比值 β 虽然由弹性理论所得的 β 值在 1.5 ~ 2.5 之间，而英国混凝土设计规程 CP110 中建议的 β 值取值范围为 1.0 ~ 1.5[3]，通常可取 $\beta = 1.4$。

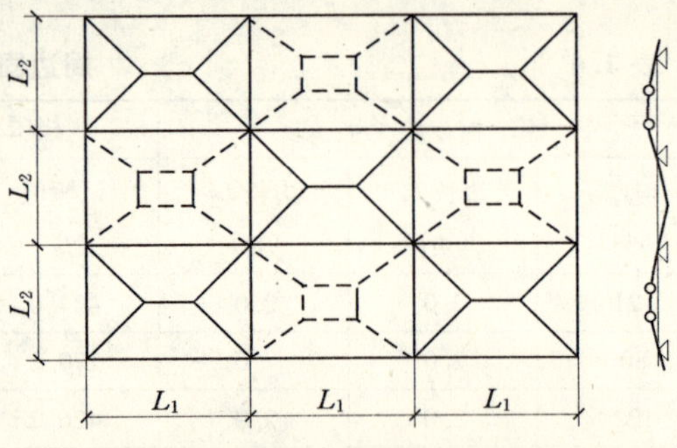

图 1.9　活荷载棋盘形间隔布置时可能的破坏机构

连续双向板当有图 1.9 所示棋盘形间隔布置的活荷载时，可能产生如图 1.9 所示的破坏机构。图中实线表示正弯矩的塑性铰线，虚线表示负弯矩的塑性铰线。对这种情况需验算支座负筋切断点离支座边的长度 $\xi_0 l_1$ 及 $\xi_0 l_2$（$l_2 \leq l_1$），文献[1]给出了计算 ξ_0 的方程式：

$$4\xi_0^3 - 6\xi_0^2 + 3\xi_0 - 3\eta_0 = 0 \tag{1.1}$$

其中

$$\eta_0 = \frac{\beta'_x m_p + \beta''_x m_p}{g_p l_1^2} + \frac{\beta'_y m_p + \beta''_y m_p}{g_p l_2^2} \tag{1.2}$$

式中：β'_x、β''_x、β'_y 和 β''_y 分别为相应于周边支座极限负弯矩与跨中正弯矩的比值，取绝对值；m_p 为单位板宽内的极限弯矩。

ξ_0 也可按下列近似公式计算[1]：

$$\xi_0 = \frac{1}{2 + \frac{1}{\eta_0}} \tag{1.3}$$

式（1.3）是如何从式（1.1）近似简化而来的呢？关系不明确。经重新推导才知原来式（1.1）有笔误，正确计算 ξ_0 方程式应为（推导过程从略）

$$4\xi_0^3 - 6\xi_0^2 + 3 \times (1 + 2\eta_0)\xi_0 - 3\eta_0 = 0 \tag{1.4}$$

上式为一个一元三次方程，不易求解，又因 ξ_0 一般数值不大，可近似地看作微量，则略去高阶微量 ξ_0^3 和 ξ_0^2 后即可得出式（1.3）。但这种近似所带来的误差是较大的。将式（1.4）按牛顿下山法求得的 ξ_0 及按式（1.3）求得的 ξ_0（记为 ξ'_0）值列于表 1.5。对于活荷载不是太大且相邻板跨的跨度相差不大时，按式（1.4）求得的 ξ_0 一般不大于 0.25，因而工程设计中通常取伸出支座边的长度 $\xi_0 l_1$ 及 $\xi_0 l_2$ 为不大于 $l_2/4$ 即可保证在竖向荷载作用下，跨中不会出现负弯矩的塑性铰线，而当相邻板跨的跨度相差较大且活荷载较大时，则应根据实际情况按式（1.4）求解 ξ_0 值或近似按表 1.5 线性内插查得 ξ_0 值。

表 1.5　ξ_0 精确求解与简化计算对照表

η_0	0.100	0.140	0.170	0.200	0.230	0.260	0.290	0.350	0.390	0.450	0.480	0.520
ξ'_0[式(1.3)]	0.083	0.109	0.127	0.143	0.158	0.171	0.184	0.206	0.219	0.237	0.245	0.255
ξ_0[式(1.4)]	0.098	0.135	0.162	0.186	0.209	0.230	0.249	0.282	0.300	0.323	0.333	0.345

（3）弹、塑性计算方法与经济性分析比较[41]：

目前钢筋混凝土结构内力分析有两类方法：将构件视为均质弹性体的弹性理论计算方法和考虑钢筋混凝土塑性变形影响的塑性理论方法。由于钢筋混凝土为弹塑性材料，因此按塑性理论设计更能发挥材料的受力性能，既经济又比弹性理论更符合结构实际受力状况，现举例说明如下。

【实例 1.1】　某部中试厂小车间为框架结构，一层顶板采用 6m × 9m 大跨度现浇板，中间不设次梁，板厚 150mm，混凝土强度等级为 C25，板荷载设计值为 10.0kN/m^2。原设计采用塑性理论[14]进行内力分析，其配筋见图 1.10。为便于分析对比，现将该工程一层顶板改用弹性理论[14]进行内力分析，并采用同种钢筋（Ⅰ级钢）配筋，其相应的配筋见图 1.10 中的括号内。板支座负筋、支座分布筋、板底受力筋及总配筋的钢筋平米指标列于表 1.6 中。

表 1.6　板配筋平米指标分析对比表　　单位：kg/m^2

计算方法	支座负筋	支座分布钢筋	支座负筋 + 支座分布筋	板底受力筋	总配筋
弹性理论	6.704	1.022	7.726	8.059	15.785
塑性理论	3.755	1.022	4.777	6.808	11.585

由表 1.6 可见：

（1）板总配筋（支座负筋 + 支座分布筋 + 板底受力筋）：弹性理论比塑性理论增加 4.20kg/m^2，增幅 26.6%。

（2）支座钢筋（支座负筋 + 支座分布筋）：弹性理论比塑性理论增加 2.949kg/m^2，增幅 38.16%。

（3）板底受力钢筋：弹性理论比塑性理论增加 1.251kg/m^2，增幅 15.52%。

【实例 1.2】　某部经济适用房为一梯六户 18 层剪力墙结构，由于板内埋设电管较多，现浇板的最小板厚取为 90mm，一层顶板荷载设计值为 10.0kN/m^2。原设计采用塑性理论[14]进行内力分析，其配筋见图 1.11。作为对比，现将该工程一层顶板改用弹性理论[14]进行内力分析，并采用同种钢筋（Ⅰ级钢）配筋，其相应的配筋见图 1.11 中的括号内。板支座负筋、支座分布筋、板底受力筋及总配筋的钢筋平米指标列于表 1.7 中。

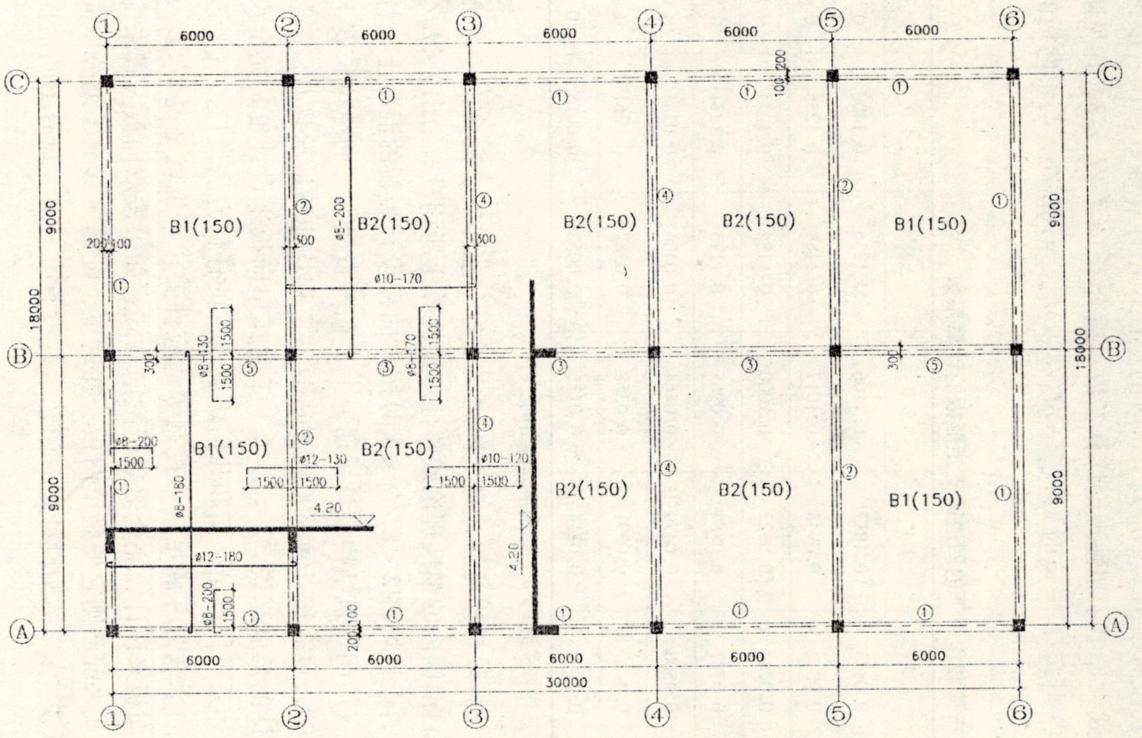

图1.10　按塑性理论（弹性理论）计算的板配筋实例一

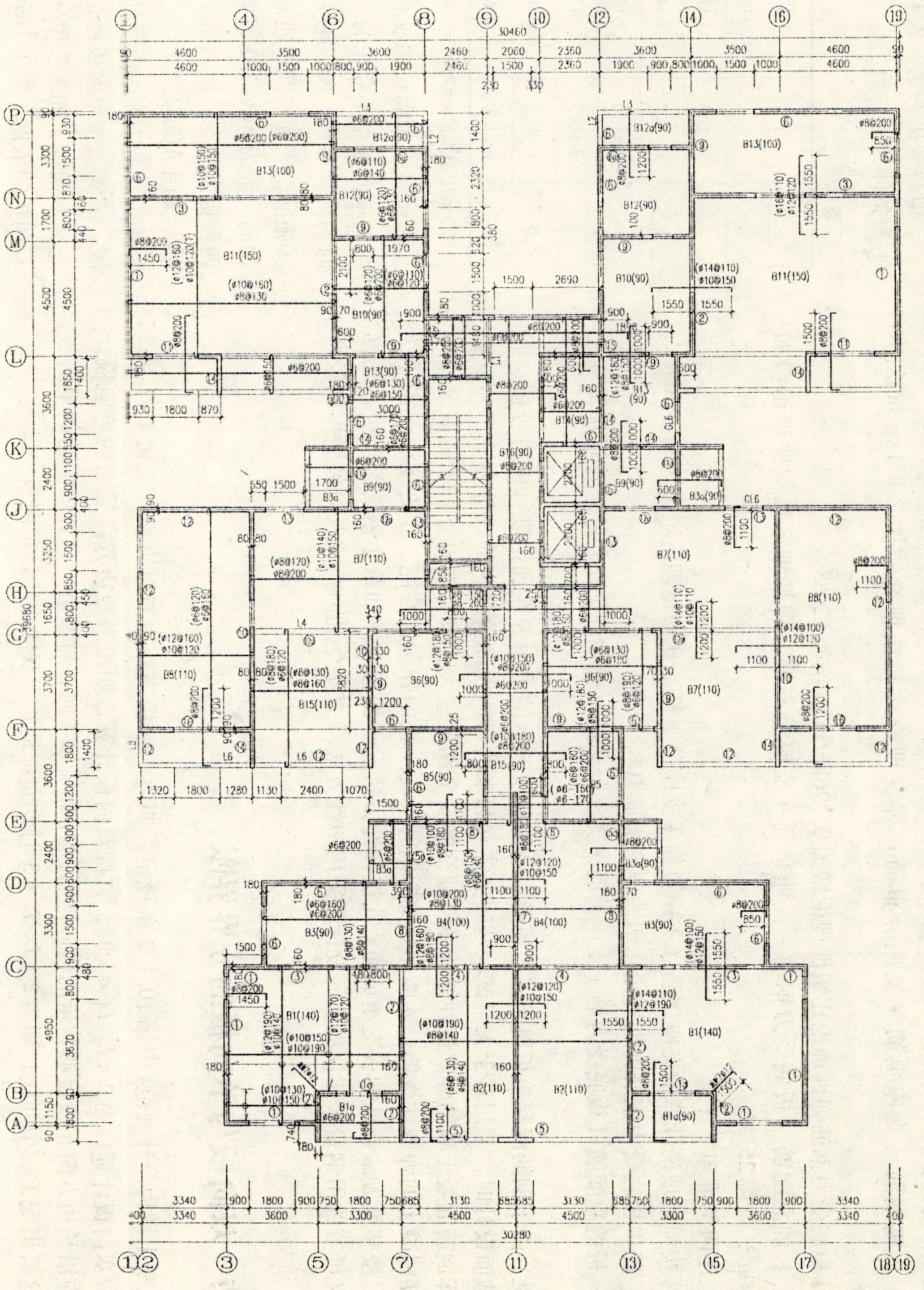

图1.11　按塑性理论（弹性理论）计算的板配筋实例二

表 1.7　板配筋平米指标分析对比表　单位：kg/m^2

计算方法	支座负筋	支座分布钢筋	支座负筋+支座分布筋	板底受力筋	总配筋
弹性理论	6.570	1.289	7.859	6.182	14.041
塑性理论	3.749	1.289	5.038	5.386	10.424

由表 1.7 可知：

（1）支座钢筋（支座负筋 + 支座分布筋）弹性理论比塑性理论增加 $2.821kg/m^2$，增幅 35.90%。

（2）板底受力钢筋弹性理论比塑性理论增加 $0.796kg/m^2$，增幅 12.88%。

（3）板的总配筋（板底受力钢筋 + 支座负筋 + 支座分布筋）弹性理论比塑性理论增加 $3.617kg/m^2$，增幅 25.76%。

由上述两例可知[41]：

（1）按弹性理论计算的支座钢筋（支座负筋 + 支座分布筋）比塑性理论增加 30% ~40%。

（2）跨中板底受力钢筋弹性理论比塑性理论增加 10% ~20%。

（3）板的总配筋（板底受力筋 + 支座负筋 + 支座分布筋）弹性理论比塑性理论增加25% ~30%。

可见，由于钢筋混凝土板属于多次超静定结构，按通常的采用弹性理论进行内力分析、而在构件截面设计时，采用基于大量试验基础上建立起来的弹塑性经验公式的设计方法，并没能充分发挥钢筋混凝土板的弹塑性性能，弹性理论的安全储备过大。只有内力分析和截面设计均考虑钢筋混凝土的弹塑性性能，才能充分发挥钢筋混凝土板的弹塑性性能，才更接近于实际受力状态。按塑性方法设计的板支座负筋要比按弹性方法设计的板支座和跨中钢筋都要少，既方便施工又可节约用钢量，建议更多的设计者采用塑性方法（直接受动力荷载及对裂缝控制较严格者除外）。

第 3 节　双向板与单向板的分界界限

《混凝土结构设计规范》[9]第 10.1.2 条规定：四边支承板当长边与短边长度之比 $L_2/L_1 \leqslant 2$ 时，应按双向板计算；当 $2<L_2/L_1<3$ 时，宜按双向板计算，如按沿短边方向受力的单向板计算时，应沿长边方向布置足够数量的构造钢筋；当 $L_2/L_1 \geqslant 3$ 时，可按沿短边方向受力的单向板计算。这就出现了一个问题，即当 $2<L_2/L_1<3$ 时，究竟是属于双向板还是单向板？

3.1　双向板与单向板的分界界限

关于双向板与单向板的分界限，根据弹性理论，对四边支承板，当两个方向计算跨度之比 $L_2/L_1=2$ 时，在长跨 L_2 方向分配到的荷载小于6%，但分配到 L_2 方向板带跨中弯矩分配率却大于20%。例如，对于承受均布荷载四边简支板，若记跨中最大挠度 $f=\alpha qL_1^4/B_c$、最大弯矩 $M_{1\max}=\beta_1 qL_1^2$、$M_{2\max}=\beta_2 qL_1^2$，将其系数 α、β_1、β_2 列于表 1.8[4]。

当 $L_2/L_1=2$ 时，对于混凝土结构，泊松比 $\nu=0.2$，四边简支板 $M_1=0.100qL_1^2$，$M_2=0.0368qL_1^2$，$M_2/(M_1+M_2)=26.9\%$；对于四边固支板，$\nu=0.2$ 时，由手册[14]查表得 $M_1=0.04076qL_1^2$，$M_2=0.0118qL_1^2$，$M_2/(M_1+M_2)=22.45\%$，表明 $L_2/L_1=2$ 时，仍具有双向板的传力性质。而当 $L_2/L_1=3$ 时，由表 1.8，其最大挠度与 $L_2/L_1=\infty$ 时的结果相差 6.4%、最大弯矩与 $L_2/L_1=\infty$ 时的结果相差在10%左右。因此以 $L_2/L_1=3$ 作为双向板与单向板的分界限更合适。由于目前国内结构设计手册中均没有给出 $2\leqslant L_2/L_1\leqslant 3$ 时的塑性理论计算参数，作者根据《建筑结构静力计算手册》[13]的公式，导出了塑性理论计算参数，适合于 $1\leqslant L_2/L_1\leqslant 3$，详见附录。

值得一提的是，表 1.8 中，当 $L_2/L_1=\infty$ 时，$M_{1\max}=qL_1^2/8$、$M_{2\max}=\nu qL_1^2/8$，与单向板的内力平衡条件并不一致。

表 1.8　均布荷载作用下的四边简支矩形板的计算系数

L_2/L_1		1.0	1.5	1.8	2.0	3.0	4.0	∞
α		0.0443	0.0843	0.1017	0.1106	0.1336	0.1400	0.1422
β_1	$\nu=0.3$	0.0479	0.0812	0.0948	0.1017	0.1189	0.1235	0.1250
	$\nu=0.2$	0.0442	0.0784	0.0927	0.1000	0.1184	0.1234	0.1250
	$\nu=0.0$	0.0368	0.0727	0.0884	0.0965	0.1173	0.1231	0.1250
β_2	$\nu=0.3$	0.0479	0.0500	0.0479	0.0464	0.0404	0.0384	0.0375
	$\nu=0.2$	0.0442	0.0427	0.0391	0.0368	0.0287	0.0261	0.0250
	$\nu=0.0$	0.0368	0.0282	0.0214	0.0175	0.0052	0.0015	0.000

注　表中泊松比 $\nu=0.2$、$\nu=0.0$ 结果系作者根据 $\nu=0.3$ 结果换算得出的。

可见，单向板和双向板的分界限是相对的，对于四边支承板，纯粹的、完全由一个方向传力的单向板是不存在的。由于目前国内的弹性理论或塑性理论计算手册均没有给出 $2<L_2/L_1<3$ 时的计算参数，所以绝大部分的设计均将 $2<L_2/L_1<3$ 时按单向板设计。新的混凝土设计规范实施前，工程实践中通常根据《简明建筑结构设计手册》[12]，在垂直受力方向单位长度上分布钢筋一般为φ6@250 或φ6@200，也有按φ6@300 配的，这些工程均能满足承载力和正常使用两种极限状态，所以从工程设计的角度来说，$2<L_2/L_1<3$ 时按单向板来设计也是完全没问题的。美国 ACI 规范指出：板的体系可用满足平衡和几何协调条件的任何方法设计，只要该法使截面的承载力至少等于所要求的承载力并满足位移控制等适应性要求。也就是说 $2<L_2/L_1<3$ 时，究竟是按单向板还是按双向板来设计，完全取决于配筋方式：如果按双向板方式来配筋则它是双向板，如果按单向板方式来配筋则它便是单向板。在这里，配筋方式成了划分单向板和双向板的依据。英国 Ove Arup 说[5]：“结构设计是一门艺术，没有唯一解。只有不断地探索去寻求相对最佳，而无绝对的最优。”

其次，《混凝土结构设计规范》[9]第 10.1.8 条要求：“当按单向板设计时，除沿受力方向布置受力钢筋外，尚应在垂直受力方向布置分布钢筋。单位长度上分布钢筋的截面面积不宜小于单位宽度上受力钢筋截面面积的 15%，且不宜小于该方向板截面面积的 0.15%。”这比 89 规范要求严多了，这一要求是依据双向板的内力分析结果而提出的，既然在短跨方向的配筋已完全满足承载力极限强度要求了，且其正常使用极限状态也为新规范实施前的大量工程实践所证实，长跨方向还需满足最小配筋率要求？例如，当单向板的板跨为 4.0m 时，不同的设计者所采用的板厚在 100 ~140mm 之间波动。当板厚为 100mm 时，分布筋面积为 $150mm^2$，需配φ6@

180；而当板厚 140mm 时，分布筋面积为 210mm²，却需配φ6@130。出现板厚越厚，所需配筋越大的现象。这种现象如果是因为荷载较大而引起的，则是合理的，而这一变化已经可以从“单位长度上分布钢筋的截面面积不宜小于单位宽度上受力钢筋截面面积的 15%”这一要求得到体现。但如果板厚波动现象是由于设计者的经验、设计习惯等人为因素造成（这种情况非常普遍），就引起逻辑关系上的不顺了。此外，这一配筋要求也造成同一楼层板筋规格过多。至于近年来较多出现的楼板早期收缩裂缝，其裂缝绝大部分是平行于长跨方向和四角，增配长跨方向钢筋对减少早期收缩裂缝未必如人所愿。由于板属于量多面广的构件，规范的这一条规定必然引起用钢量大幅度的增加。“在黑格尔的辩证法中，正如在他的体系的其他一切部门中一样，一切真实的联系都是颠倒的……在他那里，辩证法是倒立着的。必须把它倒过来，以便发现神秘外壳中的合理内核。但是，在自然科学本身中，我们也常常遇到这样一些理论，在这些理论中真实的关系被颠倒了，映像被当作了原形，因而必须把这些理论同样地倒过来。这样的理论常常在一个长时期中占统治地位。”（恩格斯《自然辩证法》第 32～33 页）如果被千百万实际工程所证实没问题的设计，即使按某一理论分析证明有缺陷，也应以实际工程经验总结为依据，尤其是板的弹性理论或塑性理论均是依据克希霍夫假设或塑性铰线理论建立起来的，理论与实际情况不可能完全一致。因此规范这一修订的必要性值得商榷。

3.2 按单向板设计与双向板设计的差别

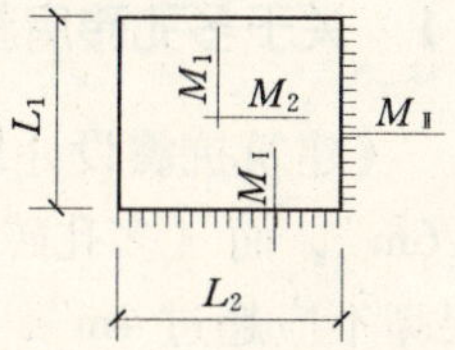

图 1.12 四边支承板简图

根据《混凝土结构设计规范》[9]第 10.1.2 条规定：四边支承板当长边与短边长度之比 $L_2/L_1 \leqslant 2$ 时，应按双向板计算；当 $2 < L_2/L_1 < 3$ 时，宜按双向板计算，如按沿短边方向受力的单向板计算时，应沿长边方向布置足够数量的构造钢筋；当 $L_2/L_1 \geqslant 3$ 时，可按沿短边方向受力的单向板计算。因此当 $2 < L_2/L_1 < 3$ 时，既可按双向板设计，也可按单向板设计，但两者的配筋不同，见下述算例。

【算例】 承受均布荷载的四边支承板，$L_2/L_1 = 2.5$，支座条件如图 1.12 所示。

如按双向板设计，采用极限平衡法计算，取 $\beta_1 = \beta_2 = \beta'_1 = \beta'_1 = 1.4$，则由附表 4，

$$\xi = 0.0644, \alpha = 0.15, M_{1p} = \xi q_c L_1^2 = 0.0644 q_c L_1^2$$

$$M_{2p} = \alpha M_{1p} = 0.15 \times 0.0644 q_c L_1^2 = 0.00966 q_c L_1^2$$

$$M_{\mathrm{I}p} = \beta_1 M_{1p} = 1.4 \times 0.0644 q_c L_1^2 = 0.09 q_c L_1^2$$

$$M_{\mathrm{II}p} = \beta_2 M_{2p} = 1.4 \times 0.000966 q_c L_1^2 = 0.0135 q_c L_1^2$$

如按单向板设计，短跨方向为一端简支、另一端固支单跨板，由建筑结构静力计算手册，有

$$M_{1e} = \frac{9}{128} q_c L_1^2 = 0.0703 q_c L_1^2$$

$$M_{\mathrm{I}e} = -\frac{1}{8} q_c L_1^2 = -0.125 q_c L_1^2$$

而长跨方向则按构造配筋。

可见，短跨方向：

$(M_{1e} \quad M_{1p})/M_{1e} = (0.0703 - 0.0644)/0.0703 = 8.39\%$，跨中弯矩相差不大；

$(M_{\mathrm{I}e} - M_{\mathrm{I}p})/M_{\mathrm{I}e} = (0.125 - 0.09)/0.125 = 28.0\%$，支座负弯矩相差较大。

第 4 节 关于钢筋混凝土连续梁弯矩调幅法的调幅限值

主次梁体系是工业与民用建筑中最常见的结构体系之一。传统的内力简化计算方法是忽略主、次梁之间的相互作用，将主梁和次梁均简化为一维问题各自独立计算：次梁按连续梁，主梁依据支承条件按连续梁或框架结构进行内力计算。但事实上主次梁体系为一不等断面的平面交叉梁系，是一呈空间受力状态的超静定结构，主梁、次梁断面尺寸相对关系变化时，主梁、次梁的内力和变形也随着改变。如图 1.13 所示，周边简支的 15.6m×9m 的平面区格，横向 9m 跨为主梁，纵向设置两根次梁，混凝土为 C20，板面荷载 $q = 6.5\text{kN/m}^2$，为了便于与连续梁计算结果作比较，双向板传给次梁的梯形荷载近似地按均布荷载考虑，板传给主梁的荷载仍按三角形荷载考虑。表 1.9 给出了主梁、次梁断面尺寸变化时，按平面交叉梁系的有限元计算程序算出的次梁内力，计算时不考虑梁扭转变形的影响。

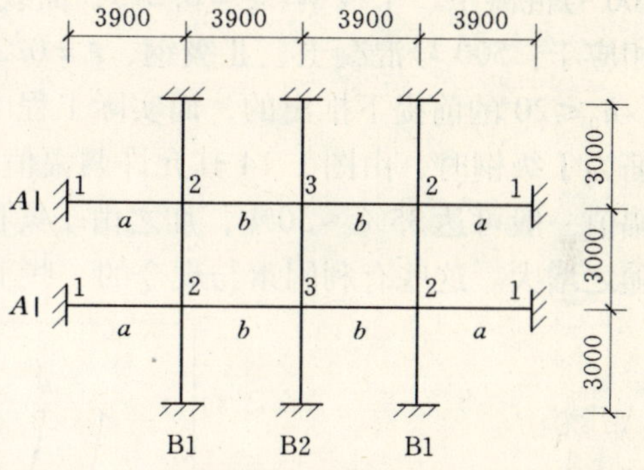

图 1.13 平面交叉梁系计算简图（单位：mm）

由表 1.9 可见，将主、次梁体系简化为一维问题来分析是有条件的。当主梁、次梁的断面尺寸相差不大时，将主、次梁体系简化为一维问题来分析与按不等断面的平面交叉梁系的有限元计算结果之间的差异相当大，其支座弯矩甚至由负弯矩变为正弯矩，其变化幅度已大于《钢筋混凝土连续梁和框架考虑内力重分布设计规程》（CECS51：93）规定的调整幅度一般不宜超过 25% 的限值。从理论的准确性来说，有限元结果更精确，但大量的实际工程却都是按连续梁

表 1.9 主梁、断面尺寸对次梁内力的影响

主梁断面（mm×mm）	次梁断面（mm×mm）	次梁弯矩（kN·m）				次梁剪力（kN）			
		M_a	M_b	M_2	M_3	Q_1	$Q_{2左}$	$Q_{2右}$	$Q_{3左}$
300×900	200×400	39.66	20.88	-20.63	-37.44	45.90	56.48	46.88	55.50
300×900	200×300	35.24	16.71	-31.69	-34.70	43.06	59.31	50.41	51.96
300×900	200×260	33.05	15.78	-35.15	-33.11	42.17	60.20	51.71	50.66
250×750	100×150	31.46	14.53	-41.12	-29.64	40.64	61.73	54.13	48.24
250×750	250×650	91.10	105.8	+70.34	+39.12	69.22	33.15	43.18	59.19
300×900	300×800	95.66	113.0	+76.77	+47.46	70.87	31.50	43.67	58.70
300×900	150×200	31.92	14.73	-39.97	-30.38	40.94	61.44	53.65	48.73
3000×9000	200×400	30.83	14.23	-42.71	-28.66	40.24	62.14	54.79	47.59
按连续梁计算[2]		30.74	14.37	-42.72	-28.35	40.23	62.14	54.87	47.50

的计算结果进行截面设计的，这些工程已正常使用了几十年，至今仍未听说某一工程由于采用连续梁计算而需加固，说明按连续梁计算次梁内力的方法是可靠的。出现两种计算结果虽相差较大但都是可靠的现象，说明结构塑性内力重分布现象是普遍存在的，结构实际受力状况与弹性理论计算结果有出入。大量的工程实践表明，当支座负弯矩的调幅值超过25%时，实际工程中也没问题，主要原因如下：

（1）规程CECS51：93规定的弯矩最大允许调整幅度是根据“安全调幅区”理论[40]确定的，是有相应的条件的，实际工程中往往存在一些有利的因素。根据“安全调幅区”理论，影响梁的最大允许调幅值的主要因素有：梁的跨高比L/h_0、支座形式、混凝土强度和钢筋的型号等[40]。这些因素中，梁的跨高比L/h_0对允许调幅值影响较大，见图1.14（图中曲线a相应于：200号混凝土、Ⅰ级钢、$\xi=0.275$；曲线b相应于：200号混凝土、Ⅱ级钢、$\xi=0.275$；曲线c相应于：500号混凝土、Ⅱ级钢、$\xi=0.275$）。支座负弯矩的调幅值不宜超过25%的结论是在$L/h_0 \leq 20$的前提下推出的，而实际工程中框架梁和主梁的跨高比L/h_0通常为8～12，所以当主筋为Ⅰ级钢时，由图1.14其允许调幅值一般可达45%～60%，当主筋为Ⅱ级钢时，其允许调幅值一般可达35%～50%，加之由于梁板共同工作，梁的刚度有较大的增加，其允许调幅值也随之增大。这些有利因素与现今的一些工程习惯相关联，不应将其无条件地延伸。

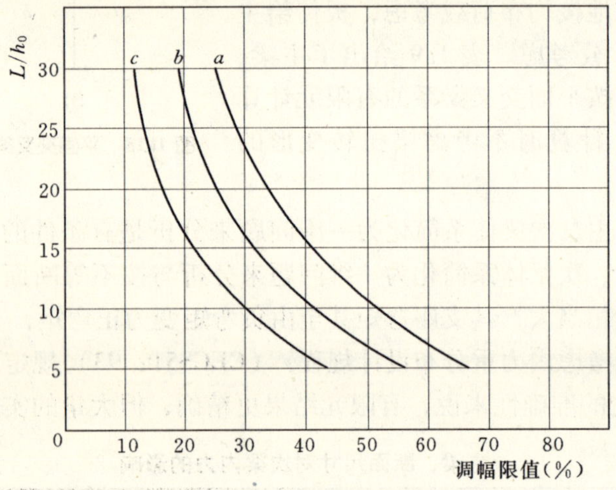

图1.14　允许调幅值曲线

（2）根据塑性理论的下限定理，只要满足$M_{支}+M_{中}$不小于简支跨中弯矩$M_{简}$，并配置相应的构造钢筋，即满足了平衡条件和屈服条件，梁的极限强度仍是有保证的，它与弯矩调整幅度的大小无关。

（3）钢筋混凝土结构中，材料的实际强度尤其是钢筋的屈服强度往往大于设计强度，因而结构的实际强度、刚度和抗裂性能都有一定的储备，即截面的超限强度往往大于理想强度，而设计考虑的是理想强度，体现结构实际工作状况的却是超限强度。

（4）实际的荷载分布与理论计算模式不一致。如连续梁内力计算时，求跨中最大弯矩时的活荷载布置（隔跨满布）与求支座最大弯矩时的活荷载布置（相邻跨满布活载）是不同的，设计时取各自最不利的活荷载布置下的内力进行截面设计，而结构实际的最不利活荷载分布情况只能是两者之一，不可能两者同时出现。

在实际工程中，结构塑性内力重分布现象是普遍存在的，只不过我们没有有意识地强调而已，文献［42］对考虑梁板结构相互作用时楼板内力进行系统分析，表明只有当支承楼板的梁相对抗弯刚度较大时，传统的楼板简化方法与有限元精确考虑梁板共同工作的计算结果接近，而当梁相对抗弯刚度较小时，传统的楼板简化方法的跨中弯矩偏小，支座中点负弯矩偏大而靠近板角区的负弯矩偏小，即其计算结果更接近于无梁楼盖。在实际工程中处于这类情况的实例是较多的，而按楼板简化方法计算结果设计的这类工程，均能正常使用，说明传统的楼板简化方法也是可靠的。再如，基础梁板理论计算时，一般假定地基反力为直线分布，而实测结果表明，地基反力分布是相当复杂的，实际工程中几乎不存在按直线分布的地基反力。因此，作用于基础梁板上的实际内力与理论计算结果之间不一致是普遍的现象，正是因为结构塑性内力重分布的普遍性，帮助设计人员解决了这一理论与实际不一致的难题。这也从另一个角度说明，为了使基础梁板具有调整理论分析与实际之间偏差所必备的内力重分布能力，基础梁板断面尺寸不可取得太小。

第5节　若干构造

5.1　关于多孔砖房屋的层高问题

《建筑抗震设计规范》（GB 50011—2001）第7.1.3条规定“多孔砖房屋的层高不应超过3.6m”，而《多孔砖砌体结构技术规程》（JGJ 137—2001）第5.1.4条却规定“多孔砖房屋的层高不应超过4m”，两者不一致。为何出现这一不一致，文献中尚无解释明确的，作者以为可以从以下几方面来理解：

（1）规范关于砌体结构的一些数据是基于宏观震害调查和经验总结基础上提出的，不是严格意义的理论计算和模型试验结果的总结，如《建筑抗震设计规范》（GB 50011—2001）第7.1.2条砌体结构房屋的层数和总高度限值，该条的条文说明明确说明层数的限制是基于宏观震害调查；而高度的限制是基于计算分析、震害调查和足尺模型试验。所以对于砌体结构的某些经验数据，由于是人为规定的，没必要对具体数字太认真。例如第7.1.2条规定的房屋总层数一般认为是不可以超的，至于总高度一般认为可以有一定的波动幅度，如8度抗震设防区规范规定总高度18m，当实际房屋的总高度为18.4m时，只要计算能满足要求，应该说问题也不大。对于层高限值，作者以为也可以有一定的波动幅度。

（2）《建筑抗震设计规范》（GB 50011—2001）第7.1.4条的条文说明指出：“如考虑砌体房屋的整体弯曲验算，目前的方法即使在7度时，超过三层就不满足要求，与大量的地震宏观调查结果不符。”表明砌体结构一般是不需要验算整体弯曲的。同时GB 50011—2001第7.2.3条指出：“砌体墙段的层间等效侧向刚度的计算应计及高宽比的影响：高宽比小于1时，可只计算剪切变形；高宽比不大于4且不小于1时，应同时计算弯曲和剪切变形；高宽比大于4时，等效侧向刚度可取0.0。”表明砌体房屋总高度与总宽度的比值、墙段的高宽比是确定房屋和墙段是弯曲变形还是剪切变形为主的主要依据。所以作者认为，限制房屋的层高，主要是为了限制砌体房屋尤其是墙段的弯曲变形，因为层高越大，层间墙段的高宽比越大，弯曲变形越明显，剪切变形相应越小。至于多孔砖砌体结构的最大层高是3.6m还是4m，应具体分析层间墙段的高宽比，如果层高超过3.6m后大部分墙段的高宽比小于1，作者以为可以按4m作为最大层高，反之应按3.6m作为最大层高。

（3）当层高超过规范限值而计算又能满足规范要求，且层数比规范允许的层数小得多时，可按GB 50011—2001第10.3.4条的要求设置圈梁。

5.2 合理的构造设计

构造设计是结构设计不可或缺的重要组成部分，构件最小截面的确定、构造钢筋的选取、结构细部构造处理等，看似平常，却是结构设计艺术性的集中体现，是检验结构设计水平的重要指标，对结构工程造价有较大的影响。

1. 板构造支座负筋最小直径的取值和支座联系筋的选取问题

对于简支板，原89混凝土结构设计规范给出的最小构造支座负筋为φ6@200，而φ6钢筋太软，易被踩下致使负筋有效高度很低而发挥不了构造负筋的作用，现行《混凝土结构设计规范》[9]第10.1.7条已将最小构造支座负筋改为φ8@200。φ8钢筋在防止被踩下方面虽比φ6钢筋要好些，但如不采取其他措施，也同样易被踩下，于是有些工程又将最小构造支座负筋提高到φ10@200。其实无此必要，因为如不采取其他措施，φ10@200的支座负筋也同样易被踩下而保证不了负筋的有效高度，而且由于φ10@200的支座负筋具有相当的承载力，与简支边界计算条件不符而引起内力重分布，有可能对相邻构件产生不利影响。因此笔者以为，在满足《混凝土结构设计规范》[9]第10.1.7条的前提下，最小构造支座负筋采用φ8@200更合适，而不必再人为提高支座负筋的最小直径。

《混凝土结构设计规范》[9]第10.1.8条要求："当按单向板设计时，除沿受力方向布置受力钢筋外，尚应在垂直受力方向布置分布钢筋。单位长度上分布钢筋的截面面积不宜小于单位宽度上受力钢筋截面面积的15%，且不宜小于该方向板截面面积的0.15%。"这里所指的分布钢筋并不包含支座联系筋（垂直支座负筋受力方向布置分布钢筋），但不少工程将支座联系筋按单向板分布钢筋来设计是不必要的。工程中支座联系筋一般在设计总说明中统一为φ6@200，这种做法已经受了大量实际工程考验。支座联系筋只起固定支座负筋和分布温度收缩应力的作用，实际工程中板支座处裂缝均与支座负筋垂直，所以加大支座联系筋并无多大的实际意义。

2. 一边有悬臂板的现浇钢筋混凝土双向板设计

住宅阳台常常设计成挑阳台。由于与挑阳台相邻的居室通常为双向板，而挑阳台为悬臂板，相应的结构设计中存在以下两种情况：

（1）居室双向板的板厚偏厚。阳台悬臂板由于刚度要求而取其根部板厚不小于$l/12 \sim l/10$，当阳台悬挑长度不小于1.2m时，其根部板厚不小于100mm，为了保证悬臂板负筋在居室一侧板的正截面强度（按悬臂弯矩配筋），有的工程将居室双向板的板厚取与悬臂板根部板厚相同（板厚不小于100mm），而居室的短跨一般均不大于4.2m，从而造成居室双向板的板厚偏厚。这种做法是没必要的，因为悬臂板根部板厚是刚度要求控制的而不是强度控制，悬臂板的配筋率一般都不高，居室双向板的板厚取比悬臂板根部薄时，悬臂板的负筋可按居室双向板的板厚配置，这样悬臂板的配筋虽增大了些，但由于居室板厚减薄了，相对来说还是较经济的方案；

（2）悬臂板的配筋伸入居室双向板内的长度偏长，特殊情况下则偏短。有些工程将伸入居室双向板内负筋的长度取为$1.5l \sim 2.0l$（l为悬臂长度），这一做法是将倾覆问题不恰当地引入所致。对于预制空心板结构，外挑阳台要考虑倾覆作用，但对于现浇楼盖就不存在倾覆作用，其概念上就转化为悬臂板负弯矩在双向板内的分布范围问题。对于已知支座负弯矩在双向板内的分布范围问题可有以下几种处理方式：

1）采用有限元程序或经典弹性理论计算。

2）将该边界作为已知支座负弯矩的固支边按类似于连续塑性双向板的方法计算并验算活载不利组合下可能出现跨中负塑性铰线的情况。

3）居室双向板采用简单条带法[1,3]进行设计，将与悬臂板相交的边界作为已知支座负弯矩的固支边。由于条带法的每一条带的受力情况完全和梁一样，因而求其内力非常简便，可直接查表，支座负弯矩在跨中的分布规律也明确，相应的负筋截断点也随之很容易确定。

根据一些设计院的实际工程经验和习惯，一般情况下可将伸入居室双向板内负筋的长度取为$1.0l$（l为悬臂长度）和$0.25l_1$（l_1为居室双向板短跨跨度）两者中的最大值。

3. 钢筋混凝土井式楼盖角区板面裂缝原因

钢筋混凝土井式楼盖工程实例中，钢筋混凝土井式楼盖的角区板面开裂的事例时有发生。关于钢筋混凝土井式楼盖的角区板面开裂的原因，较普遍的解释是角区的温度收缩作用效应较明显致使角区板面开裂（见图1.15）。作者以为这一观点值得商榷，温度收缩作用是引起角区板面开裂因素之一，但不一定是主要因素，其理由有二：一是与井式楼盖平面尺寸和梁格布局及荷载效应相近的主次梁结构，其现浇板角区板面一般就不裂；二是井式楼盖的角区板面开裂的工程实例中，与温度收缩作用效应相应的因素，如较大的温差、水灰比过大、使用收缩性较大的矿渣水泥，施工养护不当等因素的对应性并不十分明显。而更主要的原因是出现井式楼盖的角区板面开裂的工程实例中，其边区角的支座配筋是按被井式梁所分割成的局部板块［见图1.16（a）］配筋的，而钢筋混凝土井式楼盖作为一正交异性板，在使用荷载的作用下，角区的负弯矩分布范围比较大，而被井式梁所分割成的局部板块所配的支座负筋相对偏短，致使角区板面存在一无负筋但承受一定负弯矩的区域而开裂。

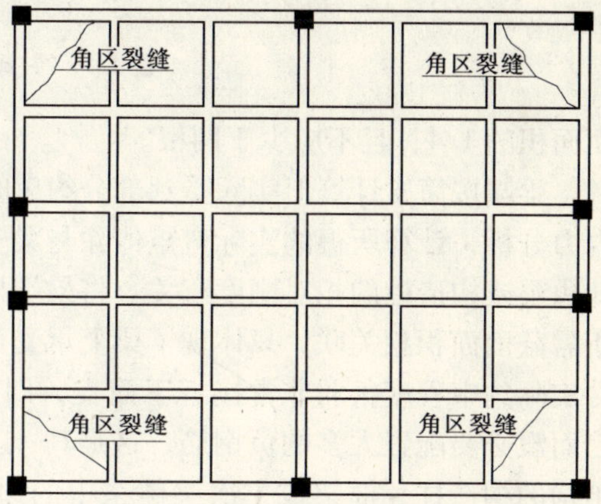

图1.15 井式楼盖角区板面裂缝分布

基于上述分析，相应的防止楼盖角区板面开裂的措施就比较简单，即将角区局部板块［见图1.16（b）中的B1］支座负筋全跨贯通［见图1.16（b）］。作者根据这一构造设计的井式楼盖的角区板面均未裂。目前井式梁计算方法较多，有些简化计算方法理论上是有缺陷的[4]，但采取相应的配筋构造后，只要挠度控制符合规范要求，一般井式梁本身的强度是有保证的，由于井式梁的高跨比较小，当井式梁梁端与柱相连接时，其负弯矩调幅值不宜过大，应尽量满足规程规定的不超过25%的要求。

4. 按简支计算的梁端部上部构造钢筋设置问题

《混凝土结构设计规范》[9]第10.2.6条指出："当梁端实际受到部分约束但按简支计算时，应在支座区上部设置纵向构造钢筋，其截面面积不应小于梁跨中下部纵向受力钢筋计算所需截

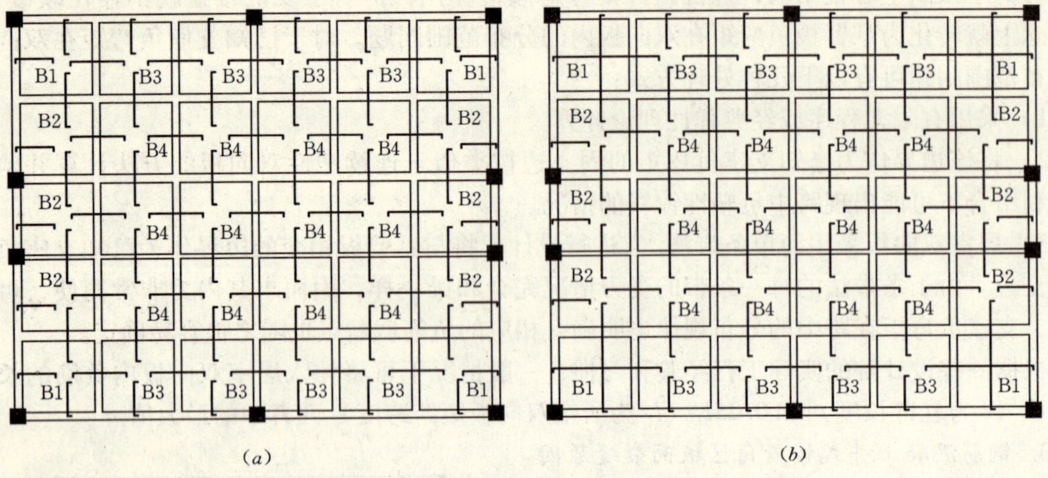

图 1.16 井式楼盖两种板支座筋配置模式

面面积的 1/4，且不应少于两根。”

梁端按简支计算但实际受到部分约束时，如按梁端的实际约束条件采用弹性理论进行整体内力分析，计算所得的实际弯矩值除与梁上承受的荷载大小有关外，更与梁端的实际约束构件即边梁或构造柱的相对刚度有关。将梁端构造钢筋的截面面积与梁跨中下部纵向受力钢筋计算所需截面面积相关联，只体现了梁上承受荷载的大小，而没有考虑梁端实际约束程度。如果梁端实际约束程度很弱非常接近于简支，即使梁上承受的荷载很大，梁端实际负弯矩值仍很小，因而没必要配置太多的负钢筋，这是其一。而且，条文所指部分约束梁端的构件通常是指砖混结构的构造柱、框架或主次梁体系中的边梁，如果梁端实际配筋较大，梁承受的负弯矩也较大，与之平衡的构造柱弯矩或边梁的扭矩也较大，当约束构件是构造柱时，由于构造柱配筋较小，一般为 4 Φ12，很有可能造成构造柱配筋不足；当约束构件是框架或主次梁体系中的边梁时，虽然按弹性理论计算，边梁有较大的扭矩，如前述国外的试验资料表明[37]，边梁开裂后，其抗扭刚度急剧下降，塑性内力重分布的结果，边梁扭矩和梁端实际弯矩值都很小，没必要配置太大的钢筋。新的混凝土设计规范实施前，据作者了解一些实际工程与边梁相交的梁端实际配筋统一为 2 Φ12（四肢箍为 4 Φ12），20 世纪六七十年代设计的部分工程甚至为 2 Φ10 或 2 Φ8，这些工程已正常使用了 30 多年。

综上所述，规范所给的这种配筋策略是否合适值得商榷。

5. 不规则钢筋混凝土女儿墙配筋构造

女儿墙由于受外界的温度、湿度变化的影响，普遍开裂，尤其是砖砌女儿墙裂缝不仅普遍开裂，而且有的裂缝还很宽。为了避免女儿墙裂缝过宽而影响观感，同时也为了适应立面造型的需要，近年来，现浇混凝土女儿墙的应用越来越广，但对于立面凹凸比较多的女儿墙，一些刚从事设计的工程师感到有些困惑，现对几种常见女儿墙配筋进行示范，如图 1.17 所示。其要领是：①阴角的钢筋要断开，而阳角的钢筋可以连续，并应尽量减少搭接；②为了减缓女儿墙裂缝，最好是双面配筋且钢筋间距不大于 150mm，以其中一面为受力主筋，另一面为辅助筋；③悬壁板的厚度一般可取 $L/12$，太厚时可以变厚度。

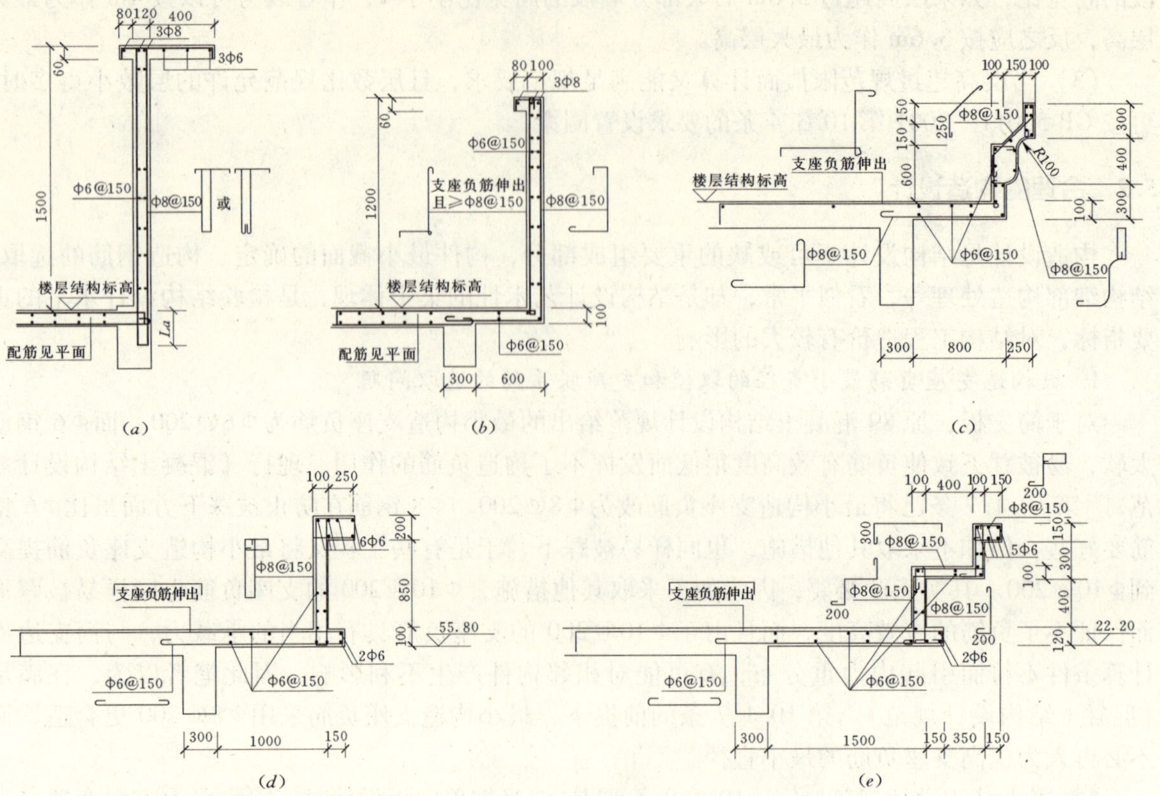

图 1.17 女儿墙配筋

6. 环境类别与保护层厚度的确定问题

《混凝土结构设计规范》[9] 第 3.4.1 条规定了耐久性设计的原则及构件环境类别的分类标准。规范第 9.2.1 条则给出了各类环境条件下的构件纵向受力筋保护层最小厚度。这是新规范重视耐久性问题的具体体现。由于规范是依据构件所处的环境类别来确定纵向受力筋保护层最小厚度的，对于处在两种环境交界部位的构件，例如地下室外墙，其迎水面侧一般为二类环境，而其室内一侧一般为一类环境，两侧面的受力筋保护层最小厚度也应有所区别。因此作者认为，对于处在两种环境交界部位的构件，在选用最低混凝土等级、确定混凝土配合比等耐久性基本要求（规范第 3.4.2～3.4.8 条）时，应按交界面上两种环境类别中的最不利的环境类别确定，在确定受力筋保护层最小厚度时，则应按构件表面所处的环境类别分别考虑。否则，对于基础底板、地下室外墙，随着保护层厚度的增大，采用商品混凝土时，构件表面出现早期收缩裂缝的几率也随之增大，而构件表面开裂后，反而影响构件的耐久性。所以保护层厚度，不是越大越好，而应倡导按构件表面所处的环境类别有针对性地选用。

7. 基槽深度对结构工程造价的影响

造价分析是基础选型的依据之一。工程实践中，结构工程师对基础选型比较重视，而在确定基槽深度时，人工降效和机械降效对结构造价的影响却没引起应有的重视。

（1）带形基础槽深限值：对于大多数多层住宅及公共建筑，由于荷载较轻，通常采用带形基础，基底落在承载能力适宜的土层上。根据概预算计算规则的有关规定，带形基础槽深有三个限值：2m 以内、2.5m 以内、2.5m 以外。当基础槽深位于这三个限值交界处时，如结构设计者心中有这些限值意识，将基础槽深减少 0.05～0.10m，即可节约土方费用 40% 以上，详见表 1.10。

表 1.10　　带形基础基槽深度对结构工程造价的影响

定额编号	项目			单位	概算单价（元）	其中（元）			人工（工日）	主要工程量（m^3）	
						人工费	材料费	机械费		挖土	回填土
1－22	砖基础	槽深	2m 以内	m^3	61.93	44.89		17.04	2.22	2.87	2.06
1－23			2.5m 以内	m^3	107.8	32.08		75.72	1.59	3.15	2.33
1－24			2.5m 以外	m^3	202.33	24.52		177.81	1.21	4.23	3.34
1－25	混合基础		2m 以内	m^3	71.36	51.17		20.19	2.54	3.39	2.43
1－26			2.5m 以内	m^3	129.37	38.51		90.86	1.91	3.78	2.8
1－27			2.5m 以外	m^3	238.62	28.92		209.7	1.43	4.99	3.93

注　摘自 1996 年北京市《建设工程概算定额》（土建上册，文献［24］）。

（2）箱形和筏形基础槽深限值：对于大、中型公共建筑，特别是有地下室和人防工程的大中型建筑物，通常采用此类基础。箱形和筏形基础基槽开挖深度也有三个限值：5m 以内、10m 以内、10m 以外。当基底标高为 －5.05m 时，将其调整为 －4.95m，也不是一件不容易的事，而基槽开挖费用却随之有明显的降低，详见表 1.11。

表 1.11　　箱形和筏形基础槽深对结构工程造价的影响

定额编号	项目				单位	概算单价（元）	其中（元）			人工（工日）	主要工程量（m^3）	
							人工费	材料费	机械费		挖土	回填土
1－2	有地下室挖土方	槽深 5m 内	地下室外墙轴线内保面积在（m^2）	500 以内	m^3	68.75	4.6		64.15	0.23	1.52	0.47
1－3				1000 以内	m^3	65.48	4.22		61.26	0.21	1.46	0.42
1－4				2000 以内	m^3	54.88	3.18		51.7	0.16	1.31	0.28
1－5				4000 以内	m^3	45.87	2.29		43.58	0.11	1.18	0.16
1－6				4000 以外	m^3	44.31	2.14		42.17	0.11	1.16	0.4
1－7		槽深 10m 内		500 以内	m^3	86.22	6.34		79.88	0.31	1.74	0.71
1－8				1000 以内	m^3	80.23	5.74		74.49	0.28	1.66	0.63
1－9				2000 以内	m^3	65.29	4.25		61.04	0.21	1.45	0.43
1－10				4000 以内	m^3	52.37	2.97		49.4	0.15	1.27	0.26
1－11				4000 以外	m^3	49.8	2.71		47.09	0.13	1.23	0.22
1－12		槽深 10m 外		500 以内	m^3	108.42	8.59		99.83	0.43	2.05	1.02
1－13				1000 以内	m^3	97.99	7.54		90.45	0.37	1.91	0.88
1－14				2000 以内	m^3	75.76	5.31		70.45	0.26	1.59	0.58
1－15				4000 以内	m^3	58.4	3.57		54.83	0.18	1.35	0.34
1－16				4000 以外	m^3	55.16	3.25		51.91	0.16	1.3	0.29

注　摘自 1996 年北京市《建设工程概算定额》（土建上册，文献［24］）。

此外，在确定基础埋深时，应仔细研究地质勘察报告和场地季节地下水位的变化，尽量避免将基础底面设置在地下水位以下，因为地下降水的费用是白白浪费掉的。

8. 避免与其他专业的交叉和重复

【实例 1.3】　总参某厂职工宿舍为地上六层，地下一层砖混结构，基础设计时对基础型式进行多方案比选。

方案 1：带形基础＋钢筋混凝土抗水板做法，如图 1.18（*a*）所示。

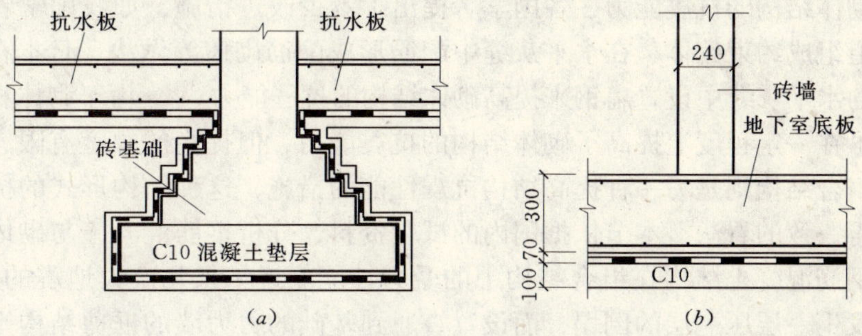

图 1.18　砖混结构两种基础形式

该方案的特点是：结构专业基础采用带形基础，而建筑专业地下室建筑做法为 200mm 厚 C20 抗渗钢筋混凝土抗水板，内配 φ10@200 双层双向构造钢筋。结构和建筑两个专业各做各的，就产生重复。根据北京市 1996 年《建设安装工程概算定额计算规则》规定：有地下室结构基础挖土方，均按地下室外墙轴线（无轴线按中心线）内包水平投影面积乘以槽深（以 m^3 计算）。带形基础挖土方按基础断面面积乘以轴线长度（以 m^3 计算）。因此，该方案基础土方工程量计算分为两部分：

有地下室满堂基础挖土方＝地下室外墙轴线内包水平投影面积×地下室槽深带形基础挖土方＝带形基础断面面积×带形基础轴线长度

同样，基础工程量的计算也分为两部分：

C20 抗渗钢筋混凝土满堂基础＝地下室外墙轴线内包水平投影面积×底板厚度

带形基础＝带形基础断面面积×带形基础轴线长度

方案 2：钢筋混凝土平板基础，如图 1.18（*b*）所示。

该方案的特点是：结构采用 300mm 厚整板基础，将结构基础做法与建筑底板防水做法合二为一，既满足地基承载能力的需要，又使基础底板的配筋（一般为 φ14@200 双层双向）满足荷载作用下的承载力要求。

与方案 1 相比，方案 2 有以下两大优点：

（1）方案 2 可节省方案 1 下部带形基础部分挖土方、钢筋混凝土基础、防水以及垫层等项目所需费用（前提是与基础底板增加配筋所需费用相比是经济的）。

（2）节省建筑柔性防水层做法的造价，易于施工且施工质量更有保证。

经方案比较，最后采用方案 2 进行施工图设计。该工程已于 1998 年竣工交付使用。

综上所述，由于概预算定额的工、料、机消耗量是根据“社会平均水平”综合测定的，取费标准是根据不同地区平均测算的，是一定时期工程量计算经验的合理总结，它反映了工程量计算的普遍性规律，但对于具体工程的某些特殊方面，定额计算结果与具体工程的实际消耗的工程量之间可能存在较大的偏差，因此设计工程师和造价工程师之间的协调和配合是非常必要的。上述实例表明，通过结构工程师和造价工程师的及时交流和密切配合，依据概预算的编制原理进行工程造价控制，可明显降低结构工程造价和建筑物的总造价。

第6节　多层砖墙-混凝土墙楼房的抗震性能

为了提高砌体结构的抗震能力，各国学者提出了不少改进措施，如我国学者提出的设置构造柱与圈梁一道组成约束砌体、在水平灰缝中配筋形成配筋砌体等做法，日本在20世纪10年代曾在砖砌体的水平灰缝中设置扁钢来提高砌体结构的抗震能力[32]。由于砌体材料自身的局限性，这些做法虽在一定程度上提高了砌体结构的抗震能力，但提高的幅度有限。本节介绍的砖墙与混凝土墙组合结构则是另一种提高结构抗震性能的措施，这种结构形式的抗震性能在学术界目前还未取得一致的看法。本节依据国内的试验资料，分析钢筋混凝土与砌体材料共同工作的机理，探讨钢筋混凝土结构在组合结构中的受力性能。近年来几次大地震的震害调查发现，框架结构往往发生一层压一层的倒塌，而设置直通到基础的剪力墙的框剪结构则不会发生这种破坏[6]，说明剪力墙在抗倒塌能力方面具有独特的作用。

6.1　问题的提出

砌体结构是我国目前量大面广主要结构形式之一，近年来对住宅的居住环境与功能要求有较大的改变，相应的开间尺度也随之增大，由于砌体结构抗剪能力低，砌体抗震验算常满足不了规范的要求。为弥补大开间多层砌体结构抗震承载力的缺陷，不少地方在试验研究[62~64]的基础上，推出了砖墙-混凝土墙楼房等结构形式，并建造了不少试点工程。目前，PMCAD等通用计算程序也提供了相应的计算方法，但该方法没有混凝土墙的抗弯计算，而试验研究表明，这类结构属弯剪型结构，混凝土墙主要受弯；国家标准图集"97G 329（五）"也给出了相应的构造做法，但墙体配筋单一，可能偏大，也可能偏小。由于现行规范中没有给出这类结构的设计要求，砖墙-混凝土墙楼房又属于抗侧力结构平面布置不对称、构件间刚度相差较大的平面不规则结构形式，虽然实际工程已不少，但其相应的设计方法仍不成熟，有待进一步的完善。

6.2　砖墙-混凝土墙楼房的抗震性能

砖墙-混凝土墙楼房是由砖墙和混凝土墙两种不同材料组合而成的结构，在竖向静力荷载作用下，结构受力性能较好，这已成共识，但在地震作用下两种材料能否共同工作，目前只有从国内有关的试验资料中得到答案，最终的结论有待试点工程经受实际地震作用的考验。

文献［63］的试验结果表明，实测模型位移延性系数不小于3.85，层间位移延性比不小于5.8。模型破坏阶段周期比弹性阶段增长了67.7%，阻尼比增大了2.89倍，能量耗散系数增大了2.37倍。当模型破坏时，顶点相对位移角为1/55，最大层间位移角为1/108（第四层），结构极限承载力与设计标准承载力比值为4.8。文献［62］的试验结果表明，模型顶点位移延性比为9，各层层间角变形延性系数均在6以上，最大达12.8，说明加约束柱与圈梁后，砌体的变形能力大大提高，模型开裂荷载、屈服荷载和极限荷载分别为设计荷载的1.48倍、2.14倍和2.57倍。试验结果还表明当结构的主要受力构件开裂后，结构的等效黏滞阻尼系数成倍增加（见表1.12[62]），阻尼的增加结构耗能能力也相应提高，有效地削弱了结构的地震反应，这是砖墙-混凝土墙楼房没有因某一构件失效而引起各个击破的主要原因。文献［64］的试验结果表明，实测模型结构的位移曲线是一组光滑的剪弯型振型曲线，从房屋开裂前的弹性阶段~开裂后的弹塑性阶段，都没有出现变形集中现象，表明结构的刚度和强度的配置比较合理，各层的刚度衰减比较同步，不存在明显的薄弱层。上述试验结果均表明该体系有两道抗震防线，混凝土墙为第一道防线，并具备必要的抗震承载能力、良好的变形能力和消耗地震能量的能力，能达到"小震不坏、中震可修、大震不倒"的抗震设防要求。

表1.12　模型试验结果

项　目	开裂荷载	屈服荷载	极限荷载	85%极限荷载
阻尼系数（%）	4.9	8.1	10.4	13.6
比　值	1.0	1.65	2.12	2.77

1. 地震作用下砖墙-混凝土墙楼房共同工作的机理

在不同的震级作用下，混凝土墙与砖墙之间的相互作用是多阶段且交替进行的。在小震作用下，由于混凝土墙的刚度相对较大，大部分的地震力由混凝土墙承担，混凝土墙成为抗震第一道防线，砖墙所承担的地震作用相对减小，对砖墙起了一定的保护作用。在中震作用下，混凝土墙和砖墙相继开裂，结构自振周期变长，砖墙开裂过程中所产生的良好耗能作用有效地保护了混凝土墙，使混凝土墙不至于在强震作用下被各个击破，减缓了混凝土墙在地震作用下的破坏程度。罕遇地震作用下，主要靠混凝土墙发挥其塑性变形来抵御强烈的地震作用，并通过圈梁和构造柱对砌体的约束作用来保证砌体裂而不倒。可见，与传统砌体结构相比，在砌体结构中增设混凝土墙对抗震既有有利的一面又产生不利的影响。其有利的因素如下：

（1）结构整体抗弯能力大大加强。由于砌体结构抗剪强度低、抗弯能力较差，假如考虑整体弯曲的影响，目前的方法即使在7度区，超过三层就不能满足要求。国内外的试验资料均表明四五层以上的无筋砌体房屋在侧向水平力作用下，主要由抗弯强度控制。唐山地震时，天津8度区一些五六层砖房，底层外墙出现水平裂缝，并延伸至内横墙，发生了明显的整体弯曲破坏。设置了混凝土墙后，结构的弯曲作用主要由混凝土墙承担，其抗震性能比砌体结构有所改善。

（2）增加了一道抗震防线。在砌体结构中设置了混凝土墙后，混凝土墙为第一道防线，大部分的地震力由混凝土墙承担，减小了砖墙所承担的地震作用。

（3）增大了结构整体刚度，减少了地震作用下的变形，尤其是在罕遇地震作用下，钢筋混凝土墙的骨架作用可有效降低结构的塑性变形值，防止裂缝较宽的砖墙因变形过大而造成砖块掉落而坍塌。

其不利的方面主要是由于混凝土墙的刚度是砖墙的10倍左右，同一平面内砖墙与混凝土墙之间的刚度相差较大，地震作用下的扭转效应增加，设计时应采取相应的措施，减少地震扭转作用效应，并适当加强周圈外墙的构造柱和圈梁。

2. 砖墙-混凝土墙楼房的地震剪力分配

由于砖墙-混凝土墙楼房在同一平面内构件间的刚度相差较大，需要有较大的楼盖水平刚度来传递水平地震作用，因此砖墙-混凝土墙楼房的楼盖体系应选用现浇或装配整体式结构。当采用基底剪力法计算时，基底地震剪力记为 $V_1=Q_0$，以底层为例，底层所有混凝土墙和所有砖墙承担的地震剪力分别记为 V_{1c}、V_{1b}，则 $V_1=V_{1c}+V_{1b}$。同一地震作用方向混凝土抗震墙和砖抗震墙的截面面积分别记为 A_c、A_b，混凝土墙和砖墙的弹性模量分别为 E_c、E_b，混凝土墙和砖墙的弹性模量比值 $n=E_c/E_b$。

纵（横）向混凝土墙剪切刚度为

$$K_c=\frac{G_cA_c}{\xi h}=\frac{0.4E_cA_c}{\xi h}$$

砖墙剪切刚度为

$$K_b=\frac{G_bA_b}{\xi h}=\frac{0.4E_bA_b}{\xi h}$$

式中：h 为层高；ξ 为截面剪应力分布不均匀系数。

令 $\alpha=V_{1c}/V_1$，则 $V_{1b}/V_1=1-\alpha$，对于刚性楼盖，楼层地震剪力按墙体的剪切刚度分配，有

$$V_{1c}=\frac{K_c}{K_c+K_b}V_1=\frac{nA_c}{nA_c+A_b}V_1$$

于是

$$\frac{V_{1c}}{V_1}=\frac{nA_c}{nA_c+A_b}=\alpha,\ 即\ \alpha=\frac{1}{1+\dfrac{A_b}{nA_c}} \tag{1.5}$$

$$V_{1b}=\frac{K_b}{K_c+K_b}V_1=\frac{A_b}{nA_c+A_b}V_1$$

于是

$$\frac{V_{1b}}{V_1}=\frac{A_b}{nA_c+A_b}=1-\alpha \tag{1.6}$$

对于 C25 混凝土，$E_c=2.8\times10^4$；对于砖砌体，$E_b=1600f$。当砖强度为 MU10、砂浆强度分别为 M10、M7.5 及 M5 时，n 分别为 9.3、10.4 及 11.7，以下讨论弹性阶段近似取 $n=10$。由式（1.5），当 A_c 与 A_b 各自所占的比例变化时，可将混凝土墙所分担的地震力占楼层剪力的比例 α 列于表 1.13 中（分别取 $n=10$、5、3）。

由表 1.13 可见：在弹性阶段（$n=10$）当混凝土墙的面积占墙体总面积的 10% 时，混凝土墙所分担的地震力占楼层剪力的 50% 以上；当混凝土墙的面积占墙体总面积的 25% 时，混凝土墙所分担的地震力占楼层剪力的 77%；当混凝土墙的面积占墙体总面积的 50% 时，混凝土墙所分担的地震力占楼层剪力的 90% 以上。即混凝土墙量所占的比例与其分担的地震剪力之间为非线性关系，墙量为 10% 时，分担 50% 地震剪力，墙量增至 20% 时，每 10% 混凝土墙分担 35% 地震剪力，墙量增至 50% 时，每 10% 混凝土墙分担 18% 地震剪力。因此，从经济的角度考虑，混凝土墙的墙量应有一个合适的比例，以充分发挥砖墙和混凝土墙的各自承载力。在弹塑性阶段，当钢筋混凝土墙体开裂后的刚度退化为弹性刚度的一半（即 $n=5$）时，如混凝土墙的面积占墙体总面积的 1/6，则混凝土墙所分担的地震力占楼层剪力的 50% 以上；当钢筋混凝土墙体开裂后的刚度退化为弹性刚度的 30%（即 $n=3$）时，如混凝土墙的面积占墙体总面积的 1/4，则混凝土墙所分担的地震力占楼层剪力的 50% 以上。底层框架砖房的研究结果表明，钢筋混凝土抗震墙开裂后的刚度约为初始弹性刚度的 30%，而砖抗震墙约为 20% 左右。因此，作者以为

表 1.13　混凝土墙的地震力占楼层剪力的比例随 n 值而变化的情况

$\frac{A_b}{A_c}$	$\frac{A_c}{A_c+A_b}$	混凝土墙承担地震力的比率 α（$n=10$ 时）（%）	混凝土墙承担地震力的比率 α_1（$n_1=5$ 时）（%）	混凝土墙承担地震力的比率 α_2（$n_2=3$ 时）（%）
0	1	100	100	100
1	1/2 = 0.50	90.9	83.3	75.0
2	1/3 = 0.33	83.3	71.4	60.0
3	1/4 = 0.25	76.9	62.5	50.0
4	1/5 = 0.20	71.4	55.5	42.9
5	1/6 = 0.17	66.7	50.0	37.5
6	1/7 = 0.14	62.5	45.5	33.3
7	1/8 = 0.12	58.8	41.7	30.0
8	1/9 = 0.11	55.5	38.5	27.3
9	1/10 = 0.10	52.6	35.7	25.0
10	1/11 = 0.09	50.0	33.3	23.1
19	1/20 = 0.05	34.5	20.8	13.6
29	1/30 = 0.03	25.6	14.7	9.4

在小震作用下可取 $n=10$，在中强震作用下当混凝土墙屈服和砖墙完全开裂后，理论上 $n=3/2\times10=15$，考虑到钢筋混凝土抗震墙为第一道防线，在中震作用下混凝土墙先裂[62]（文献［63］为两端构造柱先裂），砖墙后裂，在地震反复荷载作用下，伴随着混凝土墙的开裂和刚度退化，砖墙也随之出现不同程度的裂缝和刚度退化，且两者的刚度退化是多阶段和交替进行的。实际上当混凝土墙的刚度退化为弹性刚度的 30% 时，砖墙仍处于弹性阶段的可能性是较小的，故 $3\leqslant n\leqslant15$。考虑到混凝土墙和砖墙的刚度退化过程比较复杂且实际工程中混凝土墙的布局差异较大，为简化计算，并参照有关文献可取 $n=3\sim5$，混凝土墙量较多时，n 取小值。

6.3　砖墙-混凝土墙楼房的两阶段设计

如前所述，砖墙-混凝土墙楼房属剪弯型结构，混凝土墙主要受弯，而 PMCAD 等通用程序提供的计算方法，仅考虑抗剪，没有混凝土墙的抗弯计算，与该类结构的弯剪型受力特征不相符，须作改进和完善。

基本假定：小震作用下，混凝土抗震墙承担按弹性刚度分配的地震作用，中震作用下考虑混凝土抗震墙开裂后的刚度退化，砖抗震墙承受必须的地震作用以保证砖墙的安全，大震下，依靠构造保证裂而不倒。

1. *砖墙-混凝土墙楼房地震剪力分配及抗震验算*

根据前述假定，结合目前国内大部分设计院计算程序的配备情况，作者认为可采用以下两

步方法计算：

（1）小震作用下弹性阶段验算。将砖墙按刚度相等的原则换算成混凝土墙后用 SATWE（或 TBSA）按主振型并取地震影响系数 $\alpha=\alpha_{max}$ 作整体抗震分析。以其中的混凝土墙和连梁计算结果进行混凝土墙及连梁的抗弯及抗剪截面设计，而砖墙部分的数据不能作为设计依据，因为砖墙一般是不考虑弯曲作用的，而整体抗震分析结果包含了砖墙的弯曲作用。文献［63］的试验研究表明，弹性阶段用 TBSA 整体抗震分析是可行的。用 SATWE 计算出的基底剪力通常均小于砌体结构按基底剪力法计算出的基底剪力，故取 $\alpha=\alpha_{max}$。

（2）中震作用下的弹塑性阶段验算。考虑抗震墙开裂后的刚度退化取 $n=3\sim5$ 用 PMCAD 按砌体结构进行抗震验算，以该计算结果作为砌体部分设计依据。国家标准图集“97G 329（五）”要求沿房屋的纵向和横向，各楼层混凝土抗震墙承担的地震剪力不宜小于50%，如达不到这一要求，则应增加混凝土墙的数量。

2. 砖墙-混凝土墙楼房地震荷载作用下的位移控制

砖砌体的有关试验结果表明，砖砌体的开裂角变形约为1/1000，而文献［62］的试验结果表明，模型达到开裂荷载时，最大层间角变形约为1/1154，因此 SATWE（或 TBSA）整体抗震计算出的最大层间角变形应不小于1/1200。典型实例分析结果表明，这一要求比较容易满足。

3. 砖墙-混凝土墙楼房的构造要求

砖墙-混凝土墙楼房的层数和总高度限值同相应层数和高度的多层砌体结构。

（1）混凝土墙的平面布置。砖墙-混凝土墙楼房为混凝土墙与砖墙混合承重结构，在同一平面内砖墙与混凝土墙之间的刚度相差较大，由于保温的要求一般外墙均为砖墙，且外墙窗洞口较多，从而形成内墙刚度大、外墙刚度弱的平面布局，用 SATWE 整体抗震计算时往往会出现扭转为第一振型的结果，地震作用下的扭转效应较明显，对抗震不利。笔者曾选取典型实例进行计算，其结果确为扭转第一振型。因此平面布置时在满足计算所需混凝土墙量的前提下，混凝土墙除在楼梯间处集中布置外，应均匀、分散布置，较长混凝土墙宜开设洞口，将一道墙分成长度较均匀的若干墙段，各墙段的高宽比不应小于2、高厚比宜大于8，并宜符合框架-剪力墙结构中对剪力墙的设置要求（见 GB 50011—2001 第6.1.8条）。同时应加大外墙四角的构造柱，外山墙及端开间的外纵砖墙宜按底层框架-抗震墙房屋的底层普通砖抗震墙的要求设计（见 GB 50011—2001 第7.5.6条），以加强这些部位的抗扭承载力。其余部位砌体的抗震构造措施见图集“97G 329（五）”。

（2）混凝土墙的构造要求。在房屋的总高度和层数不超过相应的砌体结构规范要求的前提下，砖墙-混凝土墙楼房中的混凝土墙的抗震等级当设防烈度为7～8度时可取为二级、6度时取为三级。在混凝土墙各楼层处应设置暗梁，其他计算要点和抗震构造措施等可直接采用抗震墙结构中的抗震墙部分的相应的规范条款（见 GB 50011—2001 第6.1节、第6.2节及第6.4节）。

（3）混凝土墙的基础设计要求。由于砖墙-混凝土墙楼房中的混凝土墙承担的地震倾覆力矩较大，当地基较弱、基础刚度和整体性较差时，在地震作用下混凝土墙基础将产生较大的转动，从而降低抗震墙的抗侧力刚度，对内力和位移都将产生不利的影响，与底层框架-抗震墙房屋对混凝土墙的基础设置要求一样，砖墙-混凝土墙楼房中的混凝土墙应设置条形基础、筏式基础或桩基。

6.4 小结

试验研究结果表明，砖墙-混凝土墙楼房具备必要的抗震承载能力、良好的变形能力和消耗地震能量的能力，其主要受力构件开裂后，结构的等效黏滞阻尼系数成倍增加，结构自振周期变长，有效地削弱了结构的地震反应，不会因某一构件失效而被各个击破，能达到“小震不坏、中震可修、大震不倒”的抗震设防要求。这类结构属弯剪型结构，混凝土墙主要受弯，设计计算时可将砖墙按刚度相等的原则换算成混凝土墙后用 SATWE 按主振型作整体抗震分析，其构造可参见图集“97G 329（五）”及规范有关条款。

该体系目前学术界的认识还不统一，本节内容仅供参考。

第2章 框 架 结 构

第1节 框架结构施工图设计深度要求及工程示例

目前国内采用的钢筋混凝土结构体系有：框架结构、剪力墙结构、框架-剪力墙结构、框支剪力墙结构、筒体结构、多重结构（又称为巨型结构）和悬挂结构等。本章是框架结构的施工图示例，采用平面表示法，详见国家标准图集03G101—1。

框架结构的特点是建筑平面布置灵活，与砌体结构相比，它具有较好的延性和抗震性能，适用于体型较规整、刚度较均匀的建筑物。但其整体侧向刚度较小，水平位移较大，因此在地震区一般不宜设计较高的框架结构。文献［15］建议：在8度设防区，对于一般民用建筑，纯框架结构层数不宜超过5层，总高度不宜超过20m。超过者宜适当设置剪力墙或其他减少侧移的措施。但如各层层高均不超过4m，柱网及荷载均匀，体型较规整且布置剪力墙有一定的困难时，也可以做到6层，但总高度不宜超过22m，位移和轴压比不应超过规范限制。对于影剧院、礼堂等体型复杂的空旷建筑，也宜设置一定量的剪力墙。

有抗震设防要求（抗震设防烈度不低于6度）的框架结构，不应采用部分砌体承重的混合形式。框架结构的楼梯、电梯间及局部出屋面的楼梯间、电梯间、水箱间等部位应采用框架承重，不应采用砌体承重。框架结构宜设计成双向梁柱刚架体系以承受纵横两个方向的地震作用或风荷载。

由于单跨框架只有一道抗震防线，有抗震设防要求的框架结构，不宜采用单跨框架。当必须采用单跨框架时，宜适当设置剪力墙以组成多道抗震防线。

虽然框架结构的填充墙属于非承重构件，但对于有抗震设防要求的框架结构，在布置砌体填充墙时应注意上下层的墙体数量和平面位置应相差不大，减少因刚度偏心所产生的扭转作用，避免形成上下层刚度变化太大。当砌体填充墙嵌砌在框架柱之间时，门窗洞的设置应避免窗间墙段柱子形成短柱。图2.1为中国台湾921集集地震时埔里镇南光国小短柱破坏情况。砌体填充墙与框架柱之间宜采用柔性连接，详见国家标准图集03G329—1第19页。非结构构件的其他抗震措施详见《建筑抗震设计规范》（GB 50011—2001）第13章。

图2.1 中国台湾921集集地震埔里镇南光国小短柱破坏图片

钢筋混凝土结构体系即框架结构、剪力墙结构、框架-剪力墙结构、框支剪力墙结构、筒体结构施工图设计中经常采用的图集如下：

（1）图集03G101—1即《混凝土结构施工图平面整体表示方法制图规则和构造详图（现浇混凝土框架、剪力墙、框架-剪力墙、框支剪力墙结构）》，是现浇混凝土框架、剪力墙、框架-剪力墙的制图规则和构造详图。图集03G329—1即《建筑物抗震构造详图》，适用于抗震设防烈度6~9度地区的建筑抗震设计，包括框架结构、剪力墙结构、框架-剪力墙结构、部分框支剪力墙结构、框架-核心筒结构、筒体结构以及板柱-剪力墙结构，与图集03G101—1既有相同部分，又充实了图集03G101—1，实际工程设计中两本图集都引用，并注明两者不一致时，应以何者为准。

（2）图集04G101—4即《混凝土结构施工图平面整体表示方法制图规则和构造详图（现浇混凝土楼面与屋面板）》，是现浇混凝土楼面与屋面板配筋构造标准图集。

（3）图集04G101—3即《混凝土结构施工图平面整体表示方法制图规则和构造详图（筏形基础）》是筏形基础和基础梁的制图规则和构造详图。

（4）《钢筋混凝土雨篷（建筑、结构合订本03G372）》是雨篷构造详图，常规的雨篷可直接选用该图集，不必另行绘制雨篷配筋图。

（5）图集03G101—2即《混凝土结构施工图平面整体表示方法制图规则和构造详图（现浇混凝土板式楼梯）》，是现浇混凝土板式楼梯的制图规则和构造详图。

（6）《预应力混凝土圆孔板（SG435—1~2）》图集适用于跨度2.1~7.2m，当跨度大于7.2m时，可选用《SP预应力空心板（05SG408）》图集，SP预应力空心板最大跨度可达18m。

（7）各地常用的管沟图集，如“京92G15”，以及预制过梁图集，如“京92G21”或“京99SJ34（多孔砖墙体）”。

（8）预埋件见国家标准图集《钢筋混凝土结构预埋件》，图集号04G362。图集中分为：轴心受拉预埋件、拉弯剪预埋件、压弯剪预埋件、构造预埋件和吊筋预埋件，常用的预埋件都可以直接引用。

（9）人防地下室见《防空地下室结构设计（2004年合订本）（FG01~03）》图集。人防计算及构造要求详见《2003全国民用建筑工程设计技术措施——防空地下室》。

1.1 框架结构施工图示例

本工程为四层计算机网络中心（见图2.2~图2.14），建设地点郑州市，抗震设防烈度为7度（0.15g）。根据“建筑工程设计文件编制深度规定（2003年版）”，基础平面图的设计深度具体要求、基础详图的设计深度具体要求、结构平面图的设计深度具体要求、钢筋混凝土构件详图，以及钢筋混凝土构件节点构造详图的设计深度具体要求等，均同第一章，在此不再重复。框架结构设计总说明见第37页。

框架结构设计总说明

一、概况

1. 本工程按抗震设防烈度 7度(0.15g)设计,设计地震分组为第一组,场地土为中软场地土,建筑场地类别为Ⅲ类,建筑抗震重要性为丙类,建筑物合理使用年限为50年.活荷载取值见表1。
环境类别:基础及±0.0以下柱,墙及基础均为"二b",其余部位为"一"类.结构混凝土耐久性的基本要求见下表2。

表1　基本风压、雪压及楼面使用活荷载

基本风压(kN/m^2)	地面粗糙度	基本雪压(kN/m^2)	楼(屋)面使用活荷载(kN/m^2)				
			不上人屋面	集房钢楼梯,办公	消防楼梯	高低压室	变压器室
0.45	C	0.40	0.50	2.0	3.5	按实际重量考虑	按实际重量考虑

表2　混凝土耐久性基本要求

环境类别		最大水灰比	最小水泥用量(kg/m^3)	最低混凝土强度等级	最大氯离子含量(%)	最大碱含量(kg/m^3)
一		0.65	225	C20	1.0	不限制
二	a	0.60	250	C25	0.3	3.0
	b	0.55	275	C30	0.2	3.0
三		0.50	300	C30	0.1	3.0

注　1.当使用非碱性骨料时,对混凝土的碱含量可不作限制.氯离子含量系指其占水泥用量的百分率。
2.当有工程经验时,处于一类和二类环境中的最低混凝土强度等级可降低一个等级。
3.当混凝土中加入活性掺合料或能提高耐久性的外加剂时,可适当降低最小水泥用量。
4.预应力构件混凝土的最大氯离子含量为0.06%,最小水泥用量为300kg/m^3,最低混凝土强度等级为表中等级相应提高二级;素混凝土构件最低水泥用量为表中数值减25kg/m^3。

2. 本工程依据的主要设计规范:
《混凝土结构设计规范》GB 50010-2002　《建筑抗震设计规范》GB 50011-2001
《建筑地基处理技术规范》JGJ 79-2002　《建筑地基基础设计规范》GB 50007-2002
《高层建筑箱形与筏形基础技术规程》JGJ 6-99　《建筑结构荷载规范》GB 50009-2001
及其他现行国家规程、规范。
3. 本工程主楼为现浇钢筋混凝土框架结构,框架抗震等级为三级。
4. 单位:标高为米,其余为毫米。各种材料必须满足其相应的规范和标准的要求。
5. 室内 ±0 相当于绝对标高25.10m。
6. 本说明与施工图不符者,以施工图为准。

二、基础工程

1. 根据xx院提供的岩土工程勘察报告(xx号),本工程采用CFG桩进行地基处理,桩长11.50m,桩径500mm,桩尖进入第⑥层粉细砂层,处理后复合地基承载力特征值 f_{ak}=180kPa,地基处理后最终复合地基的承载力需由相关单位试验后确定.复合地基设计和施工由具有资质的岩土公司承担,地基基础设计等级为丙级。
2. 基槽开挖应尽量避免对槽底地基土的扰动。
3. 基槽挖到设计标高后,请通知甲方、勘察、设计单位,共同验槽。
4. 主体工程基坑应及时用 2:8灰土回填,分层夯实,以防雨水浸泡,并采取有效的排水措施。灰土范围见建施剖面图。肥槽及室内地坪垫层压实填土压实系数不小于0.94。
5. 后砌轻隔墙基础做法:自地面下浇C15素混凝土500x400 做法见右图。轻隔墙位于地下室底板上的,可在底板上直接砌墙。

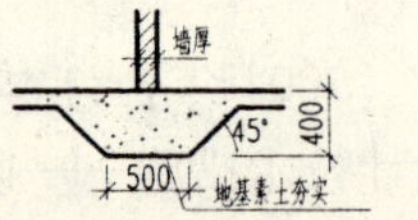

6. 为预防混凝土工程碱集料反应的不利影响,本工程基础及±0.0以下各类构件混凝土配合比中的碱含量应符合表2及其他有关规定。
7. 基槽开挖和基础施工过程中,施工单位应采取可靠措施,确保基坑及临近建筑物和构筑物的安全及施工安全。

三、主体工程

1. 材料。钢筋:Φ为HPB235级钢筋,Φ为HRB335级钢筋,Φ为HRB400级钢筋,焊条及焊接要求详见《钢筋焊接及验收规程》(JGJ18-2003)。
混凝土:基础垫层为C15,柱、墙、楼板、梁的混凝土强度等级见表3。

表3

	基础	1~3层	3层以上
标　高	±0.0以下	±0.0~11.60m	11.60以上
柱	C30	C30	C25
梁.板	独立柱基,JL,DL均为C30	C25	C25

2. 纵向受力钢筋的混凝土保护层最小厚度(mm)见表4。

表4

环境类别		板、墙、壳			梁			柱		
		≤C20	C25~C45	≥C50	≤C20	C25~C45	≥C50	≤C20	C25~C45	≥C50
一		20	15	15	30	25	25	30	30	30
二	a	不适用	20	20	不适用	30	30	不适用	30	30
	b	不适用	25	20	不适用	35	30	不适用	35	30
三		不适用	30	25	不适用	40	35	不适用	40	35

注　基础主筋保护层最小厚度当无垫层时为 70;有垫层时为 40。

3. 钢筋锚固长度 L_{aE}详见表5,受拉钢筋搭接长度 L_{lE} 详见表6。

表5

钢筋种类	一、二级抗震等级时 $L_{aE}=1.15L_a$					三级抗震等级时 $L_{aE}=1.05L_a$					四级抗震等级时 $L_{aE}=L_a$				
	C20	C25	C30	C35	≥C40	C20	C25	C30	C35	≥C40	C20	C25	C30	C35	≥C40
HPB235级钢	36d	31d	28d	25d	23d	33d	28d	25d	23d	21d	31d	27d	24d	22d	20d
HRB335级钢	44d/49d	39d/42d	34d/38d	31d/34d	29d/32d	41d/45d	35d/39d	31d/34d	29d/31d	26d/29d	39d/42d	34d/37d	30d/33d	27d/30d	25d/28d
HRB400级钢	53d/58d	46d/51d	41d/45d	37d/41d	34d/38d	49d/53d	42d/46d	37d/41d	34d/38d	31d/35d	46d/51d	40d/44d	36d/39d	33d/36d	30d/33d

注　表中横线以上为钢筋直径d≤25时的锚固长度,横线以下为d>25时的锚固长度.在任何情况下锚固长度≥250.钢筋在混凝土施工过程中易受扰动时,表中锚固长度应乘以系数1.1,端支座处弯锚时锚固长度尚应满足构造详图的构造要求

表6

纵向受力钢筋搭接接头面积百分率(%)	≤25%	50%	100%
纵向受力钢筋搭接接头长度 L_{lE}(非抗震时为 L_l)	1.2L_{aE} 且≥300	1.4L_{aE} 且≥300	1.6L_{aE} 且≥300

4. 钢筋混凝土板中,凡板号相同者表示跨中钢筋直径、间距、板厚相同,支座钢筋号相同者表示支座钢筋直径、间距、伸出梁边的距离相同。
5. 板内未注明的单向板分布筋为Φ8@200,支座连系筋为Φ6@200。
6. 板跨中受力钢筋伸入支座长度 ≥150,且伸至梁中心线(梁>400宽者除外),HPB235级钢筋另加弯钩;与梁或剪力墙整浇的板支座构造钢筋伸入支座长度为L_a,另加直钩,直钩长度为板厚减10~15。
7. 板上有轻隔墙时,轻隔墙下的板中一律增加 2Φ14(跨度≤4000).或2Φ16(跨度≤6000),伸入支座≥15d 具体位置见建施。
8. 所有现浇板,墙上的孔洞一律预留,不得后凿。留洞位置、做法详见 建筑及设备图。遇边长或直径≤300的洞口时,钢筋绕过不得切断,>300时,洞口加筋见施工图,图中未表示时,请及时通知设计作相应的处理,其相应的构造见04G101-1。
9. 除注明者外,现浇板跨中板底钢筋绑扎时,沿短跨方向的钢筋置于下侧。
10. 应采取可靠措施保证现浇混凝土的钢筋位置、基础底板、楼板均用钢筋马凳支撑;所有悬挑构件(悬挑板、悬挑梁)施工时必须切实保证施工质量,钢筋位置必须准确,悬臂梁、板支撑必须待混凝土强度达到100%时方可拆除,并需保持三层连续支撑。
11. 次梁跨中受力钢筋在支座处构造做法详见03G101-1页65~66。
12. 基础底板、基础地梁底部受力钢筋在跨中和支座处搭接和锚固做法详04G101-3。
13. 为保证结构的整体性,必须在每个施工环节确保施工质量,墙、梁、板钢筋(含箍筋)应调直,模板不得漏浆,混凝土应振捣密实。
14. 框架抗震构造做法见03G329-1及03G101-1,两者不一致时,以03G329-1为准。
15. 框架梁、柱平面整体表示法规则及构造详图见图集03G101-1。梁内附加箍筋、吊筋,梁侧面纵向抗扭腰筋及悬挑端上部纵筋下弯构造(除注明者外)均见图集03G101-1。除注明者外,梁宽>300时,为4肢箍。一层柱下端箍筋加密区高度为1/3净高。
16. 当隔墙门窗及设备洞口宽度大于 400时,须放预制过梁,应根据洞口宽度按"京92G21"过梁图集选相应型号的预制过梁(≥2级荷载)。当无法放预制过梁时改现浇,其断面、配筋不变。
17. 框架柱纵筋(d>16时)应采用焊接或机械接头,接头位置见03G101-1,任何情况下同一断面钢筋接头截面面积不大于钢筋总面积的50%。
18. 当纵横向框架梁高度相同时,横向梁顶梁底钢筋,均在纵向梁顶梁底钢筋之上。
19. 现浇混凝土构件上预埋铁件、预埋套管及预留孔洞位置、做法除图中注明者外,见建筑、设备图。

四、其他要求

1. 电线管走结构层时,管外径不得大于板厚的1/3(交叉点不受此限制),避免三根管在同一点交叉,布管应分散设置(管与管间距不得小于300),严禁重叠。对板中电管高度大于板厚2/3且无负筋的部位按右下图配筋:

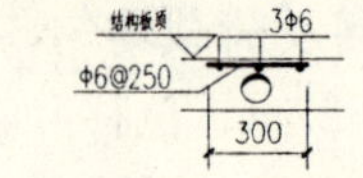

2. 配电盘出线之电线埋管须分散布置埋设,不得集中在一起,也不得穿梁,管与管间距不小于150。
3. 施工中各专业、工种应密切协作配合,防止配合不当,造成损失。
4. 不规则梁板以及楼梯梁板配筋长度须放大样确定。
5. 外露铁件应采取刷防锈漆两道或其他防腐措施。
6. 回填土要求 一般回填土的压实系数不得小于 0.94,灰土的压实系数不得小于 0.95,对于用黏土拌和的3:7灰土干容重不得小于14.5kN/m^3,2:8 灰土干容重不得小于15.0kN/m^3。
7. 大跨度梁、板应按照施工验收规范的要求,预先起拱>2L/1000。
8. 框架后砌非承重墙构造做法见"京94SJ19"或"02SG614"图集,并沿墙每隔3米设构造柱,断面为240X墙厚,配 4Φ12 箍Φ6@200上,下伸各入梁板内35d,并按要求设与墙体拉接筋。
9. 本工程设计中未考虑冬、雨季施工及特殊条件等的施工问题,施工单位应根据有关施工及验收规范执行。
10. 本说明与施工图不符者,以施工图为准。
11. 拆除原建筑墙体及其他构件前,施工单位应先做好相关部位的支撑,确保原建筑物的安全。
12. 除以上要求外,其他均应严格按照国家颁布的规定.规程的要求进行 施工及验收。
13. 图中未标注时,雨篷详见03G372、楼梯详见03G101-2、预埋件详见04G362。

和谐建筑设计院		审定人		建筑专业负责人		电气专业负责人		工号	
		审核人		结构专业负责人				房号	
图名	结构设计总说明	工程总负责人		给排水专业负责人		设计人		图别号	结施1
				暖通专业负责人		制图人		日期	

图2.2　框架结构设计总说明

柱基(J1~J10)配筋表

柱基号	平面尺寸 BxH	基底标高	h1	h2	柱断面 bxh	配筋 ①	配筋 ②
J1	3200x3800	-2.30	300	600	500x500	Φ14@150	Φ14@200
J2	3200x3200	-2.30	300	550	500x500	Φ14@200	Φ14@200
J3	3400x4200	-2.30	300	650	500x500	Φ16@150	Φ16@150
J4	4200x4200	-2.30	300	750	500x500	Φ16@200	Φ16@200
J5	6000x8100	-2.30	300	800	多柱	Φ16@200	Φ16@150
J6	4800x8800	-2.30	300	800	多柱	Φ18@120	Φ16@150
J7	3850x9600	-2.30	300	800	多柱	Φ16@120	Φ16@150
J8	3800x3800	-2.30	300	600	500x500	Φ14@180	Φ14@200
J9	2400x2400	-2.30	250	500	500x500	Φ12@200	Φ12@200
J10	2200x2200	-2.30	250	500	500x500	Φ12@200	Φ12@200

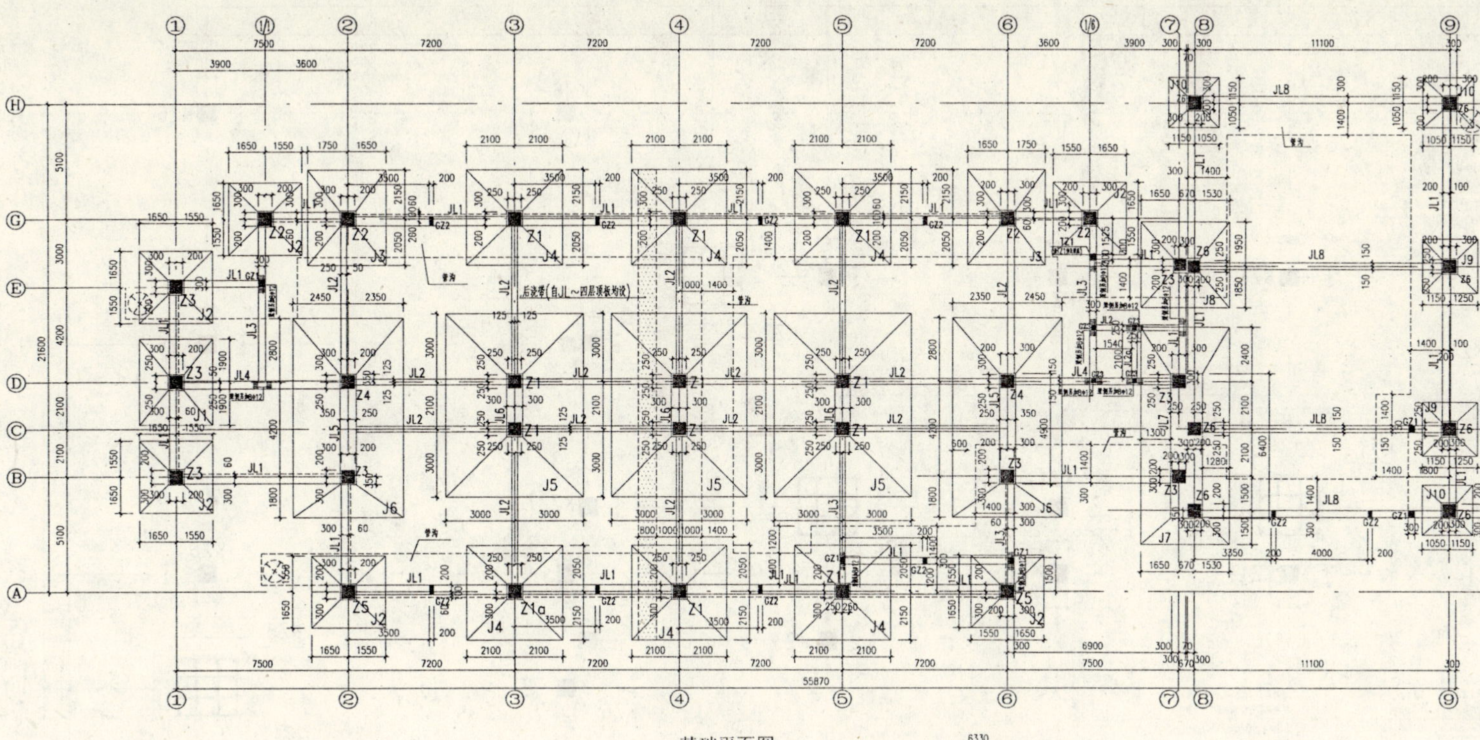

基础平面图

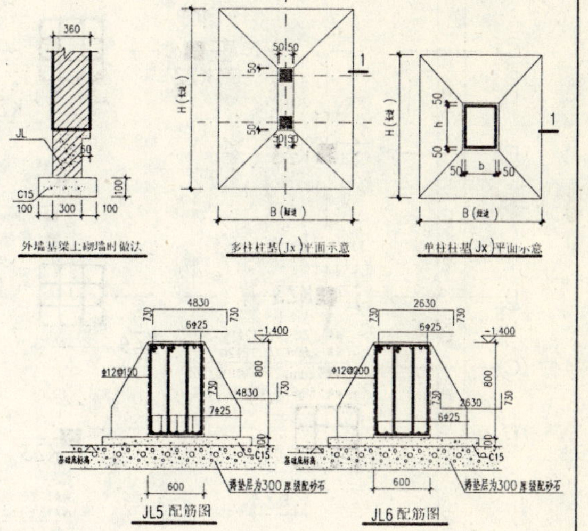

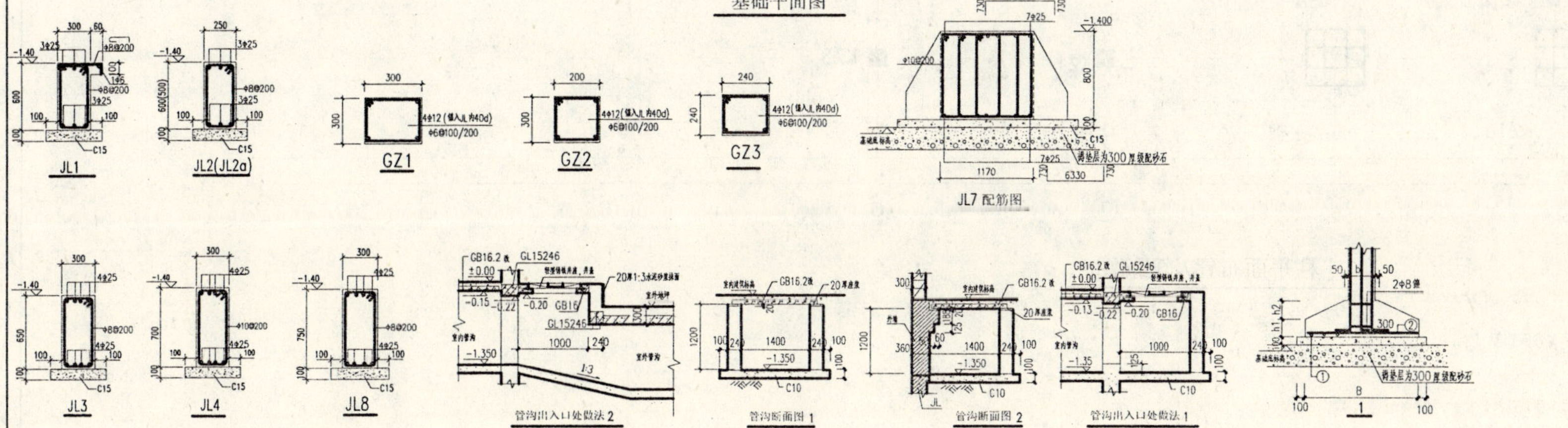

说明:

1. 据xx岩土工程公司地质勘察报告,本工程采用CFG桩进行地基处理,桩长11.50m,桩径500mm,
   桩尖进入第⑥层粉细砂层,单桩竖向承载力标准值为180kN,根据当地经验,由勘察,设计和施工单位共同确定桩距,
   使经过处理后复合地基承载力特征值为f_a=180kPa.地基处理后,最终复合地基的承载力需经勘察单位试验后确定.
2. 本工程按抗震设防烈度7度设计,框架抗震等级三级,±0.00相当于绝对标高详建施,TZ1见结施12.
3. 后浇带在该部位混凝土浇灌45d后,用比原设计高一等级的无收缩混凝土浇筑,并应加强养护.
4. JL1~JL4及JL8的位置与建筑图轻隔墙位置一致.±0.0以下隔墙砌体为MU10砖,M5水泥砂浆.
5. ±0.0以下货梯砌体采用MU10砖 M10水泥砂浆砌筑 其埋件见建施及厂家样本.
6. 基础及地梁(JL),混凝土强度等级为C25.垫层混凝土强度等级为C15.
   基础垫层与桩顶之间设置褥垫层,褥垫层为300厚级配砂石,最大粒径不大于30.
7. 未注明的管沟做法参考京92G15图集.转角处过梁为京92G21图集中的三级荷载.
   240宽矩形过梁,预制过梁不能放置时,改为现浇,配筋和断面不变.沟盖板用二级荷载,见京92G15.
   带人孔的沟盖板参见京92G15.轻型铸铁井座 井盖购现货.
8. 本工程管沟根据实际情况按本图及京92G15图集中选用GB16.2,板长改为改为1600.
   管沟垫层用100厚C10现拌混凝土.
9. 除注明者外,柱定位均居轴线中.基梁除与柱边平齐者外,均居轴线中.其他说明见结施 1.

和谐建筑设计院		审定人		建筑专业负责人		电气专业负责人		工号	
		审核人		结构专业负责人				房号	
图名	基础平面图	工程总负责人		给排水专业负责人		设计人		图别号	结施 2
				暖通专业负责人		制图人		日期	

图2.3 框架结构基础平面图

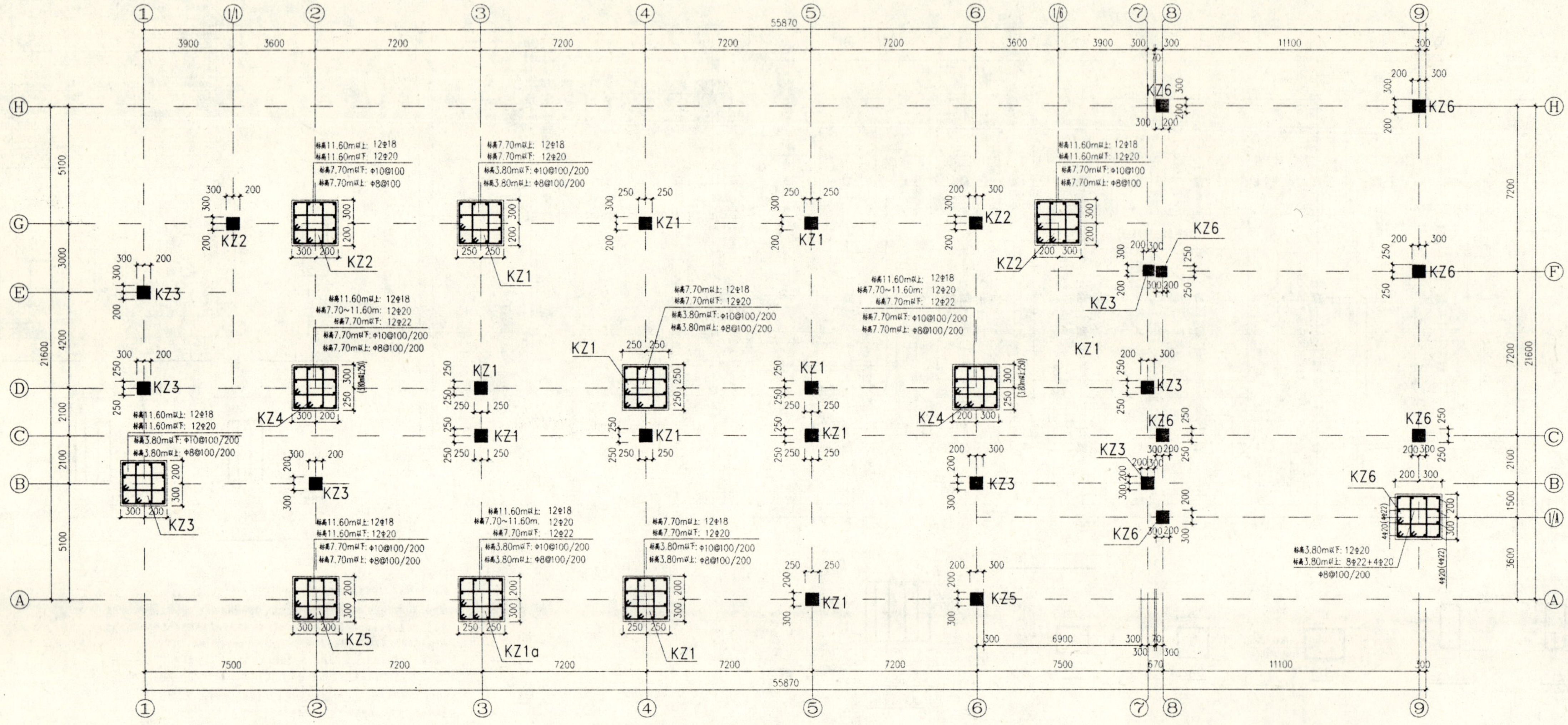

柱平面布置及配筋图

说明：

1. 柱混凝土等级标高11.60m以下为C30；11.60m以上为C25。±0.0以下至-1.40m之间柱箍筋间距为100。
2. 框架抗震等级为三级，其要求见国家建筑标准设计图集03G101-1。
3. 加气混凝土砌块密度≤7.00kN/m³，强度等级>3.0MPa，砂浆等级M5，配筋带混凝土C20。填充墙拉结筋见图集02SG614。
4. 加气混凝土砌块拉结筋及配筋带钢筋埋设位置要准确，平直，搭接长度要符合要求。配置拉接筋的灰缝砂浆要饱满，配筋带混凝土要密实。柱及墙内的预留插筋要保持平直，施工中不得任意弯折。填充墙窗台下部，门窗洞口顶部及高度大于4m的墙中部各设一道配筋带。填充墙的其他构造要求见图集 02SG614。

和谐建筑设计院		审 定 人		建筑专业负责人		电气专业负责人		工 号	
		审 核 人		结构专业负责人				房 号	
图 名	柱平面布置及配筋详图	工程总负责人		给排水专业负责人		设 计 人		图别号	结施 3
				暖通专业负责人		制 图 人		日 期	

图2.4 框架结构柱配筋平面图

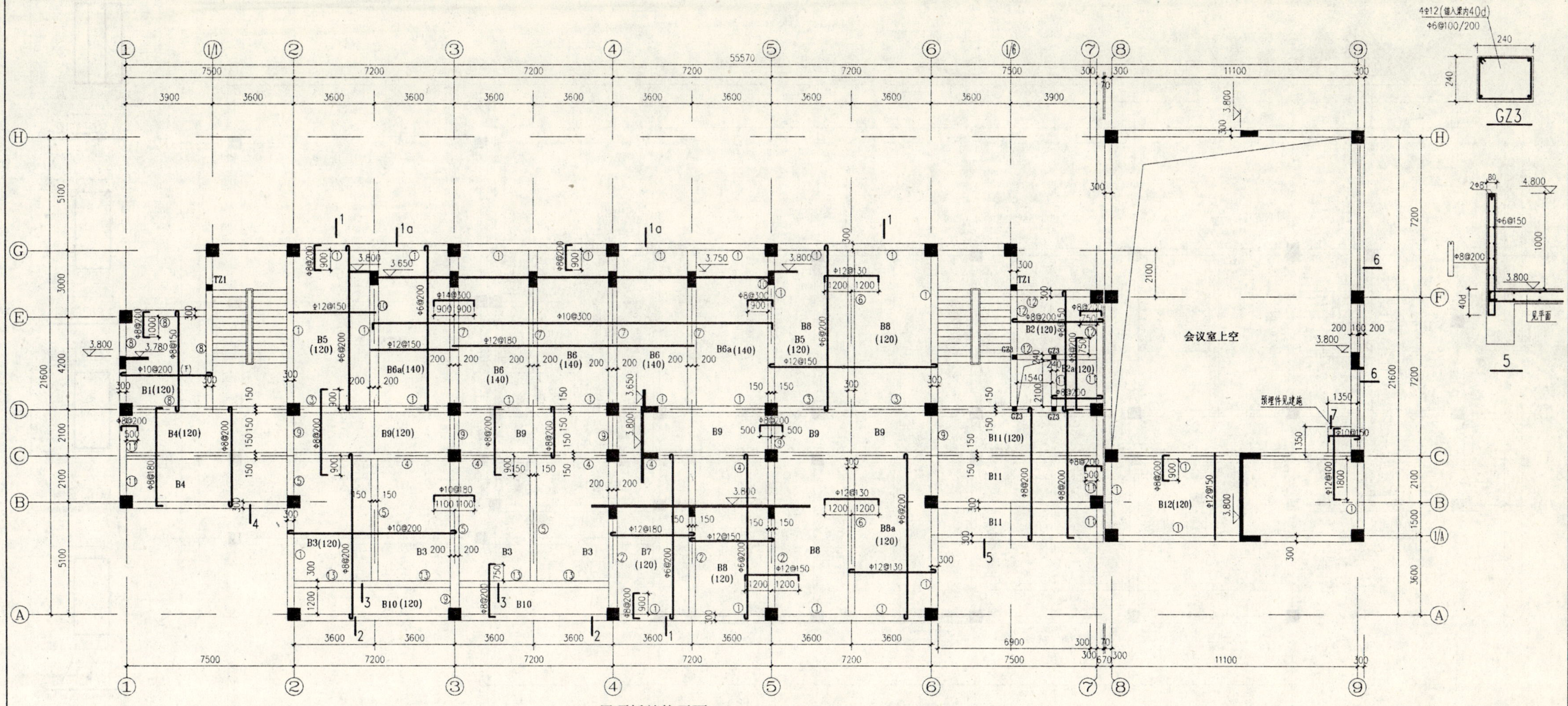

一层顶板结构平面(未标注的板厚均为120，板顶标高为3.80)

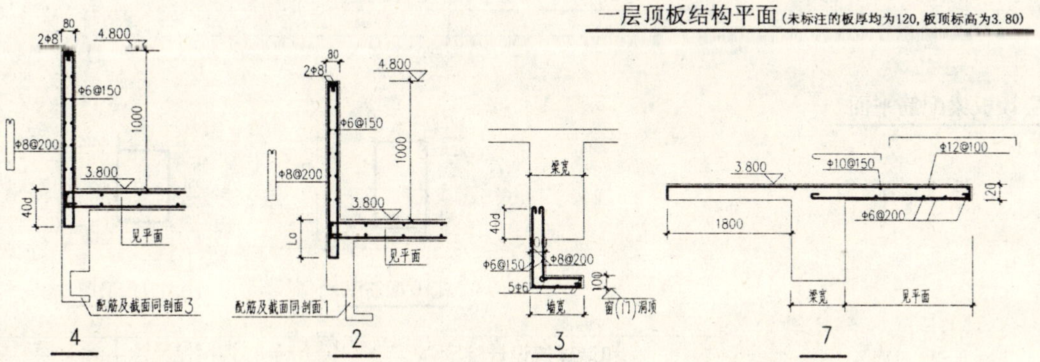

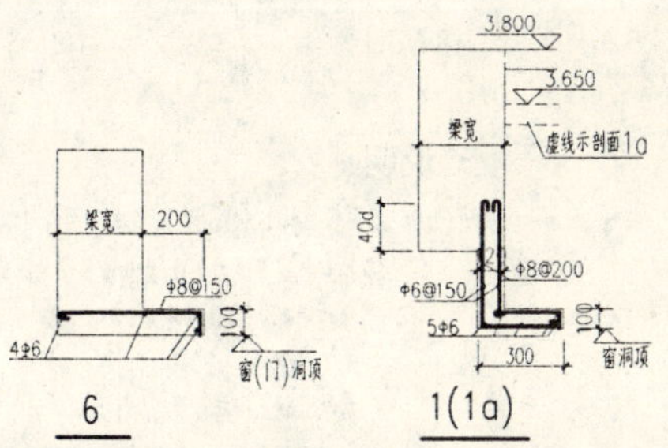

说明：

1. 梁板混凝土为C25，ф表示HRB335级钢，ø表示HPB235级钢。
2. 架空地面部分梁顶标高为3.75，其余未注明的梁顶标高均为3.80。
3. 框架抗震等级为三级，其构造要求见图集03G101-1及03G329-1。
4. 货梯砌体采用MU10砖，M10混合砂浆砌筑，其埋件见建施及厂家样本。
5. 未标注的单向板分布筋ф8@200及支座连系筋均为ф6@200。
6. 一层外墙GZ1~GZ2及后浇带位置和做法见结施2，其余要求见结施1。

板厚及板顶标高

板号	板厚	板顶标高
B1	120	3.780
B2,B2a	120	3.780
B3~B5	120	3.800
B6,B6a	140	3.650
B7~B12	120	3.800
B8a	120	3.800

和谐建筑设计院		审定人		建筑专业负责人		电气专业负责人		工号	
		审核人		结构专业负责人				房号	
图名	一层顶板结构平面及详图	工程总负责人		给排水专业负责人		设计人		图别号	结施 4
				暖通专业负责人		制图人		日期	

图2.5　框架结构一层顶板结构平面及详图

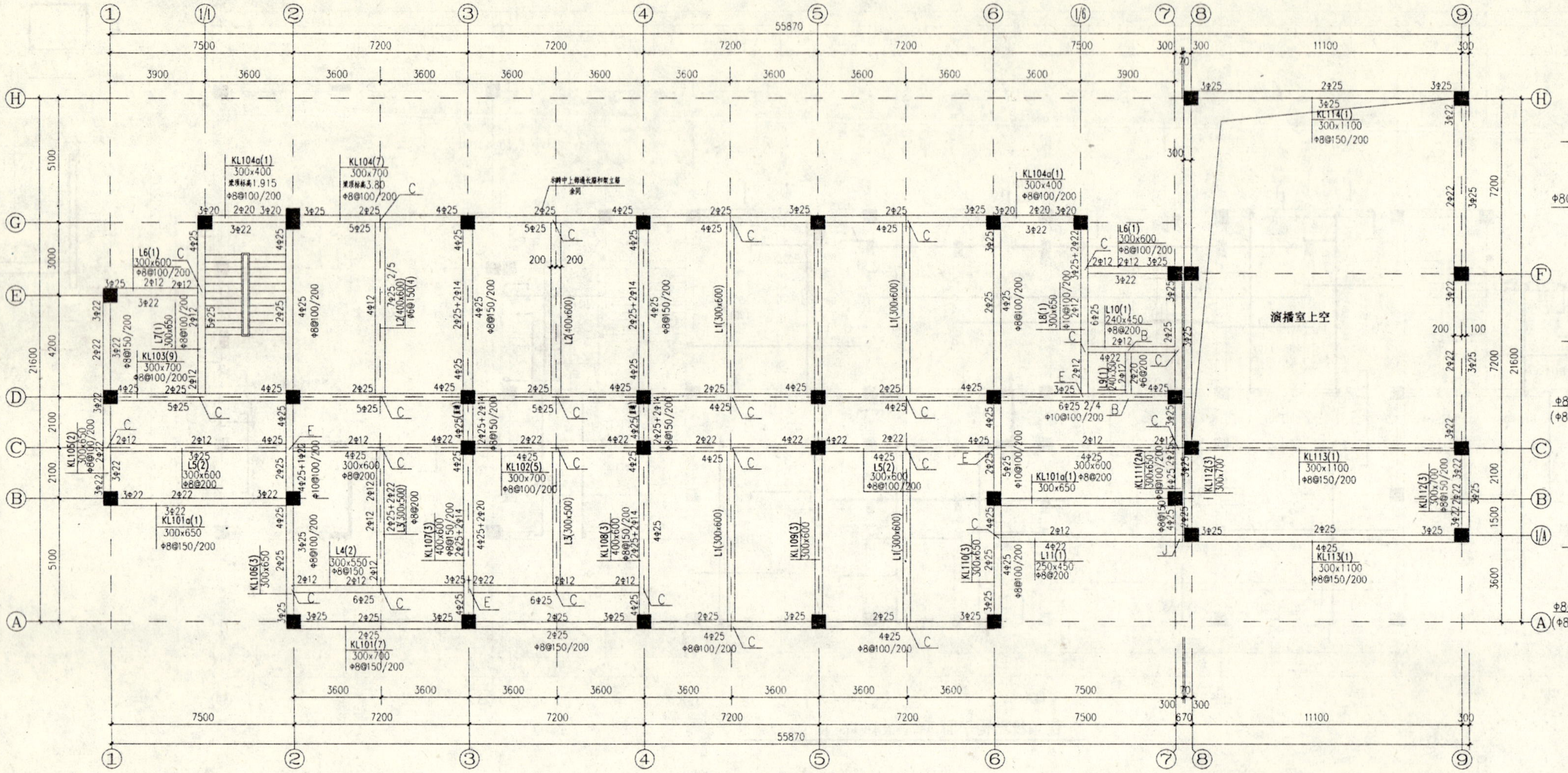

一层顶板梁配筋平面

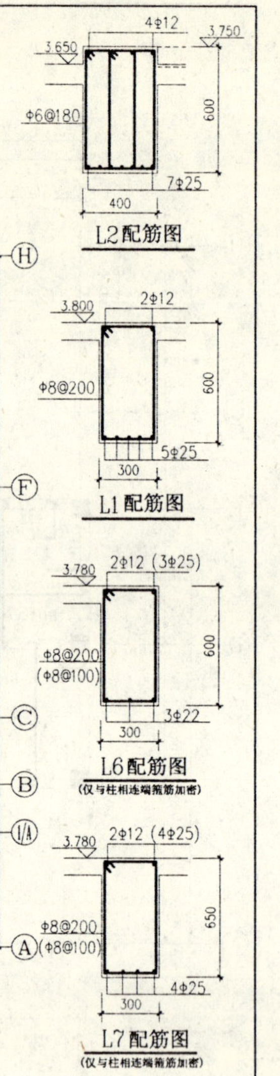

说明:

1. 梁板混凝土为C25．主次梁相交处附加筋表见结施 9．
2. 框架抗震等级为三级，其构造要求见图集03G101-1及03G329-1．除注明者外，梁宽b>300mm时，梁箍筋为4肢箍．
3. 除注明者外，梁底筋净距≥25，上筋(负筋)净距≥30，单排排不下时，可分两排，但第二排筋根数≥2根．梁高不等时钢筋构造见“03G101-1”页40．
4. 加气混凝土砌块密度≤7.00kN/m^3，强度等级≥3.0MPa，砂浆等级M5，配筋带混凝土C20．填充墙拉结筋参见图集02SG614．
5. 加气混凝土砌块拉结筋及配筋带钢筋埋设位置要准确，平直，搭接长度要符合要求．配置拉接筋的灰缝砂浆要饱满，配筋带混凝土要密实．柱及墙内的预留插筋要保持平直，施工中不得任意弯折．填充墙窗台下部，门窗洞口顶部及高度大于4m的墙中部各设一道配筋带．填充墙的其他构造要求参见图集 02SG614．

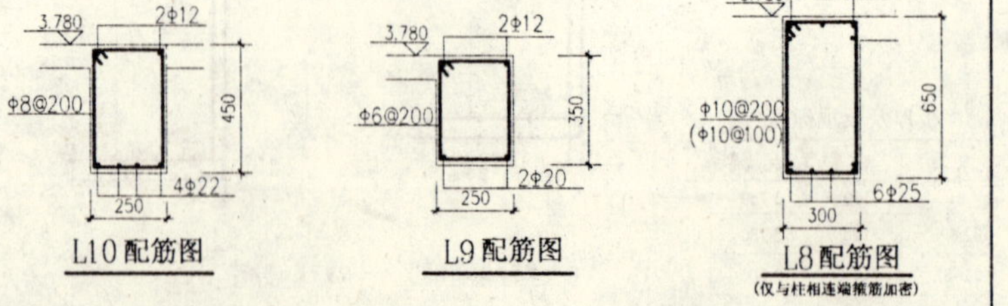

和谐建筑设计院		审定人		建筑专业负责人		电气专业负责人		工号	
		审核人		结构专业负责人				房号	
图名	一层顶板梁配筋平面及详图	工程总负责人		给排水专业负责人		设计人		图别号	结施 5
				暖通专业负责人		制图人		日期	

图2.6 框架结构一层顶板梁配筋平面及详图

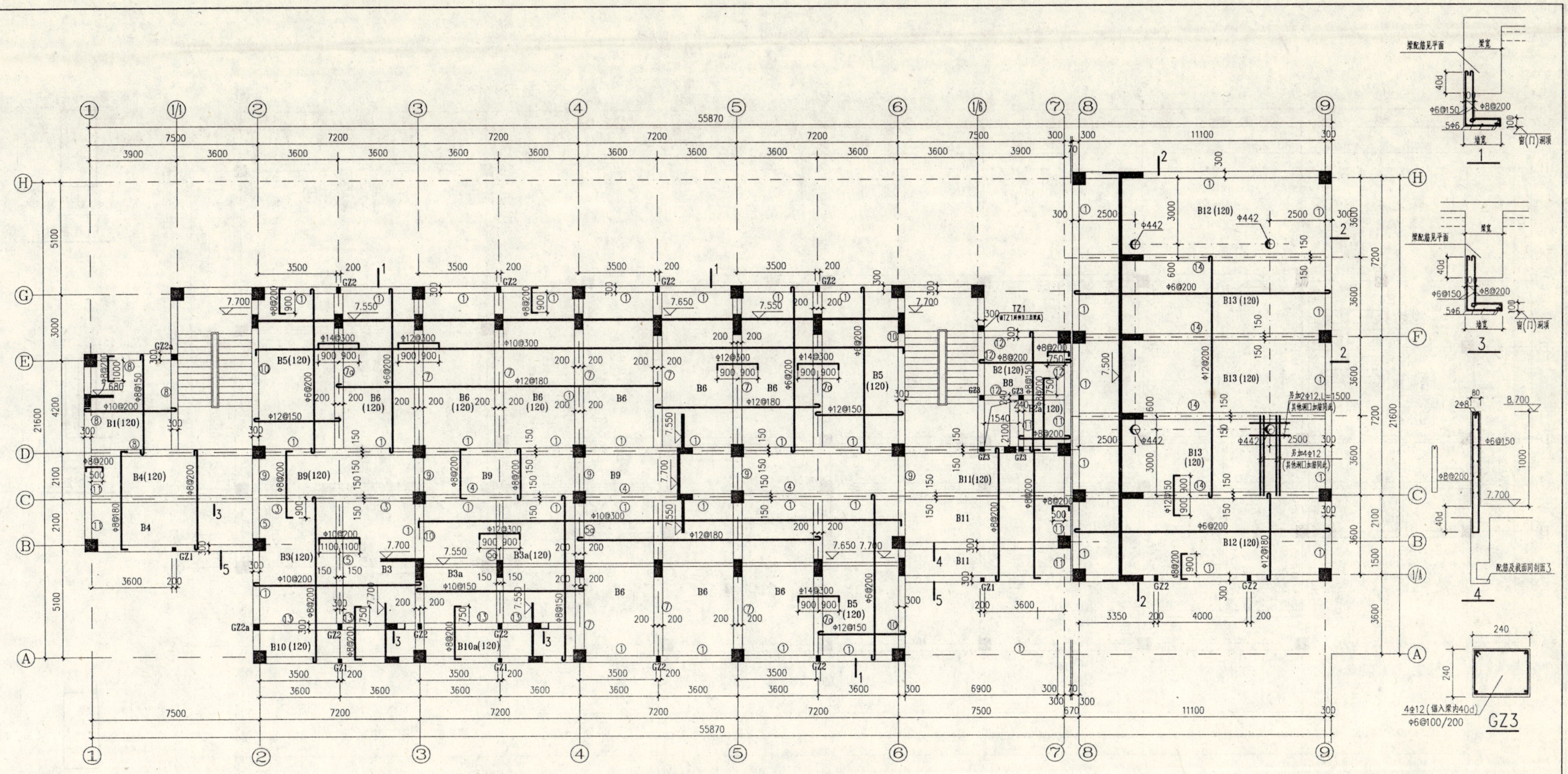

二层顶板结构平面 (未标注的板厚均为120,板顶标高为7.70)

板号	板厚	板顶标高
B1~B2,B2a	120	7.680
B3~B4	120	7.700
B5~B6	120	7.550
B3a	120	7.550
B10a	120	7.550
B7~B11	120	7.700
B12~B13	120	7.500

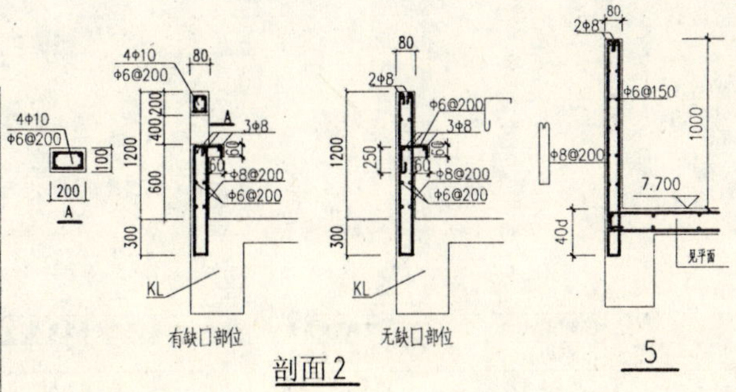

说明:

1. 梁板混凝土为C25。
2. 架空地面部分梁顶标高为7.65, ⑧~⑨轴部分梁顶标高均为7.50,其余未标注的梁顶标高均为7.70。
3. 货梯砌体采用MU10砖,M10混合砂浆砌筑,其埋件见建施及厂家样本。
4. 未标注的单向板分布筋ф8@200,支座连系筋ф6@200。
5. TZ1见结施13,后浇带位置及做法见结施 2,其余要求见结施1。

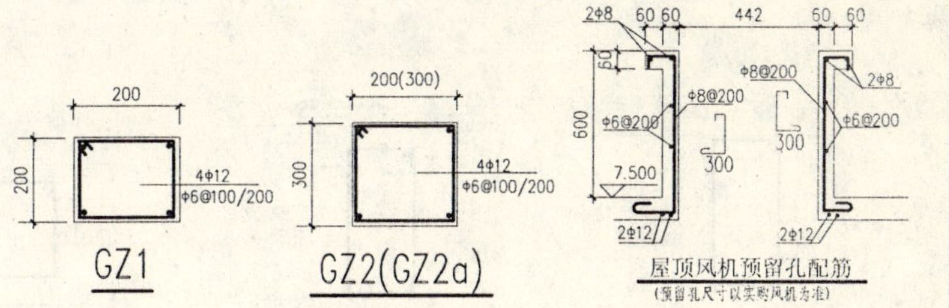

和谐建筑设计院		审定人		建筑专业负责人		电气专业负责人		工号	
		审核人		结构专业负责人				房号	
图名	二层顶板结构平面及详图	工程总负责人		给排水专业负责人		设计人		图别号	结施 6
				暖通专业负责人		制图人		日期	

图2.7　框架结构二层顶板结构平面及详图

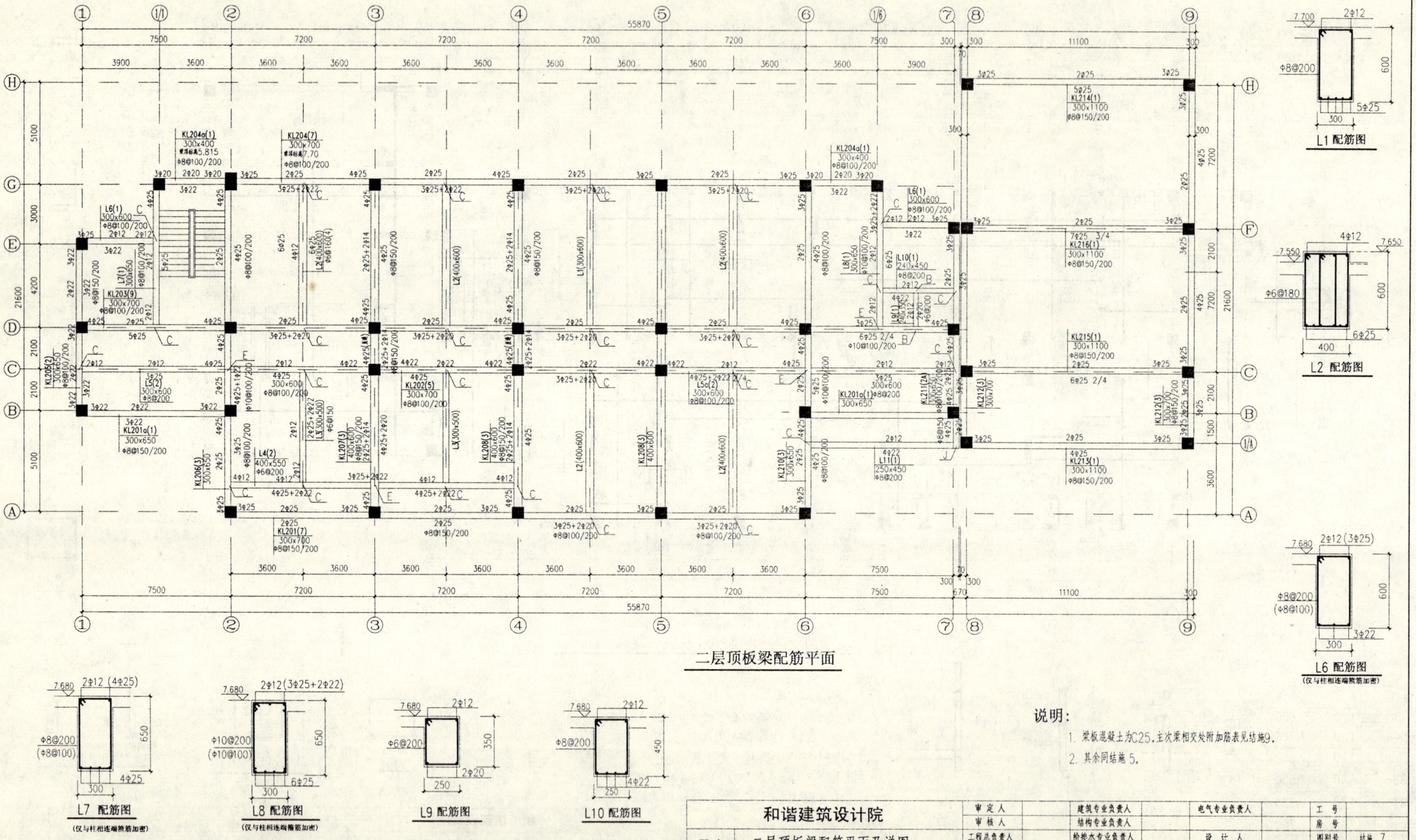

说明:

1. 梁板混凝土为C25，主次梁相交处附加筋表见结施9。
2. 其余同结施 5。

和谐建筑设计院		审定人		建筑专业负责人		电气专业负责人		工号	
		审核人		结构专业负责人				房号	
图名	二层顶板梁配筋平面及详图	工程总负责人		给排水专业负责人		设计人		图别号	结施 7
				暖通专业负责人		制图人		日期	

图2.8 框架结构二层顶板梁配筋平面及详图

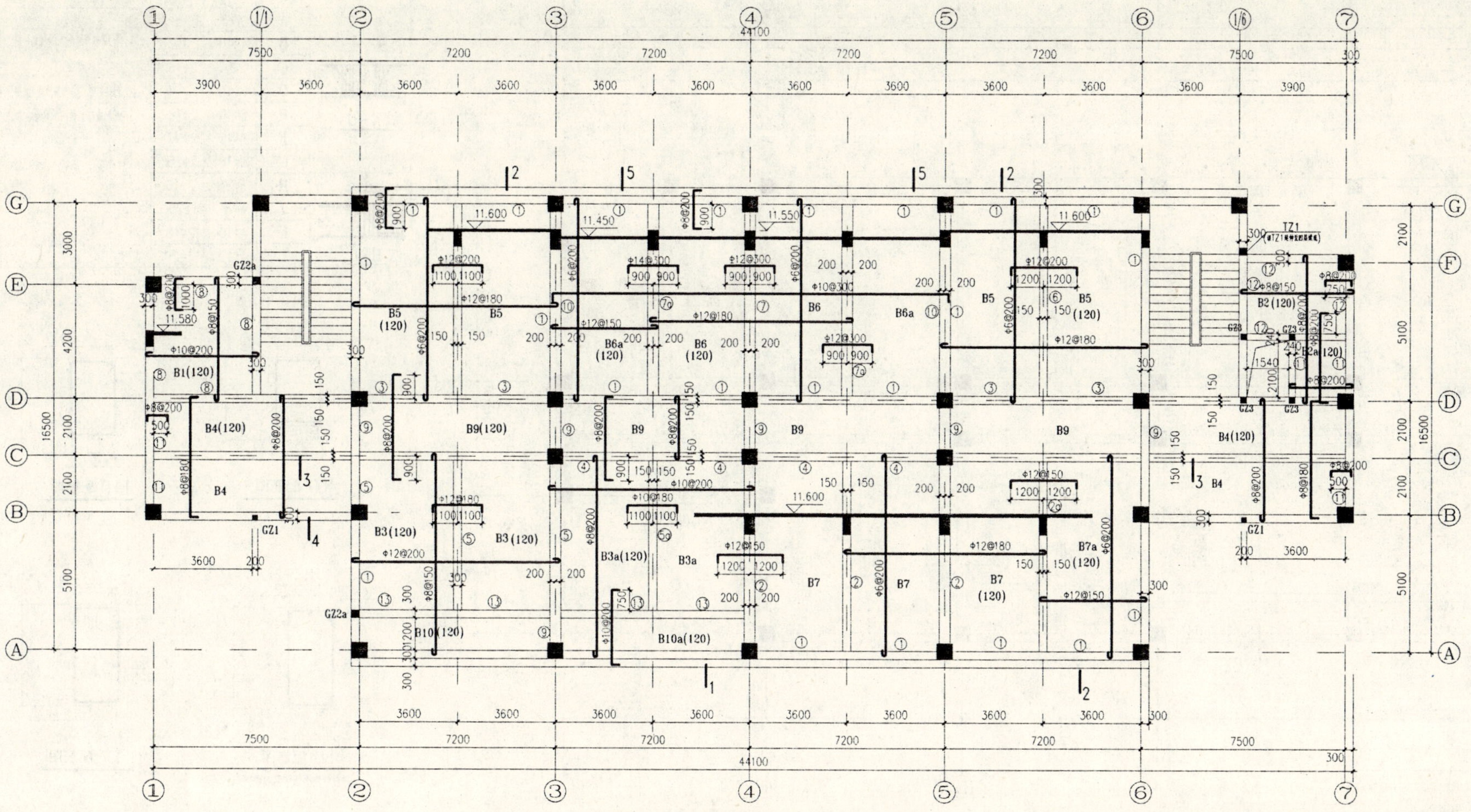

三层顶板结构平面(未标注的板厚均为120,板顶标高为11.600)

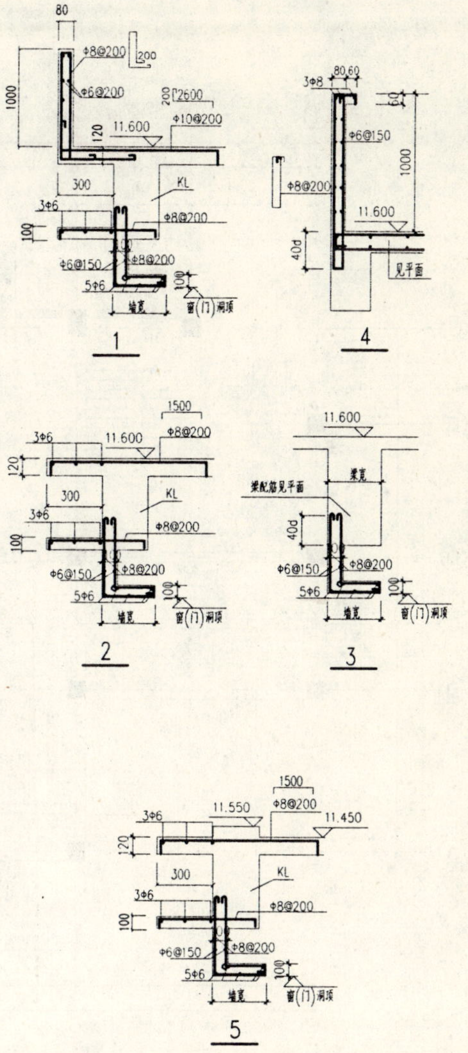

说明:

1. 梁板混凝土为C25。
2. 架空地面部分梁顶标高为11.55,其余未标注的梁顶标高均为11.60。
3. 货梯砌体采用MU10砖,M10混合砂浆砌筑,其埋件见建施及厂家样本。
4. 未标注的单向板分布筋Φ8@200,支座连系筋Φ6@200。
5. TZ1见结施13,后浇带位置及做法见结施2,其余要求见结施1。

板号	板厚	板顶标高
B1	120	11.580
B2,B2a	120	11.580
B3~B5	120	11.600
B6,B6a	120	11.450
B7~B10	120	11.600
B7a	120	11.600
B3a,B10a	120	11.600

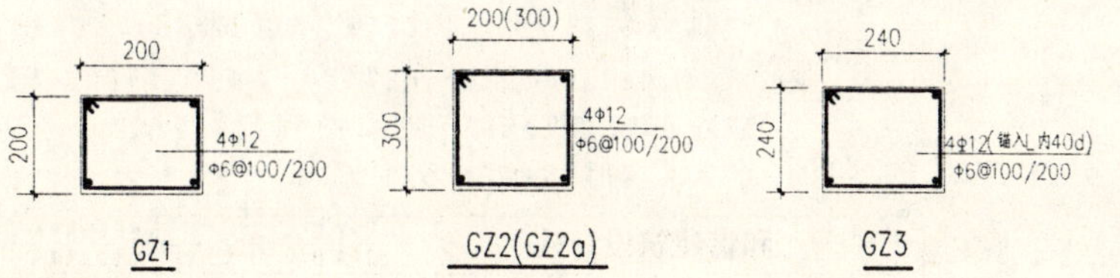

和谐建筑设计院	审定人	建筑专业负责人	电气专业负责人	工号
	审核人	结构专业负责人		房号
图名 三层顶板结构平面及详图	工程总负责人	给排水专业负责人	设计人	图别号 结施 8
		暖通专业负责人	制图人	日期

图2.9 框架结构三层顶板结构平面及详图

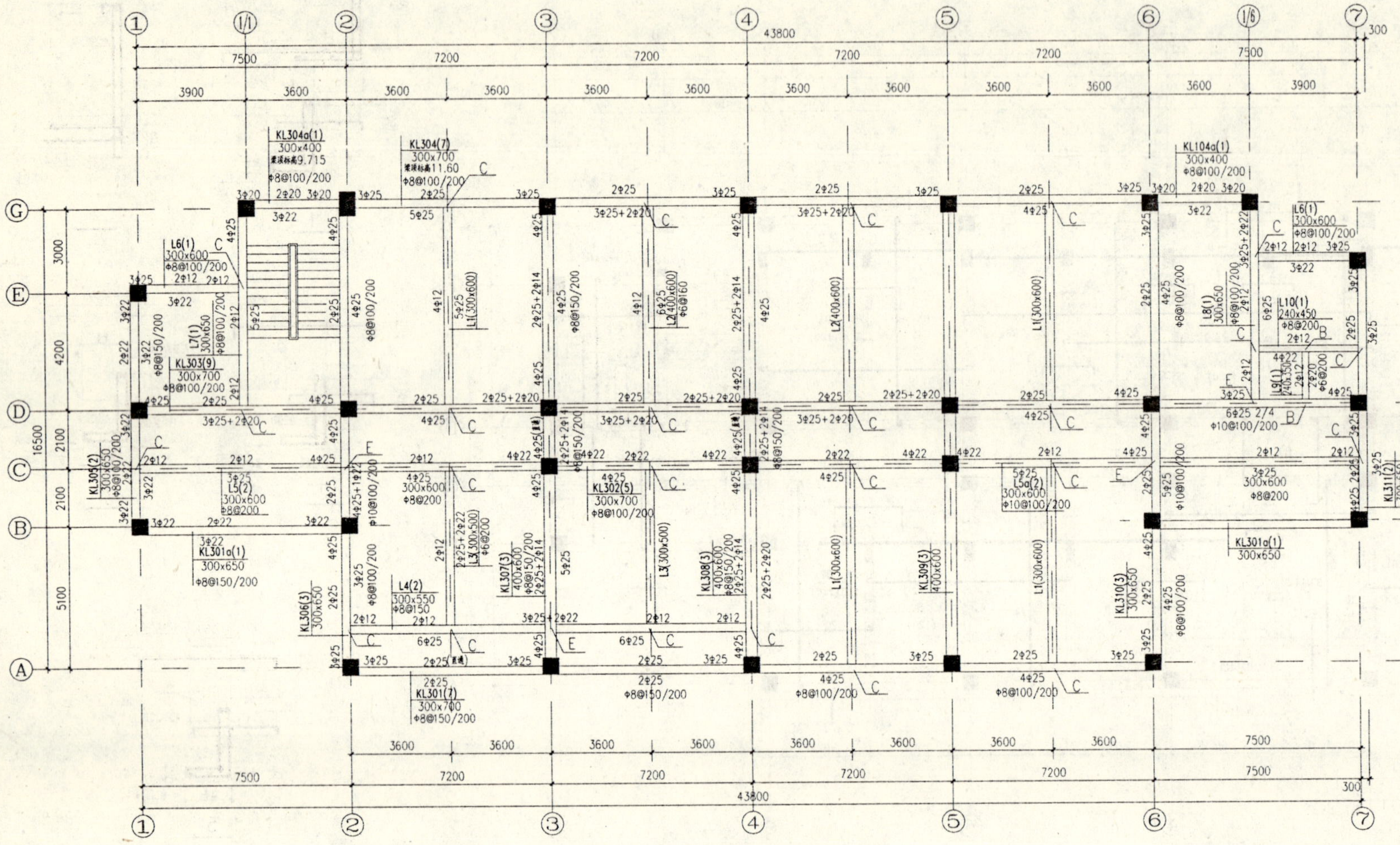

三层顶板梁配筋平面

主次梁相交处附加筋表

简图	附加筋序号	配筋 ①	配筋 ②	备注
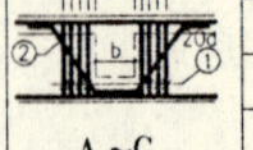 A~G	A	4Φ8		1. ②号筋弯起角度：当梁高≤800为45°，否则为60°。 2. H~L中②号筋为梁上皮筋下弯而成。 3. 附加箍筋肢数同所在梁箍筋。
	B	4Φ10		
	C	6Φ10	2Φ16	
	D	8Φ10		
	E	8Φ10	2Φ18	
	F	8Φ10	2Φ22	
	G	8Φ10	2Φ25	
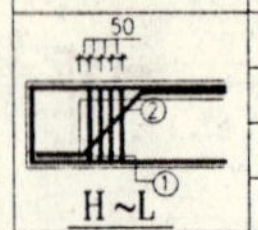 H~L	H	3Φ8	2Φ16	
	J	4Φ8	1Φ25	
	K	4Φ10	2Φ18	
	L	4Φ10	2Φ20	

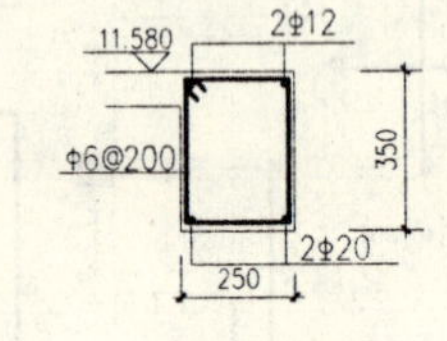

L9 配筋图

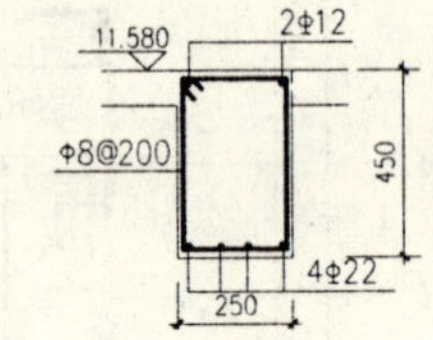

L10 配筋图

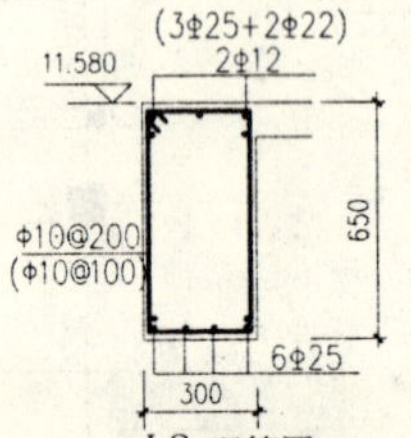

L8 配筋图

(仅与柱相连端箍筋加密)

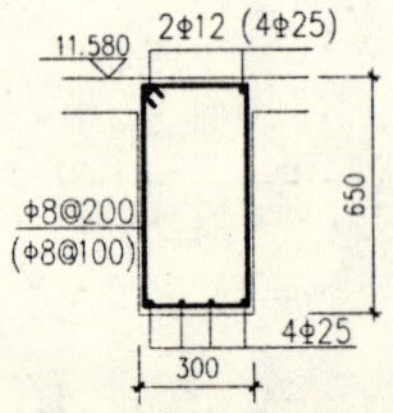

L7 配筋图

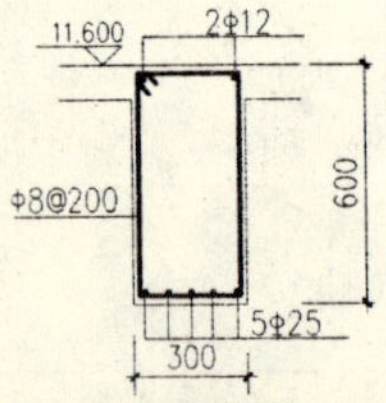

L1 配筋图

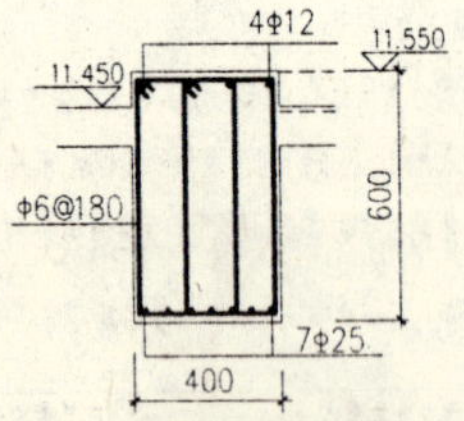

L2 配筋图

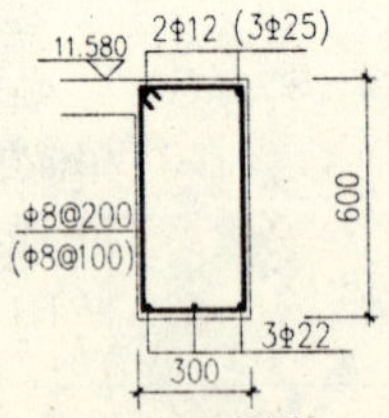

L6 配筋图

说明：

1. 梁板混凝土为C25。本图主次梁相交处附加筋表适用于一~四层。
2. 框架抗震等级为三级，其构造要求见图集03G101-1及03G329-1。除注明者外，梁宽b>300mm时，梁箍筋为4肢箍。
3. 除注明者外，梁底筋净距≥25，上筋(负筋)净距≥30，单排排不下时，可分两排，但第二排筋根数≥2根 梁高不等时钢筋构造见"03G101-1"页40。
4. 加气混凝土砌块密度≤7.00kN/m³，强度等级≥3.0MPa，砂浆等级M5，配筋带混凝土C20。填充墙拉结筋参见图集02SG614。
5. 加气混凝土砌块拉结筋及配筋带钢筋埋设位置要准确，平直，搭接长度要符合要求。配置拉接筋的灰缝砂浆要饱满，配筋带混凝土要密实。柱及墙内的预留插筋要保持平直，施工中不得任意弯折。填充墙窗台下部，门窗洞口顶部及高度大于4m的墙中部各设一道配筋带。填充墙的其他构造要求参见图集02SG614。

和谐建筑设计院		审定人		建筑专业负责人		电气专业负责人		工号	
		审核人		结构专业负责人				房号	
图名	三层顶板梁配筋平面及详图	工程总负责人		给排水专业负责人		设计人		图别号	结施 9
				暖通专业负责人		制图人		日期	

图2.10　框架结构三层顶板梁配筋平面及详图

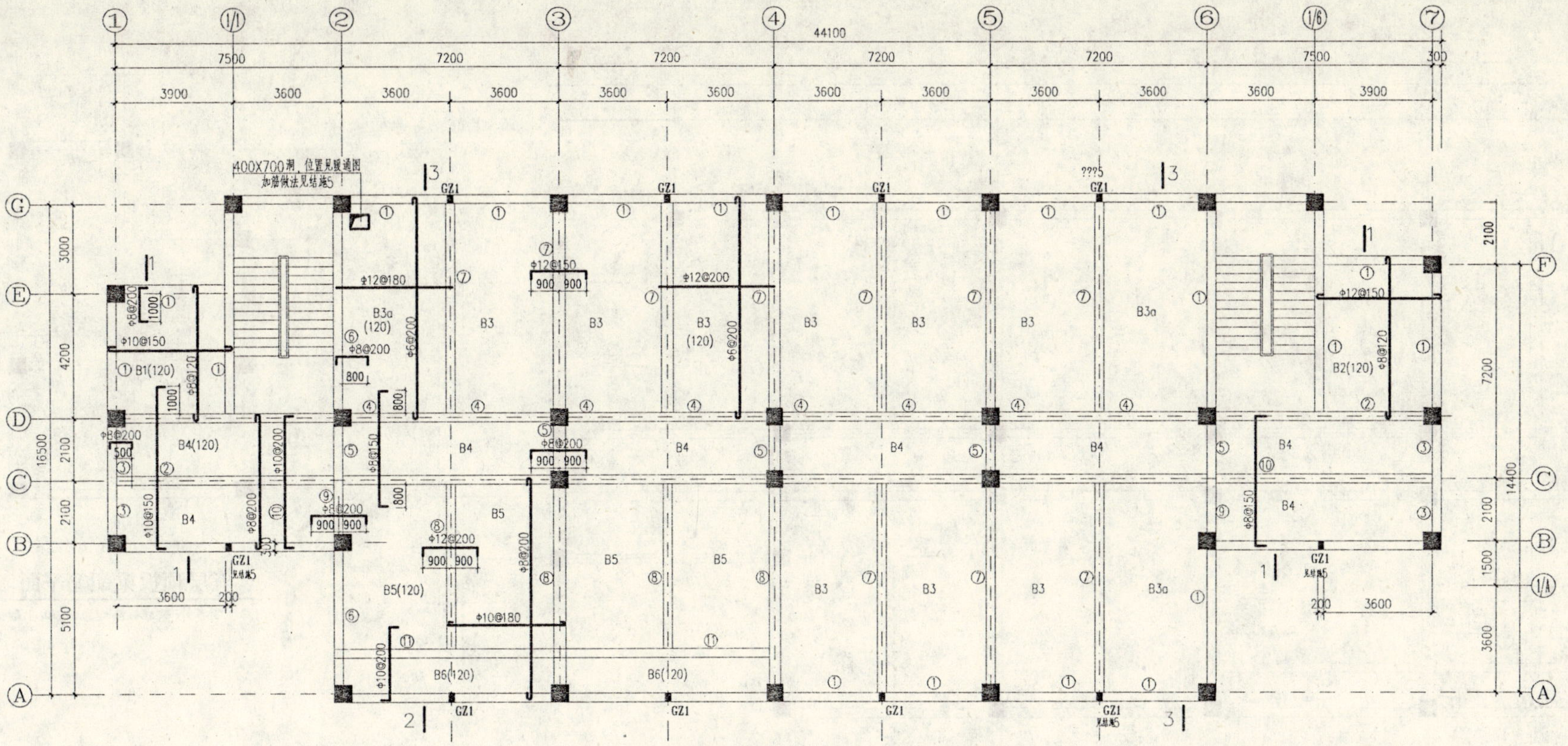

四层顶板结构平面（板厚均为120，板顶标高为15.60）

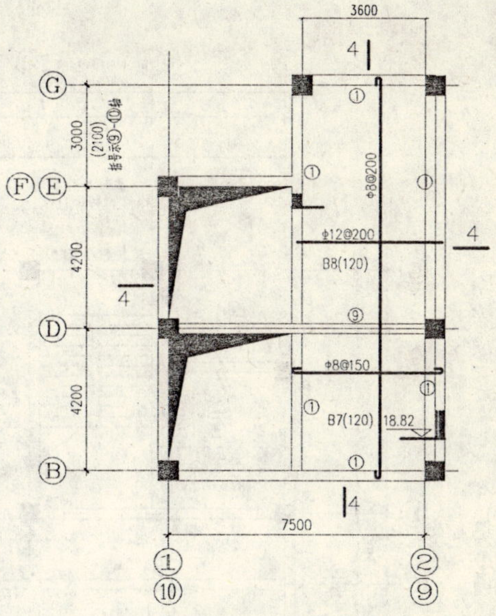

楼梯间顶板结构平面

（板厚为120，板顶标高为18.82）

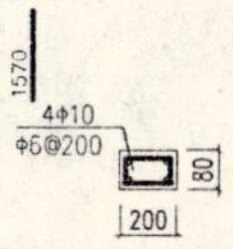

A

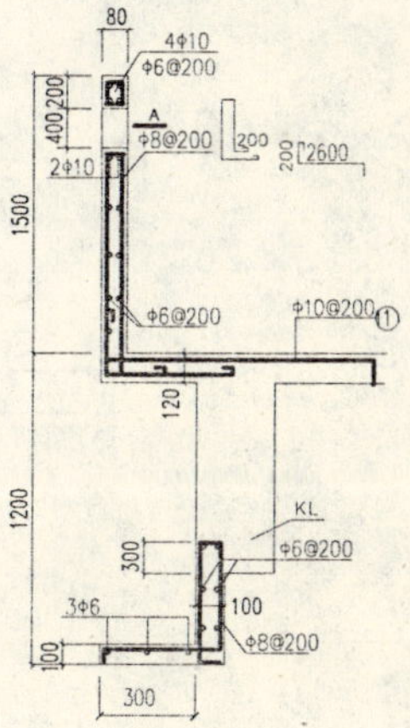

3

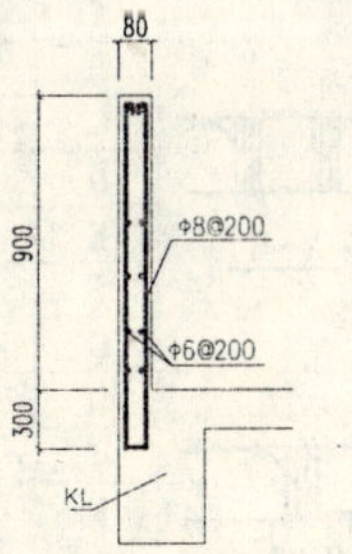

1

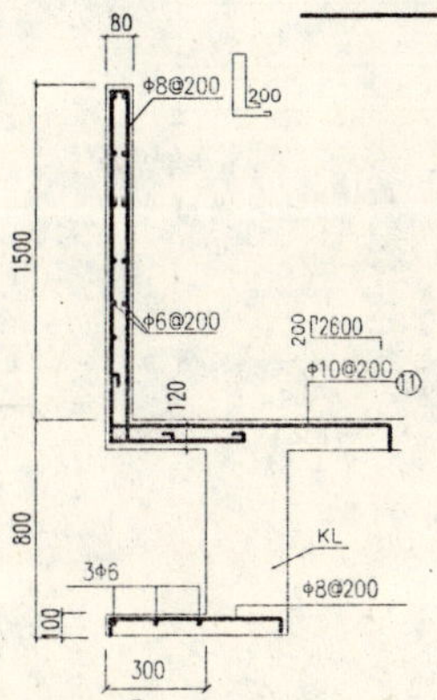

2

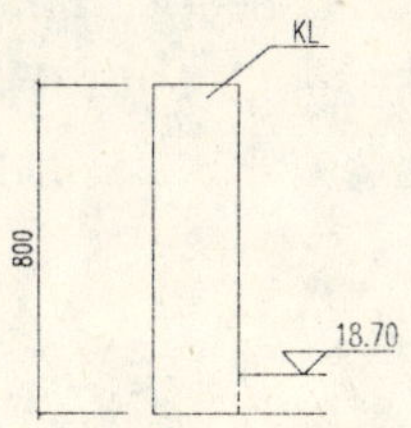

4

板号	板厚	板顶标高
B1~B6	120	15.6
B7~B8	120	18.82

说明：

1. 梁板混凝土为C25。
2. 除注明者外，梁顶标高同板顶标高。
3. 货梯砌体采用MU10砖，M10混合砂浆砌筑，其埋件见建施及厂家样本。
4. 未标注的单向板分布筋Φ8@200，支座连系筋Φ6@200。
5. 后浇带位置及做法见结施 2。其余要求见结施 1。
6. 屋顶设备安装固定做法见设备图。

和谐建筑设计院		审定人		建筑专业负责人		电气专业负责人		工号	
		审核人		结构专业负责人				房号	
图名	屋顶板结构平面及详图	工程总负责人		给排水专业负责人		设计人		图别号	结施 10
				暖通专业负责人		制图人		日期	

图2.11　框架结构屋顶板结构平面及详图

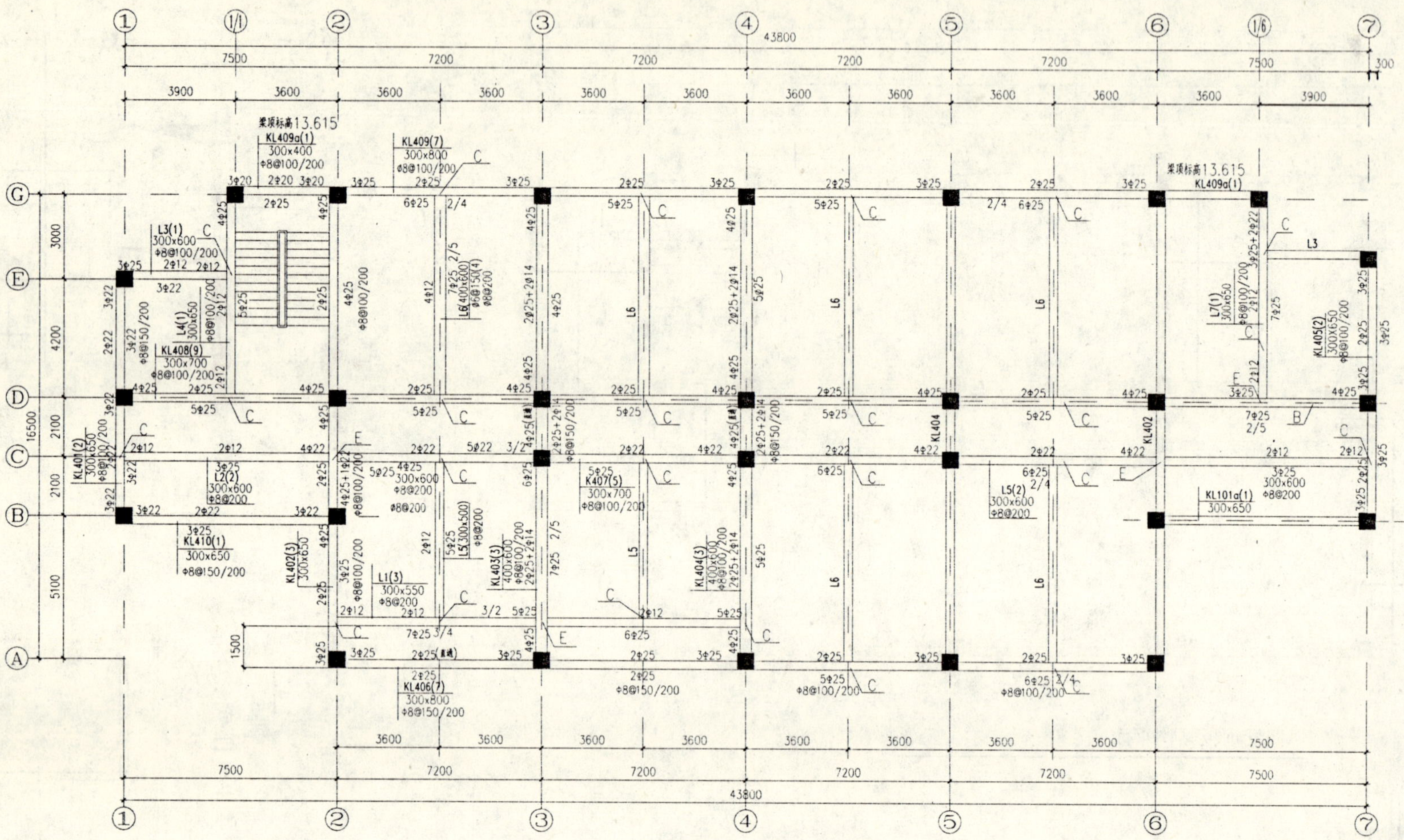

四层顶板梁配筋平面

（除注明者外，梁顶标高均为15.6）

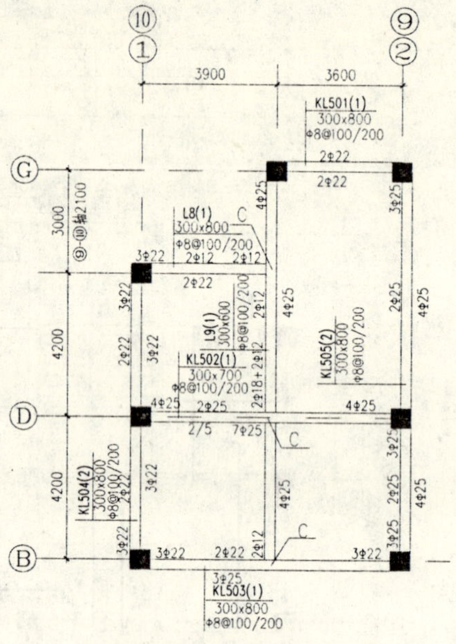

五层顶板梁配筋平面

（除注明者外，梁底标高均为18.70，上翻梁）

说明：

见结施9。

主次梁相交处附加筋表

简图	附加筋序号	配筋 ①	配筋 ②	备注
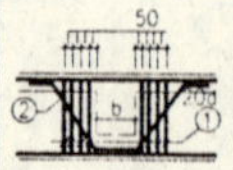 A～G	A	4Φ8		1. ②号筋弯起角度：当梁高≤800为45°，否则为60°。 2. H～L中②号筋为梁上皮筋下弯而成。 3. 附加箍筋肢数同所在梁箍筋。
	B	4Φ10		
	C	6Φ10	2Φ16	
	D	8Φ10		
	E	8Φ10	2Φ18	
	F	8Φ10	2Φ22	
	G	8Φ10	2Φ25	
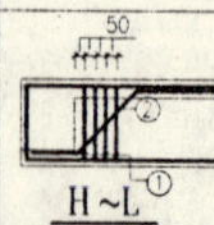 H～L	H	3Φ8	2Φ16	
	J	4Φ8	1Φ25	
	K	4Φ10	2Φ18	
	L	4Φ10	2Φ20	

和谐建筑设计院		审定人		建筑专业负责人		电气专业负责人		工号	
		审核人		结构专业负责人				房号	
图名	四～五层顶板梁配筋平面及详图	工程总负责人		给排水专业负责人		设计人		图别号	结施 11
				暖通专业负责人		制图人		日期	

图2.12　框架结构四～五层顶板梁配筋平面及详图

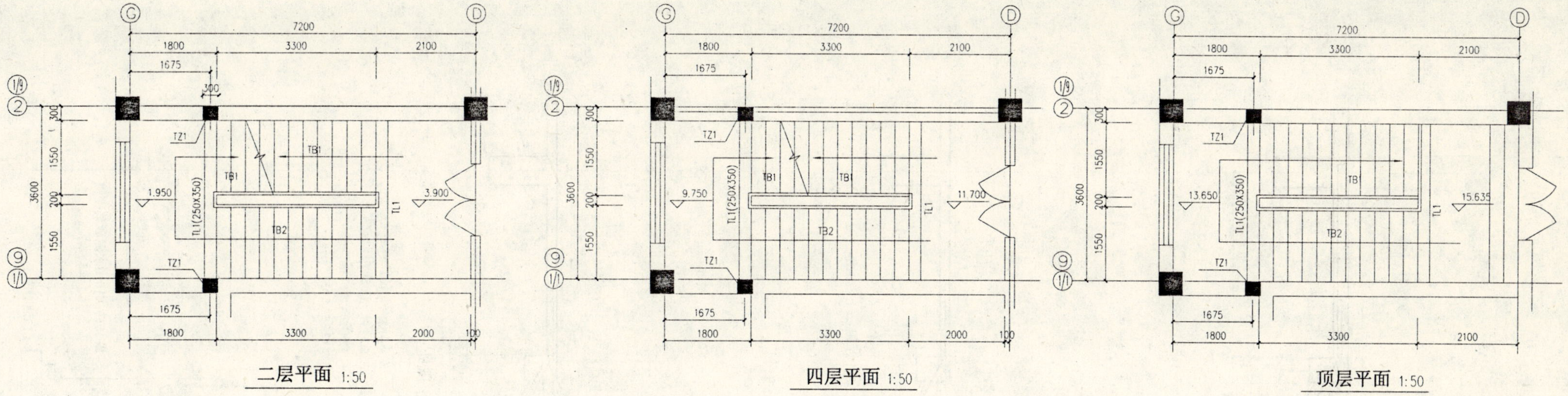

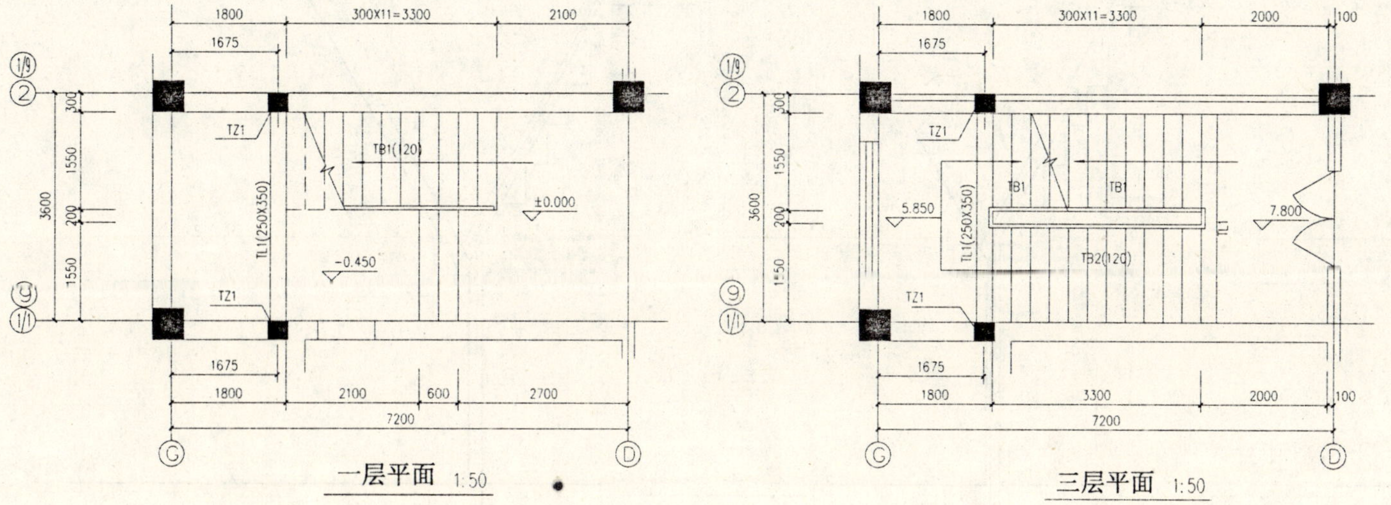

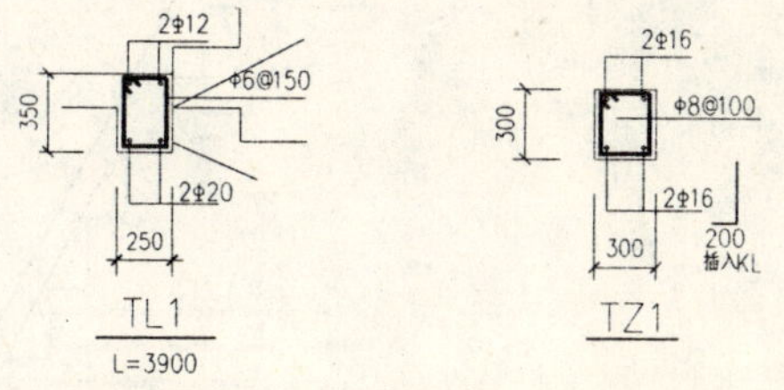

说明：

1. 混凝土C25。
2. 除注明者外，结构标高=建筑标高减去0.035。
3. 除注明者外，上、下钢筋分布筋均为Φ6@250。
4. 楼梯结构剖面见结施13。
5. 其他见结构总说明。

和谐建筑设计院		审定人		建筑专业负责人		电气专业负责人		工号	
		审核人		结构专业负责人				房号	
图名	楼梯结构平面图	工程总负责人		给排水专业负责人		设计人		图别号	结施12
				暖通专业负责人		制图人		日期	

图2.13　框架结构楼梯结构平面图

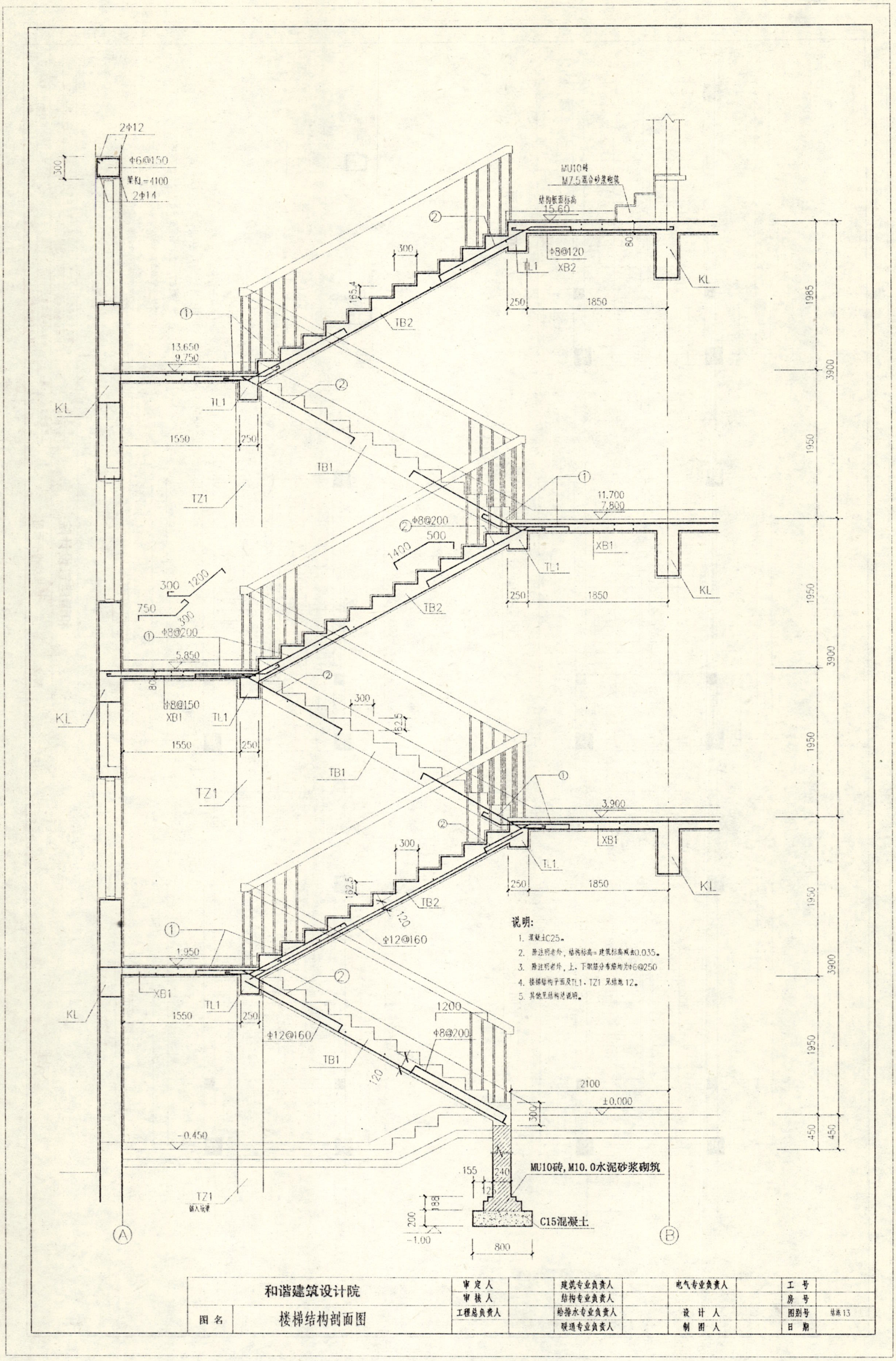

图2.14　框架结构楼梯结构剖面图

1.2 框架结构设计总说明

框架结构设计总说明是结构施工图的总纲，也是施工图审查的最重要的内容。其主要内容如下：

（1）概况。包括结构形式、层数（含地下、地上）、使用功能、建设地点等；设计 ±0.000 标高所对应的绝对标高；图纸中标高、尺寸相应的单位。

（2）自然条件和设计依据。包括本工程结构设计所采用的主要标准及法规、抗震设防烈度和设防类别、场地类别、设计地震分组、风荷载、雪荷载、地基土的冰冻深度、基础持力层及承载力、构件的环境类别、楼（屋）面使用活荷载、人防工程的抗力等级等。

（3）建筑结构的安全等级和设计合理使用年限。设计合理使用年限既是风荷载、雪荷载，以及地震作用确定的依据，又是主体结构保修年限确定的依据。

（4）地基基础和上部结构选型。包括地基基础设计等级，地基处理方案或抗液化措施及要求、基础形式、基础埋深及持力层名称；若采用桩基，应说明桩的类型、桩端持力层及进入持力层的深度。

（5）上部结构抗侧力体系的选用并确定构件的抗震等级、梁板选型（是现浇还是预制、是否采用预应力体系和空心楼盖体系等）。

（6）主要结构材料。包括各部位的混凝土等级（对于一级、特一级框架结构，梁、柱、节点的混凝土等级不应低于 C30）、钢筋等级及对连接的要求（搭接和锚固的具体构造要求及搭接和锚固长度、焊接或机械连接的部位和构造要求）、填充墙材料的选用及砌块和砂浆等级、预埋件、吊钩等；钢筋材质要求：按一、二级抗震等级设计的各类框架中的纵向受力钢筋，当采用普通钢筋时，其检验所得的强度实测值应符合下列要求：

1）钢筋抗拉强度实测值与屈服强度实测值的比值不应小于 1.25。这一条主要是为了保证某一部位形成塑性铰后，有足够的转动能力，要求钢筋有一定的延性，不能太脆。

2）钢筋的屈服强度实测值与强度标准值的比值不应大于 1.30。这一条主要是为了限制柱、梁的实际抗弯承载力不比设计值提高太多，否则就不容易实现“强剪弱弯”和“强柱弱梁”的延性框架设计要求。

（7）主要结构体系的构造做法。包括梁、柱及节点核心区纵向受力钢筋的锚固和搭接要求，箍筋加密区的设置要求；主、次梁交接处附加筋构造；板和次梁支座处钢筋的锚固做法；梁腰筋的设置要求；受力主筋保护层厚度；填充墙与主体结构的连接构造做法等。

（8）对施工的具体要求。包括验槽；回填土；大跨度梁板支模起拱要求；基础筏板、框架梁负筋和梁高相同时的跨中钢筋，纵横两方向钢筋哪一方向在上层、哪一方向在下层；后浇带的部位及施工要求；悬臂构件等重要部位拆模时的混凝土强度等级；冬、雨季施工措施；预应力等特殊构件的施工要求等。

（9）测试要求。包括对桩基要求做质量稳定性的动测及确定承载力的静压桩试验，有沉降观测要求的建筑的沉降观测要求等。

（10）本工程所采用的国家、行业及地方标准图集、通用图集。

（11）其他。

第 2 节　大直径灌注桩与柱下条形基础的经济性比较

钢筋混凝土的受压性能好，而抗弯性能相对较差，由于灌注桩以受压为主，而基础梁以受弯为主，所以灌注桩的用钢量小于构件截面尺寸相近的基础梁。对于框架结构，当场地具有理想的持力层且桩长与柱距相当时，虽然灌注桩名义上属于深基础，但在不少场合灌注桩方案反而更经济，沉降变形也小。

卵石层是最理想的地基持力层之一，对于多、高层建筑，当地基持力层为承载力标准值 f_{ka}≥250kPa 卵石层时，常规的做法是采用柱下单独基础、柱下条形基础或筏板（箱形）基础。按照通常的观念，大直径灌注桩属于深基础，当持力层为卵石层时，采用深基础是不经济的。但北京地区的经验表明：当桩端持力层为卵石层时，桩端承载力标准值 f_{ka} 可达 2000～2500kPa，两者的承载力标准值差别较大。因此，有必要根据上部传来的荷载的大小对大直径灌注桩与常规柱下条形基础或筏板（箱形）基础之间进行经济技术比较，供具体工程设计参考。典型的工程实例分析表明，当地基持力层为承载力标准值 f_{ka}≥250kPa 卵石层时，以上部结构的柱距为 6m×6m 为例，有以下结论[59]：

（1）5 层以下的建筑以柱下单独基础最为经济。

（2）5～6 层的建筑以双向柱下条形基础最为经济。

（3）7 层以上的建筑采用人工挖孔桩经济效益最好。

上述经济性比较未考虑由于地基持力层土层分布不均匀所需的地基处理费用。实际工程中，当地基持力层土层分布不均匀时，对于 5～6 层的建筑，人工挖孔桩的经济效益可能优于双向柱下条形基础，举例如下。

【实例 2.1】　北京市某社区服务中心为地下 1 层、地上 5 层框架结构，受场地限制，是紧邻原电影院而建的 L 形建筑。新建建筑地下室地面正好位于原电影院基础底面以下 700～900mm 厚的粉细砂层上，新建建筑如采用钢筋混凝土梁板基础，则基槽深度超过原电影院基础底面，由于粉细砂层流动性大，当基槽开挖深度超过原电影院基础底面时，原电影院基础底面将被掏空而危及上部结构的安全。因此，需对原电影院基础进行加固，某岩土公司对该部分地基加固的报价为 15 万元。后经设计院、监理及施工单位三方反复协商认为：虽然依据《北京市建设工程概算定额》的初步测算表明，采用泥浆护壁水下大直径灌注桩的直接费比 800mm 厚的筏板基础高出约 5.8 万元，但由于采用大直径灌注桩后，原电影院基础不需加固处理，既加快了施工进度，又能确保原电影院基础不被扰动，其综合经济效益仍是最佳的。为进一步降低结构工程造价，建议采用结构自防水做法，取消地下室底板和外墙的柔性防水做法。这一建议得到了建设单位认可而成为实施方案。

在该项目中，大直径灌注桩不仅较好地解决了新建建筑与原有建筑之间的基础处理问题，而且由于地下室为桑拿浴用房，有较多的水池等，采用大直径灌注桩可以使水池与结构基础不相干、不影响结构受力，更容易满足功能要求。在投资成本相近的情况下，以满足功能要求作为评定标准，是该工程的一大特点，体现了价值工程的基本思想。

【实例 2.2】　北京某部办公楼为拆除原建筑在原址上重建的六层框架结构（带局部地下室作为设备用房），地基土被扰动较大，地基持力层位于天然地坪下约 2.5m 处，地基承载力标准值为120kPa且局部地段被扰动土需采用换填法，用3∶7灰土分层夯实至设计底标高，局部地下室部分持力层地基承载力标准值为160kPa。经多方案比较，设计采用大直径人工挖孔桩，桩端持力层为卵石层，桩端承载力标准值$f_{ka}=2500$kPa。桩径Φ800mm，底部扩大头尺寸边跨为Φ1100～1300mm、中跨为Φ1500～1800mm。桩长：有地下室部分7.48m、无地下室部分9.80m（至管沟底面）。由于采用人工挖孔桩后，充分利用了下卧卵石层的承载力而且地基不需处理，根据《北京市建设工程概算定额》的初步测算表明，采用人工挖孔桩比常规的双向柱下条形基础节约造价约2万元。

与常规的双向柱下条形基础相比，本工程人工挖孔桩有以下优点：

（1）本工程采用人工挖孔桩后，有地下室部分和无地下室部分的桩端持力层均为卵石层，地震作用下结构的地震反应较一致，较好地解决了局部地下室对抗震的不利影响。

（2）挖孔桩为受压构件，而柱下条形基础为受弯构件，当两者构件的截面尺寸相近时，挖孔桩的配筋量比条形基础小得多，挖孔桩充分发挥了混凝土材料抗压性能好的优点。

（3）采用挖孔桩后整个建筑物的沉降均匀，总体沉降量小。

（4）施工速度快，对周围环境无不利影响。

可见，对于多层框架结构，当下卧卵石层埋深较浅，且新建建筑与原有建筑毗邻或拆除原建筑并在原址上重建时，人工挖孔桩是各种可能方案中，综合经济效益最好的（见图2.5～图2.14）。

第3节　关于框架结构梁高取值

肥梁胖柱一直是钢筋混凝土结构的一大缺陷。楼层的层高是影响建筑造价的主要因素之一，不同层高对造价的影响见表2.1[20]。

表2.1　　层高对造价的影响

层高（m）	2.80	3.00	3.20	3.40	3.60	3.80
造价（%）	99	100	103	107	110	113

而影响楼层层高的主要因素之一就是梁的高度。可见，如能采取措施，降低梁的高度，则可有效地降低建筑造价、提高投资效益。近年来大开间柱网采用较多，梁的跨高比取值随地区不同也有较大出入，按传统习惯，主梁跨高比1/12～1/8，次梁1/16～1/12，常难满足建筑要求，梁高与使用功能争空间的矛盾较为突出。不少工程因担心梁高度减小后挠度过大而采用宽扁梁，这种宽扁梁不仅增加了梁的自重而且梁柱节点构造复杂。事实上，主梁高度小于跨度的1/12时，梁的实际挠度不一定很大，其主要原因有以下几方面：

（1）现浇楼盖梁板实际上共同工作的，可考虑T形截面的刚度。

（2）两端嵌固弯矩对梁变形的有利影响。

（3）施工支模时，可起拱以抵消荷载作用下的变形。

目前工程设计中钢筋混凝土主梁的截面高度普遍较高，其主要原因之一就是对超静梁，设计计算梁的变形时，没有考虑两端嵌固弯矩对梁变形的有利影响。此外从结构抗震角度考虑，减小框架梁截面的高度，框架结构的梁柱刚度比也随之减小，有助于提高结构的变形能力，保证强柱弱梁的概念设计目标的实现，使梁端塑性铰出现的概率提高，但此时也对结构设计提出复核梁的挠度能否满足正常使用极限状态允许值的要求。这些都涉及钢筋混凝土梁的变形验算问题，陈锡智的带领下，作者对此项问题作了专门的分析研究，提出了一些可供设计参考的建议，现介绍如下。

3.1　两端有嵌固弯矩时梁的最大挠度计算公式

超静定梁支座处的嵌固弯矩对梁变形是有利的，但因为它是力的边界条件（固端弯矩和支座反力）而不是位移边界条件，基于位移法的常规有限单元法还不能精确模拟这种受力状态，因而解析解更方便而有效。文献中的解析解一般均没考虑不同弯矩分布对刚度的影响而将整根梁作为等刚度梁考虑，而实际上，梁两端有嵌固弯矩时，在支座附近截面的受拉区和受压区的位置正好与跨中相反，当梁全跨的刚度取用跨中区段内最大弯矩处的刚度时，其刚度取值的基本物理意义已与规范所规定的基本假定不相符。陈锡智根据两端有嵌固弯矩时梁的弯矩分布情况，将整跨梁分为三个等刚度区，每个等刚度区内的刚度取用该区段内最大弯矩处的刚度，并据此推导了两端有嵌固弯矩时单跨梁的变刚度挠度计算公式[28]，见式（2.1）、式（2.2）。

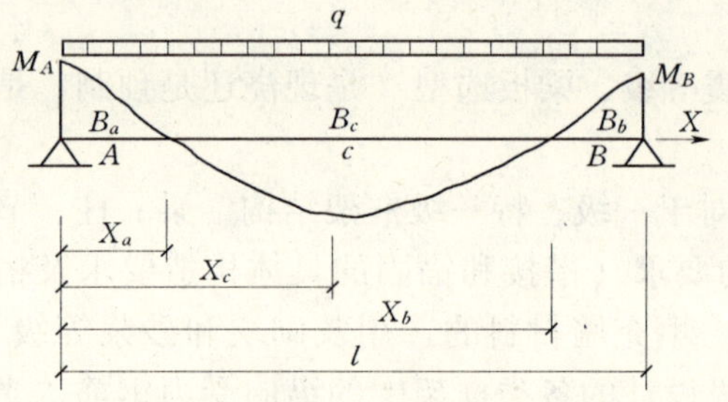

图2.15　均布荷载与嵌固弯矩共同作用

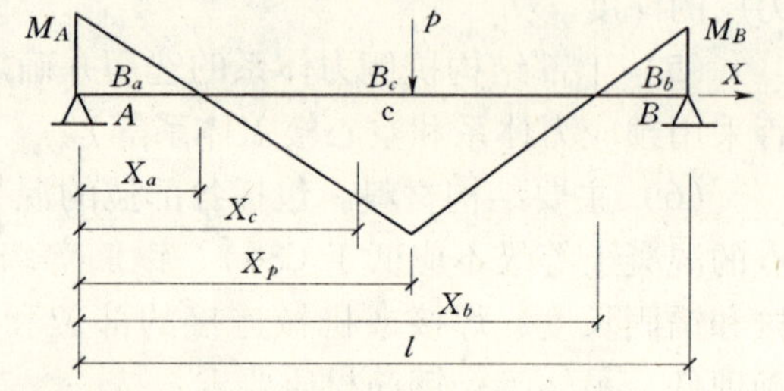

图2.16　集中荷载与嵌固弯矩共同作用

对图2.15所示单跨梁，在两端嵌固弯矩及均布荷载共同作用下，梁的最大挠度为

$$
\begin{aligned}
f_c = & \frac{1}{B_a}\left[R_A\left(\frac{X_c}{l}-1\right)\frac{X_a^3}{3}-\frac{q}{2}\left(\frac{X_c}{l}-1\right)\frac{X_a^4}{4}-M_A\left(\frac{X_c}{l}-1\right)\frac{X_a^2}{2}\right] \\
& +\frac{1}{B_c}\left[-R_A\left(\frac{X_c}{l}-1\right)\frac{X_a^3}{3}+\frac{q}{2}\left(\frac{X_c}{l}-1\right)\frac{X_a^4}{4}+M_A\left(\frac{X_c}{l}-1\right)\frac{X_a^2}{2}+\frac{R_AX_c^3}{6}-\frac{qX_c^4}{24}\right. \\
& \left.-\frac{M_AX_c^2}{2}+R_A\frac{X_c}{l}\frac{X_b^3}{3}-\frac{q}{8}\frac{X_c}{l}X_b^4-M_A\frac{X_c}{l}\frac{X_b^2}{2}-R_AX_c\frac{X_b^2}{2}+\frac{qX_cX_b^3}{6}+M_AX_cX_b\right] \\
& +\frac{1}{B_b}\left[-R_A\frac{X_c}{l}\frac{X_b^3}{3}+\frac{q}{8}\frac{X_c}{l}X_b^4+M_A\frac{X_c}{l}\frac{X_b^2}{2}+R_AX_c\frac{X_b^2}{2}-\frac{qX_cX_b^3}{6}\right. \\
& \left.-M_AX_cX_b-R_AX_c\frac{l^2}{6}+\frac{qX_cl^3}{24}+M_A\frac{X_cl}{2}\right]
\end{aligned}
\tag{2.1a}
$$

其中

$$R_A=\frac{ql}{2}+\frac{M_A-M_B}{l}$$

$$X_a=\frac{R_A}{q}-\sqrt{\left(\frac{R_A}{q}\right)^2-\frac{2M_A}{q}}$$

$$X_b=\frac{R_A}{q}+\sqrt{\left(\frac{R_A}{q}\right)^2-\frac{2M_A}{q}}$$

X_c 为 f_c 所对应的位置，由 $\frac{\mathrm{d}f_c}{\mathrm{d}X_c}=0$ 得

$$X_c^3-\frac{3R_A}{q}X_c^2+\frac{6M_A}{q}X_c+3\frac{B_c}{B_b}\frac{l}{q}\left(\frac{R_Al}{3}-\frac{ql^2}{12}-M_A\right)+\frac{6}{q}\left(1-\frac{B_c}{B_a}\right)\left(\frac{R_AX_a^3}{3l}-\frac{qX_a^4}{8l}-\frac{M_AX_a^2}{2l}\right)$$
$$+\frac{6}{q}\left(\frac{B_c}{B_b}-1\right)\left(\frac{R_AX_b^3}{3l}-\frac{qX_b^4}{8l}-\frac{M_AX_b^2}{2l}-\frac{R_A}{2}X_b^2+\frac{q}{6}X_b^3+M_AX_b\right)=0$$

根据 X_c 的物理意义，在跨中附近上述一元三次方程有一实根，故可取 $X_0=0.5L$ 作为初始值采用牛顿下山法[49]进行数值求解。式（2.1a）中，当 $B_a=B_b=B_c=B$ 时，即退化为文献［17］中给出等刚度梁的挠度计算公式。

对于均布荷载，文献［17］给出如下跨中最大挠度计算式：

$$f_{c\max}=-\frac{\xi_1ql^4}{384B} \tag{2.1b}$$

式中：q 为均布荷载；B 为梁的刚度；ξ_1 为挠度系数，可由文献［17］中给出的表格中查取。

为进一步分析变刚度梁的计算结果与等刚度梁的计算结果的差别，我们也将式（2.1a）计算结果变换成式（2.1b）的形式（取 $\xi_i=f_c\times384\times B_c/qL^4$），并将计算结果列于表 2.2～表 2.5 中［其中 $B_a=B_b=B_c$ 时的计算结果与式（2.1b）完全吻合］。

表 2.2　均布荷载挠度系数 ξ_1（$B_a=B_b=B_c$）

α \ β	8	9	10	11	12	13	14	15	17	19	21	23	24
10	-0.38	-0.06	0.200	0.419	0.603	0.759	0.893	1.009	1.201	1.352	1.475	1.576	1.621
11	-0.16	0.157	0.419	0.636	0.819	0.974	1.107	1.222	1.413	1.564	1.686	1.788	1.832
12	0.027	0.343	0.603	0.819	1.000	1.154	1.287	1.402	1.592	1.742	1.864	1.965	2.009
14	0.320	0.634	0.893	1.107	1.287	1.440	1.571	1.686	1.875	2.024	2.146	2.246	2.290
16	0.540	0.854	1.111	1.324	1.503	1.655	1.786	1.900	2.088	2.237	2.358	2.458	2.502
18	0.711	1.024	1.280	1.493	1.671	1.823	1.954	2.067	2.255	2.404	2.524	2.624	2.668
20	0.848	1.161	1.416	1.628	1.806	1.958	2.088	2.201	2.389	2.537	2.657	2.757	2.800
23	1.009	1.321	1.576	1.788	1.965	2.116	2.246	2.359	2.546	2.694	2.814	2.913	2.957

注　表中 $\alpha=\frac{ql^2}{M_A}$；$\beta=\frac{ql^2}{M_B}$；M_A、M_B 分别为受弯构件两端的端弯矩。

表 2.3　均布荷载挠度系数 ξ'（$B_a=0.8B_c$，$B_b=0.6B_c$）

α \ β	8	9	10	11	12	13	14	15	17	19	21	23	24
10	-0.12	-0.29	0.020	0.273	0.481	0.655	0.803	0.930	1.136	1.297	1.426	1.532	1.578
11	-0.40	-0.04	0.261	0.509	0.713	0.884	1.030	1.155	1.359	1.518	1.646	1.752	1.797
12	-0.20	0.164	0.461	0.704	0.906	1.075	1.219	1.343	1.545	1.703	1.830	1.935	1.981
14	0.124	0.480	0.771	1.010	1.207	1.374	1.516	1.638	1.838	1.994	2.120	2.224	2.269
16	0.360	0.714	1.001	1.237	1.433	1.597	1.738	1.859	2.057	2.212	2.337	2.440	2.485
18	0.542	0.894	1.179	1.413	1.607	1.770	1.910	2.030	2.227	2.382	2.506	2.609	2.654
20	0.686	1.037	1.321	1.553	1.746	1.909	2.047	2.167	2.363	2.517	2.641	2.744	2.788
23	0.855	1.204	1.486	1.717	1.909	2.071	2.209	2.328	2.523	2.676	2.800	2.902	2.946

注　表中 α 和 β 的意义同表 2.2。

表 2.4　均布荷载挠度系数 ξ''（$B_a=0.5B_c$，$B_b=0.4B_c$）

α \ β	8	9	10	11	12	13	14	15	17	19	21	23	24
10	-1.601	-0.667	-0.292	0.010	0.254	0.455	0.623	0.766	0.994	1.170	1.309	1.422	1.471
11	-1.423	-0.359	-0.002	0.287	0.523	0.718	0.881	1.020	1.243	1.415	1.552	1.663	1.712
12	-0.523	-0.114	0.232	0.513	0.742	0.933	1.093	1.229	1.449	1.618	1.753	1.863	1.911
14	-0.150	0.255	0.588	0.858	1.079	1.264	1.419	1.552	1.766	1.933	2.065	2.173	2.220
16	0.119	0.519	0.844	1.108	1.325	1.506	1.659	1.789	2.001	2.165	2.296	2.403	2.449
18	0.321	0.718	1.039	1.299	1.513	1.691	1.842	1.971	2.180	2.343	2.473	2.579	2.626
20	0.480	0.874	1.192	1.449	1.661	1.838	1.987	2.115	2.323	2.484	2.614	2.719	2.765
23	0.662	1.054	1.368	1.623	1.832	2.007	2.155	2.282	2.489	2.649	2.777	2.833	2.928

注　表中 α 和 β 的意义同表 2.2。

表 2.5　均布荷载挠度系数 ξ'''（$B_a=1.1B_c$，$B_b=1.3B_c$）

α \ β	8	9	10	11	12	13	14	15	17	19	21	23	24
10	-0.28	0.016	0.264	0.471	0.646	0.795	0.924	1.037	1.223	1.372	1.492	1.592	1.636
11	-0.07	0.228	0.475	0.681	0.856	1.005	1.134	1.246	1.433	1.580	1.701	1.800	1.844
12	0.109	0.406	0.653	0.859	1.033	1.182	1.311	1.423	1.609	1.756	1.876	1.976	2.019
14	0.392	0.689	0.936	1.141	1.315	1.463	1.591	1.703	1.888	2.035	2.155	2.254	2.298
16	0.605	0.903	1.149	1.354	1.527	1.675	1.803	1.915	2.099	2.246	2.366	2.465	2.508
18	0.772	1.070	1.316	1.521	1.694	1.842	1.969	2.080	2.265	2.411	2.530	2.629	2.672
20	0.906	1.205	1.450	1.655	1.827	1.975	2.102	2.213	2.397	2.544	2.663	2.761	2.805
21	0.964	1.262	1.508	1.712	1.885	2.032	2.160	2.271	2.454	2.601	2.720	2.818	2.861
23	1.064	1.362	1.608	1.812	1.985	2.132	2.259	2.370	2.554	2.700	2.819	2.917	2.960

注　表中 α 和 β 的意义同表 2.2。

同样对图 2.16 示在集中荷载 P 及两端嵌固弯矩的作用下的单跨梁的最大挠度为

$$f_c=\frac{1}{B_a}\left[-R_A\left(1-\frac{X_c}{l}\right)\frac{X_a^3}{3}+M_A\left(1-\frac{X_c}{l}\right)\frac{X_a^2}{2}\right]+\frac{1}{B_c}\left[R_A\left(1-\frac{X_c}{l}\right)\frac{X_a^3}{3}-M_A\left(1-\frac{X_c}{l}\right)\frac{X_a^2}{2}\right.$$
$$+\frac{R_AX_c^3}{6}-\frac{M_AX_c^2}{2}-\frac{P}{6}\frac{X_c}{l}X_p^3+PX_c\frac{X_p^2}{2}+M_AX_cX_b-R_AX_c\frac{X_b^2}{2}-\frac{M_AX_cX_b^2}{2l}+R_A\frac{X_c}{l}\frac{X_b^3}{3}$$
$$\left.+PX_c\frac{X_b^2}{2}-P\frac{X_c}{l}\frac{X_b^3}{3}-PX_cX_bX_p+PX_p\frac{X_c}{l}\frac{X_b^2}{2}\right]+\frac{1}{B_b}\left[-R_A\frac{X_c}{l}\frac{X_b^3}{3}-PX_c\frac{X_b^2}{2}\right.$$
$$+M_A\frac{X_c}{l}\frac{X_b^2}{2}+R_AX_c\frac{X_b^2}{2}+P\frac{X_cX_b^3}{3l}-M_AX_cX_b-R_AX_c\frac{l^2}{6}+PX_cX_bX_p$$
$$\left.-PX_p\frac{X_c}{l}\frac{X_b^2}{2}+M_A\frac{X_cl}{2}+PX_c\frac{l^2}{6}-PX_cX_p\frac{l}{2}\right] \tag{2.2a}$$

其中

$$R_A=\left(1-\frac{X_p}{l}\right)P+\frac{M_A-M_B}{l}$$

$$X_a = \frac{M_A}{R_A}$$

$$X_b = \frac{M_A - PX_p}{R_A - P}$$

X_c 为 f_c 所对应的位置，由 $\frac{\mathrm{d}f_c}{\mathrm{d}X_c} = 0$ 得

$$X_c^2 - \frac{2M_A}{R_A}X_c - \frac{PX_p^3}{3R_A l} + \frac{PX_p^2}{R_A} + \frac{2}{R_A}\frac{B_c}{B_b}\left[\frac{l}{2}(M_A - PX_p) + \frac{l^2}{6}(P - R_A)\right]$$

$$+ \frac{2}{R_A}\left(1 - \frac{B_c}{B_a}\right)\left(-\frac{R_A X_a^3}{3l} + \frac{M_A X_a^2}{2l}\right) + \frac{2}{R_A}\left(1 - \frac{B_c}{B_b}\right)\left(-\frac{M_A}{2l}X_b^2 + M_A X_b\right.$$

$$\left. - \frac{R_A}{2}X_b^2 + \frac{R_A}{3l}X_b^3 + \frac{P}{2}X_b^2 - \frac{P}{3l}X_b^3 - PX_b X_p + \frac{PX_p}{2l}X_b^2\right) = 0$$

可按一元二次方程求得 X_c。

表 2.6　跨中一个集中荷载挠度系数 ξ_2（$B_a = B_b = B_c$）

α \ β	5. 33	5. 5	6	6. 5	7	8	9	10	11	12	13	14	16	18	20	21
6	-0. 50	-0. 36	0. 000	0. 308	0. 573	1. 005	1. 342	1. 612	1. 833	2. 018	2. 174	2. 308	2. 526	2. 695	2. 831	2. 889
7	0. 076	0. 213	0. 573	0. 880	1. 143	1. 572	1. 907	2. 176	2. 396	2. 580	2. 735	2. 869	3. 086	3. 254	3. 390	3. 448
8	0. 510	0. 647	1. 006	1. 310	1. 572	2. 000	2. 334	2. 602	2. 821	3. 004	3. 159	3. 292	3. 508	3. 677	3. 811	3. 869
9	0. 849	0. 985	1. 343	1. 646	1. 908	2. 334	2. 667	2. 934	3. 152	3. 335	3. 490	3. 622	3. 838	4. 006	4. 141	4. 198
10	1. 120	1. 256	1. 613	1. 915	2. 176	2. 602	2. 934	3. 200	3. 418	3. 601	3. 755	3. 887	4. 103	4. 270	4. 405	4. 462
11	1. 342	1. 478	1. 834	2. 136	2. 396	2. 821	3. 152	3. 418	3. 636	3. 818	3. 972	4. 105	4. 320	4. 487	4. 621	4. 679
12	1. 527	1. 662	2. 019	2. 320	2. 580	3. 004	3. 335	3. 601	3. 818	4. 000	4. 154	4. 286	4. 501	4. 668	4. 802	4. 859
13	1. 684	1. 819	2. 175	2. 476	2. 736	3. 159	3. 490	3. 755	3. 972	4. 154	4. 308	4. 440	4. 654	4. 821	4. 955	5. 013
14	1. 818	1. 953	2. 310	2. 609	2. 869	3. 292	3. 622	3. 887	4. 105	4. 282	4. 440	4. 571	4. 786	4. 953	5. 087	5. 144
16	2. 036	2. 171	2. 528	2. 827	3. 086	3. 508	3. 838	4. 103	4. 320	4. 501	4. 654	4. 786	5. 000	5. 167	5. 300	5. 358
18	2. 206	2. 341	2. 697	2. 996	3. 255	3. 677	4. 006	4. 271	4. 487	4. 668	4. 821	4. 953	5. 167	5. 333	5. 467	5. 524
20	2. 342	2. 477	2. 833	3. 131	3. 391	3. 812	4. 141	4. 405	4. 621	4. 802	4. 955	5. 087	5. 300	5. 467	5. 600	5. 657
21	2. 401	2. 535	2. 889	3. 189	3. 448	3. 869	4. 198	4. 462	4. 679	4. 859	5. 013	5. 144	5. 358	5. 524	5. 657	5. 714

注　表中 $\alpha = \frac{Pl}{M_A}$；$\beta = \frac{Pl}{M_B}$；M_A、M_B 分别为受弯构件两端的端弯矩。

式（2.2a）中，当 $B_a = B_b = B_c = B$ 时，即退化为文献［17］中给出等刚度梁的挠度计算公式。

文献［17］中，当跨中一个集中荷载为

$$f_{c\max} = -\frac{\xi_2 P l^3}{384B} \tag{2.2b}$$

式中：P 为作用于跨中的集中荷载；B 为梁的刚度；ξ_2 为相应的挠度系数。

将式（2.2a）计算结果变换成式（2.2b）的形式（取 $\xi_2 = f_c \times 384 \times B_c / PL^3$），并将 $B_a = B_b = B_c$ 时的计算结果列于表 2.6 中［其计算结果与式（2.2b）完全吻合］。对其他形式的跨中荷载，可按等刚度梁的挠度相等的原则等效为均布或集中荷载，再按上述方法近似求得跨中最大挠度。

由表 2.2～表 2.5 可见，均布荷载作用下，当两端嵌固弯矩 $M_A = M_B \leqslant qL^2/16$ 且 $B_a = B_b \geqslant 0.5B_c$ 时，梁的三段等刚度区的刚度不等（$B_a \neq B_b \neq B_c$）时与梁全跨刚度相等（$B_a = B_b = B_c$）时的计算误差一般不超过 5%，可近似按梁全跨刚度相等时的梁计算公式（2.1b）计算或查表 2.2，否则应按式（2.1a）计算两端有嵌固弯矩时梁的挠度。集中荷载作用下可按式（2.26）计算或查表 2.6。

3.2　算例

由表 2.2～表 2.5 知，两端嵌固弯矩越大，梁的挠度越小，所以不能按弯矩包络图来计算梁的挠度，而应选取其中一种工况或某几种工况的不利组合来计算梁的挠度。

【算例 2.1】　竖向均布荷载作用下梁的最大挠度计算。

计算条件：连续梁或框架梁的支座弯矩 $M_A = M_B = qL^2/16$，梁的受荷面按 6m 考虑，荷载短期效应组合 $q_s = 6 \times 8 = 48\mathrm{kN/m^2}$，荷载长期效应组合 $q_l = 6 \times 7 = 42\mathrm{kN/m^2}$，梁的自重不计。梁的支座和跨中的配筋均按 1.50% 的配筋率配置，梁的刚度按规范[9]公式计算（不计受压区钢筋对刚度的贡献）。则梁的跨度分别为 6m、9m、12m、15m、18m 和 21m，跨高比为 15 和 18 时，由式（2.1a）计算出的梁的最大挠度列于表 2.7 中。

表 2.7　梁 的 最 大 挠 度

梁跨（m）	截面尺寸 $b \times h_0$（mm × mm）	跨高比 L/h	荷载短期效应组合		荷载长期效应组合		最大裂缝宽度（mm）
			$f_{s\max}$（mm）	$f_{s\max}/L$	$f_{l\max}$（mm）	$f_{l\max}/L$	
6	250 × 365	15	18. 2	1/329	29. 9	1/201	0. 289
6	250 × 300	18	32. 9	1/182	54. 0	1/111	0. 434
9	250 × 565	15	24. 8	1/363	40. 7	1/221	0. 265
9	250 × 465	18	44. 7	1/201	73. 4	1/123	0. 398
12	300 × 765	15	26. 0	1/462	42. 6	1/282	0. 207
12	300 × 630	18	47. 4	1/253	77. 7	1/154	0. 318
15	300 × 965	15	31. 6	1/475	51. 8	1/290	0. 202
15	250 × 800	18	67. 7	1/221	111. 2	1/135	0. 367
15	300 × 800	18	56. 5	1/265	92. 6	1/162	0. 306
18	350 × 1130	15	34. 7	1/519	56. 9	1/316	0. 179
18	350 × 965	18	56. 9	1/316	93. 4	1/193	0. 256
18	400 × 965	18	49. 4	1/365	81. 0	1/222	0. 221
21	350 × 1330	15	39. 3	1/534	64. 6	1/325	0. 175
21	400 × 1080	18	65. 5	1/320	107. 7	1/195	0. 242

【算例 2.2】　框架结构竖向均布荷载和水平荷载组合（即两端端弯矩不等时）梁的最大挠度计算。

计算条件：框架梁的支座弯矩 $M_A = qL^2/16 - qL^2/18, M_B = qL^2/16 + qL^2/18$，其他条件同算例2.1。则梁的跨度分别为6m、9m、12m、15m、18m 和21m，跨高比为18时，由式（2.1*a*）计算出的梁的最大挠度列于表2.8中。

表2.8　梁的最大挠度

梁跨（m）	截面尺寸 $b \times h_0$（mm×mm）	跨高比 L/h	荷载短期效应组合的最大挠度		荷载长期效应组合最大挠度	
			f_s（mm）	f_s/L	f_l（mm）	f_l/L
6	250×300	18	33.9	1/177	55.7	1/108
9	250×465	18	46.1	1/195	75.7	1/119
12	300×630	18	48.9	1/246	80.2	1/150
15	300×800	18	58.3	1/257	95.6	1/157
18	350×965	18	58.7	1/306	96.3	1/187
21	350×1080	18	77.9	1/269	128	1/164

【算例2.3】　现浇楼盖梁板共同工作对梁变形的有利影响。

对于现浇楼盖，为考虑梁板共同工作对梁刚度的提高，计算梁的刚度时，可将跨中截面按T形截面考虑，两端负弯矩区仍按矩形截面考虑，刚度按规范[9]公式计算（不计受压区钢筋对刚度贡献且取 $b'_f = b + 12h'_f$），其他条件同算例2.1。则梁跨度分别为6m、9m、12m、15m、18m和21m，跨高比为18，$h'_f = 100$mm时，梁的最大挠度计算结果列于表2.9中。

表2.9　梁的最大挠度

梁跨（m）	截面尺寸 $b \times h_0$（mm×mm）	跨高比 L/h	荷载短期效应组合的最大挠度		荷载长期效应组合最大挠度	
			f_s（mm）	f_s/L	f_l（mm）	f_l/L
6	250×300	18	25.0	1/240	41.1	1/146
6	300×300	18	21.28	1/282	34.9	1/172
9	300×465	18	27.7	1/325	45.4	1/198
12	300×630	18	35.7	1/336	58.6	1/205
15	350×800	18	37.8	1/397	62.1	1/242
18	350×965	18	45.6	1/395	74.8	1/241
21	400×1080	18	54.0	1/388	88.6	1/237

由表2.7～表2.9可知：

（1）当按矩形截面计算且梁的高度为跨度的1/15时，均布荷载作用下，梁的挠度通常均能满足规范要求。

（2）对钢筋混凝土现浇楼盖，考虑梁板共同工作对梁变形的有利影响时，梁的高度为跨度的1/18时，均布荷载作用下，梁的挠度一般不能满足规范的要求，但如考虑施工支模时，起拱跨度的1/1000来抵消荷载作用下的变形时，正常使用极限状态下梁的挠度也可满足规范的要求。

由此可见，对于连续梁和框架梁，原《钢筋混凝土高层建筑结构设计与施工规程》（JGJ 3—91）规定的主梁高度为跨度的1/12～1/8的要求可放松。当然，由于梁截面的高度减小了，还应进一步验算梁的剪跨比、正截面和斜截面强度以及正常使用极限状态下的裂缝宽度等是否满足规范要求，这些内容可参考有关文献。

3.3　钢筋混凝土梁最大挠度控制的允许跨高比估算公式

前述计算方法适用于施工图阶段梁挠度计算。在方案和初步设计阶段，如凭经验选取梁的截面尺寸，随机性较大，对于缺乏经验的设计者可能造成截面过大而不经济或截面偏小而需重新选取梁的截面。因此还需寻找一种适用于方案阶段确定梁允许跨高比的方法。

文献［39］给出了钢筋混凝土梁最大挠度控制的允许跨高比：

$$\frac{l}{h_0} = K_1 K_2 \sqrt[3]{\left\{\left[\frac{\Delta}{l}\right]\frac{\gamma b_{ef} E_c}{q_k + \lambda g_k}\right\}} \tag{2.3a}$$

其中

$$\lambda = 2 - 1.2 \times \frac{A'_s}{A_s} \geqslant 0.6 \tag{2.3b}$$

式中：b_{ef}为跨中受压区有效宽度；K_1 为边界条件系数[39]（两端简支受弯构件 $K_1 = 1.0$；悬臂受弯构件 $K_1 = 0.3$；连续受弯构件的边跨 $K_1 = 1.3$、内跨 $K_1 = 1.5$）；K_2 为截面形式系数（按矩形截面计算时 $K_2 = 1.0$；按T形截面计算且腹板宽度 $b_w < 0.3b'_f$ 时，$K_2 = 0.8$；T形截面当 $b_w \geqslant 0.3b'_f$ 时，K_2 按 b_w 与翼缘宽度 b'_f 之间比值在0.8～1.0之间线性内插）；$\left[\frac{\Delta}{l}\right]$为受弯构件允许挠度与跨度之比，可由混凝土规范查取；γ 为配筋系数［当 $\alpha_E\rho \leqslant 0.045$ 时，$\gamma = 1/(7\alpha_E\rho)$，且当 $\gamma > 5.0$ 时取 $\gamma = 5.0$；当 $\alpha_E\rho > 0.045$ 时，$\gamma = 15\sqrt{\alpha_E\rho}$，且当 $\gamma > 8.0$ 时取 $\gamma = 8.0$］；α_E 为钢筋弹性模量 E_s 和混凝土弹性模量 E_c 的比值；g_k、q_k 分别为恒载及活载的标准值；λ 为长期荷载作用时挠度增加系数，可按ACI给出的经验公式计算[39]，见式（2.3*b*）；A_s、A'_s 分别为跨中截面受拉区和受压区的钢筋面积。

式（2.3*a*）考虑了材料的非线性性能，包括开裂、拉伸刚化效应、徐变、收缩等因素，对工程中常遇的多种受弯构件都能适用。但式（2.3*a*）是根据等刚度梁的挠度计算公式［即下述式（2.3*b*）］推导出来的，而且短期荷载作用下的刚度计算公式、钢筋和混凝土的设计强度取值等均与我国现行的《混凝土结构设计规范》[9]不一致，因此式（2.3*a*）中的相关系数要作相应的修正。

（1）边界条件系数 K_1 的修正。均布荷载作用下，两端有嵌固弯矩时梁的等刚度挠度计算公式为[39]

$$f_{cmax} = -\frac{5ql^4}{384B}\left(1 - 0.6 \times \frac{M_A + M_B}{M_0}\right) \tag{2.3c}$$

式中：M_A、M_B 分别为梁两端的嵌固弯矩；M_0 为梁两端简支时跨中弯矩。

对等刚度梁，当 $\alpha \geqslant 10$ 且 $\beta \geqslant 10$ 时式（2.1*a*）与（2.3*c*）的误差不超过2%，当两端嵌固弯矩及各段的刚度相差较大时，误差较大。为精确考虑两端嵌固弯矩对梁变形的影响，可根据式（2.1*a*），对边界条件系数 K_1 作相应的修正，而取 $K_1 = \sqrt[3]{5/\xi_i}$，ξ_i 由前述表2.2～表2.6查取。

（2）配筋系数 γ 的修正。设受弯构件短期荷载作用下的有效惯性矩 $I_e = Kbh_0^3$，b 为矩形截面的宽度；h_0 为截面有效高度，K 为待定系数。则由文献［39］，配筋系数 $\gamma = 384K/5$。

现行的《混凝土结构设计规范》[9]给出的筋混凝土受弯构件短期荷载作用下的刚度计算公式为

$$B_s = E_c I_e = \frac{E_s A_s h_0^2}{1.15\psi + 0.2 + \dfrac{6\alpha_E \rho}{1 + 3.5\gamma'_f}} = \frac{E_c \dfrac{E_s}{E_c} \dfrac{A_s}{bh_0}}{1.15\psi + 0.2 + \dfrac{6\alpha_E \rho}{1 + 3.5\gamma'_f}} bh_0^3 = E_c K b h_0^3 \quad (2.4)$$

即

$$K = \frac{\dfrac{E_s}{E_c} \dfrac{A_s}{bh_0}}{1.15\psi + 0.2 + \dfrac{6\alpha_E \rho}{1 + 3.5\gamma_f}} = \frac{\alpha_E \rho}{1.15\left(1.1 - \dfrac{0.65 f_{tk}}{\rho_{te}\sigma_{ss}}\right) + 0.2 + \dfrac{6\alpha_E \rho}{1 + 3.5\gamma_f}}$$

参照文献［39］的方法，取 $h_0 = 0.9h$，$\sigma_{ss} = 0.6f_y$，$\rho_{te} = 1.8\rho$，则当配筋率 ρ 在 0.3% ~ 3.5%，混凝土为 C20 ~ C40 之间变化时，矩形截面梁的配筋系数 γ 可修正为

当 $\alpha_E\rho \leqslant 0.040$ 时，$\gamma = 1/(9\alpha_E\rho)$，且当 $\gamma > 5.0$ 时取 $\gamma = 5.0$；

当 $\alpha_E\rho > 0.040$ 时，$\gamma = 14\sqrt{\alpha_E\rho}$，且当 $\gamma > 8.0$ 时取 $\gamma = 8.0$。

由于式（2.3a）只考虑均布荷载作用，对于跨中集中荷载，可根据最大挠度相等的原则等效为跨中均布荷载。

【算例 2.4】 竖向均布荷载作用下梁的最大挠度控制的允许跨高比计算。

计算条件同算例 2.1 即梁支座弯矩 $M_A = M_B = qL^2/16$，$\alpha = \beta = 16$，$\xi = 2.0$，$K_1 = \sqrt[3]{5/\xi} = 1.357$，$K_2 = 1.0$，梁的恒载标准值 $g_k = 36\text{kN/m}^2$，活载的标准值 $q_k = 12\text{kN/m}^2$。梁的支座和跨中的受拉钢筋均按 1.50% 的配筋率配置，混凝土为 C20，$E_c = 2.55 \times 10^4$，$\alpha_E\rho = 0.11765$，因而 $\gamma = 14\sqrt{\alpha_E\rho} = 4.802$。

当梁的跨度 $L = 6\text{m}$，梁宽 $b = 250\text{mm}$，允许挠度与跨度之比 1/200，跨中截面 $A'_s/A_s = 0.3$ 时，$\lambda = \left[2 - 1.2(A'_s/A_s)\right] = 1.64$，则由式（2.3$a$），有

$$\frac{L}{h_0} = K_1 K_2 \sqrt[3]{\left\{\left[\frac{\Delta}{l}\right]\frac{\gamma b_{ef} E_c}{q_k + \lambda g_k}\right\}} = 17.53$$

取 $h_0 = 0.9h$，则梁挠度控制的允许跨高比 $\dfrac{L}{h} = 17.53 \times 0.9 = 15.7$，即 $h = 382\text{mm}$［实际工程中一般梁高要取整而取 $h = 400$，此处仅为分析对比式（2.3a）的计算精度，下同］，取 $h_0 = 347\text{mm}$，由《混凝土结构设计规范》[9]计算荷载短期效应组合并考虑荷载长期效应组合影响的梁刚度，再由式（2.1a）求得荷载长期效应组合下的梁的挠度 $f_L = 30.4\text{mm}$，$f_L/L = 1/197$，与允许挠度与跨度之比 1/200 十分接近。

计算条件变化时，按前述方法计算的结果列于表 2.10 中。

由表 2.10 可见，当梁受拉钢筋 A_s 配筋率较小、梁宽较窄时，根据式（2.3a）求得的 L/h_0 偏大些，由此而确定的梁的截面高度偏小些，但由于实际工程中一般梁高要取整且可考虑施工支模起拱等有利因素，所以实际设计时按式（2.3a）来估算截面尺寸完全能符合规范规定的挠度控制要求。式（2.3a）可以作为估算截面尺寸的设计参考依据。

表 2.10　　不同计算条件下的计算结果

梁跨（m）	受拉钢筋 A_s 配筋率（%）	$\dfrac{A'_s}{A_s}$	$\left[\dfrac{\Delta}{L}\right]$	由式（2.3a）求得 $\dfrac{L}{h_0}$	$\dfrac{L}{h}$	截面尺寸 $b \times h$（mm × mm）	由式（2.1a）求得 $\dfrac{f_L}{L}$
6	1.5	0.3	1/200	17.53	15.7	250 × 382	1/197
6	1.5	0	1/200	16.6	15.0	250 × 397	1/196
6	0.8	0	1/200	14.94	13.4	250 × 446	1/186
9	1.5	0.3	1/250	16.28	14.65	250 × 614	1/274
9	1.5	0	1/250	15.4	13.85	250 × 650	1/288
9	0.8	0	1/250	13.86	12.47	250 × 721	1/261
21	1.5	0.3	1/300	17.13	15.4	350 × 1362	1/340
21	1.5	0	1/300	16.2	14.6	350 × 1438	1/355
21	0.8	0	1/300	14.6	13.1	350 × 1603	1/327

【实例 2.3】 北京总参某休干处汽修站附属用房为 6m × 6m 柱网的单层框架结构，一层顶板板跨 6m × 6m，板厚 150mm。梁恒载标准值 $g_k = 48.85\text{kN/m}^2$，活载标准值 $q_k = 3.92\text{kN/m}^2$。取梁支座弯矩 $M_A = M_B = qL^2/16$，$\alpha = \beta = 16$，$\xi = 2.0$，$K_1 = \sqrt[3]{5/\xi} = 1.357$，$K_2 = 1.0$，梁的支座和跨中的受拉钢筋均按 0.80% 的配筋率配置，混凝土为 C20，$E_c = 2.55 \times 10^4$，$\alpha_E\rho = 0.06272$，因而 $\gamma = 14\sqrt{\alpha_E\rho} = 3.506$。梁跨度 $L = 6\text{m}$，梁宽 $b = 300\text{mm}$，允许挠度与跨度之比 1/200，跨中截面 $A'_s/A_s = 0.3$，$\lambda = \left[2 - 1.2(A'_s/A_s)\right] = 1.64$，则由式（2.3$a$），有

$$\frac{L}{h_0} = K_1 K_2 \sqrt[3]{\left\{\left[\frac{\Delta}{l}\right]\frac{\gamma b_{ef} E_c}{q_k + \lambda g_k}\right\}} = 15.8$$

取 $h_0 = 0.9h$，则梁挠度控制的允许跨高比 $L/h = 15.8 \times 0.9 = 14.2$，即 $h = 422\text{mm}$，为方便梁支模板，实际工程设计时，取梁的截面尺寸为 $b \times h = 300\text{mm} \times 450\text{mm}$。该工程已于 2000 年正式投入使用，至今使用良好。

3.4　位移控制的板允许跨厚比

现浇楼盖中，板的混凝土用量约占整个楼盖的 50% ~ 60%，板厚的取值对楼盖的经济性和自重的影响较大，在满足板的刚度和构造要求的前提下，应尽量采用较薄的板厚。随着住宅商品化进程的发展和用户对空间灵活分隔要求的增加，建筑设计趋向于大开间、大进深，因此楼板的尺度与荷载都比过去增大，楼盖结构设计除满足承载能力极限状态的要求外，满足正常使用极限状态的要求也不容忽视，所以研究钢筋混凝土双向板的合理跨厚比有其实际意义。钢筋混凝土双向板的合理跨度比问题的实质是挠度的计算问题。由于双向板的长短向跨度比、边界支承条件、荷载及材料均对变形有影响，因而传统习惯上简单地将简支双向板板厚取（1/35 ~ 1/30）L，连续双向板板厚取（1/45 ~ 1/40）L，显得过于粗糙，既有可能板厚过薄，不能满足变形控制条件，也有可能板厚过大，增加材料消耗。所以，在满足强度与变形控制条件下，合理选定双向板的跨厚比，既能保证结构的安全可靠，又具有现实的经济意义。但是挠度计算十分繁琐，况且现行规范给出的受弯构件刚度是与多种变量有关的可变值，在满足强度与变形要

求的条件下，本身也还具有优化问题。文献［27］给出了一种方便、快捷的复核及计算方法，见下述表 2.11。表 2.11 中的 B1 ~ B9 如图 2.17 所示。

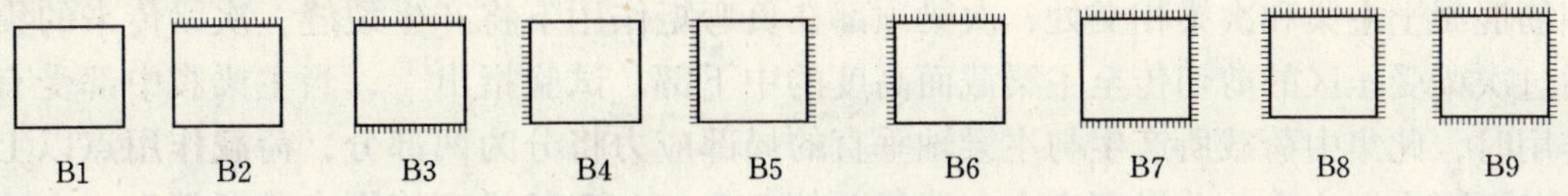

图 2.17　B1 ~ B9 简图

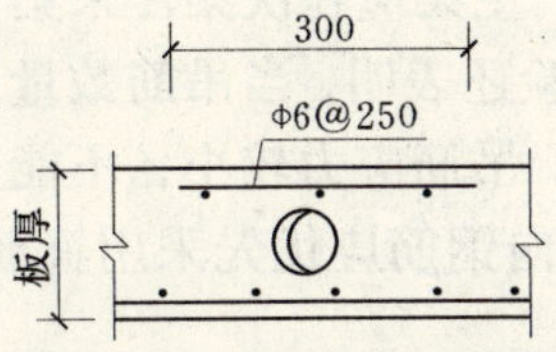

图 2.18　管交叉处防裂配筋

双向板的最小厚度为 80mm，目前民用建筑的板厚当短跨≤4m 时，考虑到内埋机电暗管时，为了满足管外径不得大于板厚的 1/3 这一要求而取板厚≥100mm。如单根机电暗管的外径较大，按这一要求取值是必须的，但如是为了在管子交叉处满足外径不大于板厚的 1/3 而加大板厚则是完全没有必要的，在管子交叉处采取相应的加强措施（见图 2.18）比简单地加大板厚更经济些。20 世纪 60 年代建设的某宾馆西客房楼 3.9m×5.4m 板的板厚为 90mm，配筋：底筋为Φ6@200，支座负筋为Φ8@150 ~ 200；总参某工程 3.9m×4.5m 板的板厚为 80mm，配筋：底筋为Φ6@200，支座负筋为Φ8@200。说明双向板 80mm 最小厚度是有保证的。

表 2.11　钢筋混凝土板允许跨厚比 l_1/h_0

板号	l_1/l_2（短跨/长跨）													
	<0.5（单向板）			0.50	0.55	0.60	0.65	0.70	0.75	0.80	0.85	0.90	0.95	1.00
B1	左端弯矩系数	l_1/h_0	右端弯矩系数	35.2 (32.7)	36.0 (33.5)	37.0 (34.4)	38.1 (35.4)	39.3 (36.5)	40.5 (37.6)	41.8 (38.9)	43.2 (40.1)	44.6 (41.5)	46.1 (42.9)	47.7 (44.4)
B2				36.1 (33.6)	37.3 (34.7)	38.7 (36.0)	40.1 (37.3)	41.8 (38.8)	43.5 (40.4)	45.3 (42.2)	47.3 (43.9)	49.3 (45.8)	51.4 (47.8)	53.7 (49.9)
B3	0	32.4 (30.1)	0	37.4 (34.8)	39.0 (36.3)	40.9 (38.0)	42.9 (39.8)	45.1 (41.9)	47.4 (44.1)	49.9 (46.4)	52.6 (48.9)	55.4 (51.5)	58.3 (54.2)	61.2 (56.9)
B4	1/8	43.3 (40.3)	0	44.4 (41.3)	44.7 (41.6)	45.4 (42.2)	46.1 (42.9)	47.1 (43.8)	48.0 (44.6)	49.0 (45.5)	50.0 (46.5)	51.2 (47.6)	52.4 (48.7)	53.7 (49.9)
B5	1/12	55.3 (51.4)	1/12	55.3 (51.4)	55.4 (51.5)	55.7 (51.8)	56.1 (52.1)	56.6 (52.6)	57.2 (53.1)	57.8 (53.8)	58.5 (54.4)	59.4 (55.2)	60.3 (56.1)	61.2 (56.9)
B6	1/11	39.0 (36.3)	0	45.4 (42.2)	46.0 (42.7)	46.8 (43.6)	48.0 (44.6)	49.3 (45.8)	50.6 (47.1)	52.0 (48.4)	53.6 (49.9)	55.3 (51.4)	57.1 (53.1)	59.0 (54.8)
B7	1/14	37.1 (34.5)	0	45.7 (42.5)	46.6 (43.3)	47.8 (44.5)	49.4 (46.0)	51.3 (47.7)	53.1 (49.4)	55.2 (51.3)	57.4 (53.4)	59.8 (55.6)	62.4 (58.0)	65.1 (60.5)
B8	1/11	50.4 (46.8)	1/16	55.5 (51.6)	55.7 (51.8)	56.2 (52.2)	56.9 (52.9)	57.8 (53.7)	58.6 (54.5)	59.6 (55.4)	60.8 (56.5)	62.1 (57.7)	63.5 (59.1)	65.1 (60.5)
B9	1/16	43.9 (40.8)	1/16	55.9 (51.9)	56.4 (52.4)	57.2 (53.1)	58.2 (54.1)	59.4 (55.2)	60.7 (56.4)	62.3 (58.0)	64.0 (59.5)	66.1 (61.4)	68.1 (63.3)	70.3 (65.3)

注　1. 表中无括号者为 HPB235 级钢、带括号者为 HRB335 级钢的跨厚比值。
2. 当变形控制条件［f_1/l_1］= 1/250 时，表中跨厚比则乘以 0.928，当［f_l/l_1］= 1/300 时，则乘以 0.874。
3. 当荷载短期效应组合 q_s 与 6kN/m² 相差较大时则应乘以修正系数 $1.82/\sqrt[3]{q_s}$（q_s 单位：kN/m²）。
4. 当 $\psi_q \neq 0.4$ 或 p/q_s 与 0.25 相差较大时，则乘以修正系数 $1.23/\sqrt[3]{2-(1-\psi_q)\ p/q_s}$。
5. 考虑含钢率不同对跨厚比的影响，需乘以表 2.12 查得的相应的修正系数 η。
6. 表中 l_1/l_2 <0.5 栏，系按单向板两端取表中所示的弯矩值求得的最大跨中挠度编制，与图 2.17 所示简图无对应关系。

表 2.12　含钢率影响修正系数 η

η		含钢率 ρ（%）											
		0.30	0.40	0.50	0.60	0.70	0.80	0.90	1.00	1.20	1.40	1.60	1.80
HPB 235 级钢	C20	0.93	1.00	1.03	1.04	1.06	1.08	1.09	1.11	1.14	1.17	1.20	1.22
	C25	0.93	1.01	1.07	1.08	1.09	1.11	1.12	1.14	1.17	1.20	1.22	1.24
	C30	0.94	1.01	1.07	1.12	1.13	1.14	1.15	1.16	1.19	1.21	1.24	1.26
HRB 335 级钢	C20	0.98	1.00	1.02	1.05	1.08	1.11	1.13	1.15	1.20	1.23	1.26	1.29
	C25	0.99	1.04	1.05	1.08	1.10	1.13	1.15	1.17	1.21	1.25	1.28	1.31
	C30	0.99	1.08	1.09	1.10	1.12	1.15	1.17	1.19	1.23	1.26	1.30	1.32

第 4 节　钢筋混凝土结构的间接传力作用

4.1　问题的提出

目前我国工程界钢筋的搭接和锚固做法较单一，对于搭接接头一般均要求搭接钢筋绑扎在一起，对于框架和连续梁底部正筋，通常均要求在支座内锚固，较少采用在支座外的搭接接头。由于混凝土结构中的受力钢筋，除少量以盘圆形式供货外，大多以一定长度（9 ~ 12m）的直条方式供货，如果钢筋接头位置限制得过于严格，则就有可能产生加工余料过多的问题，钢筋加工损耗量较大。此外，接头位置集中在支座，容易造成因梁底支座处纵筋过于密集而影响混凝土的浇筑质量。产生这一现状的主要原因是，工程技术人员凭直观感觉，以为只有钢筋伸入支座，才能将梁上的荷载传到支座上；只有将要搭接的两根钢筋在接头处绑扎在一起，才能顺利实现被连接钢筋之间的内力传递和过渡。也正是基于这种传力观念，对于主次梁结构，认为只有将次梁的支座负筋和跨中纵筋均放置在相应的主梁纵筋之上才能将次梁的支座反力传递到主梁上，最典型的实例是在悬臂梁外侧设置边梁时，必须配置图 2.19（a）所示②号钢筋将边梁“兜”起来，才能将边梁的支座反力传至悬臂梁。自北京市建筑设计研究院 1992 年的技术措施中给出图 2.19（b）的做法以后，不便于施工的图 2.19（a）所示做法已逐渐被淘汰。说明边梁（次梁）与悬臂梁（主梁）之间主要靠剪切作用传递反力，而不是靠主筋的束缚作用。《北京市建筑设计技术细则：结构专业》[15] 中给出了英国规范中的梁纵筋布置示意图，该图中次梁上部钢筋位于主梁上部纵筋的下面，与国内常见的次梁上部钢筋位于主梁上部纵筋上面的做法正相反，见图 2.20。说明次梁与主梁之间的反力传递途径并不是靠次梁纵筋与主梁纵

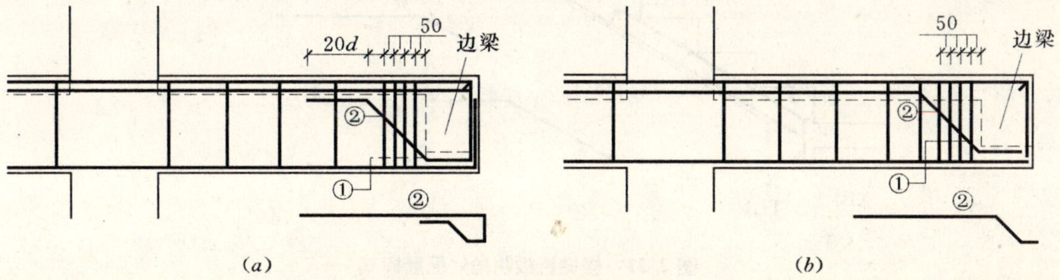

图 2.19　悬臂梁端部配筋模式

筋之间的相对支承关系来实现的，而是靠剪切、弯曲等间接传力作用实现的。此外，工程实践中，受弯构件在跨中100%搭接的做法也是经常有的，最典型的是图2.21所示的楼梯，在阴角A处，如果板底钢筋①不断开，则钢筋的合力R（见图2.21右下示意图）将有可能将A点处的混凝土挤出而开裂，所以工程中常将板底受力筋①在A点处断开，详见图2.21。既然楼梯折板板底受力钢筋可以在跨中100%搭接，常规的梁底、板底纵筋照理也完全可以在跨中搭接，但这种做法目前国内很少采用，少量工程中使用时，有时却引起较大的争议，尤其是在施工现场，设计、监理、质检站在不少场合各方意见还较难取得一致。所以，对这一问题作深入的探讨，有一定的现实意义。本章所指的间接传力作用，除通常所说的钢筋混凝土主梁与次梁之间是间接支承作用外，还包括钢筋在混凝土中的应力传递。

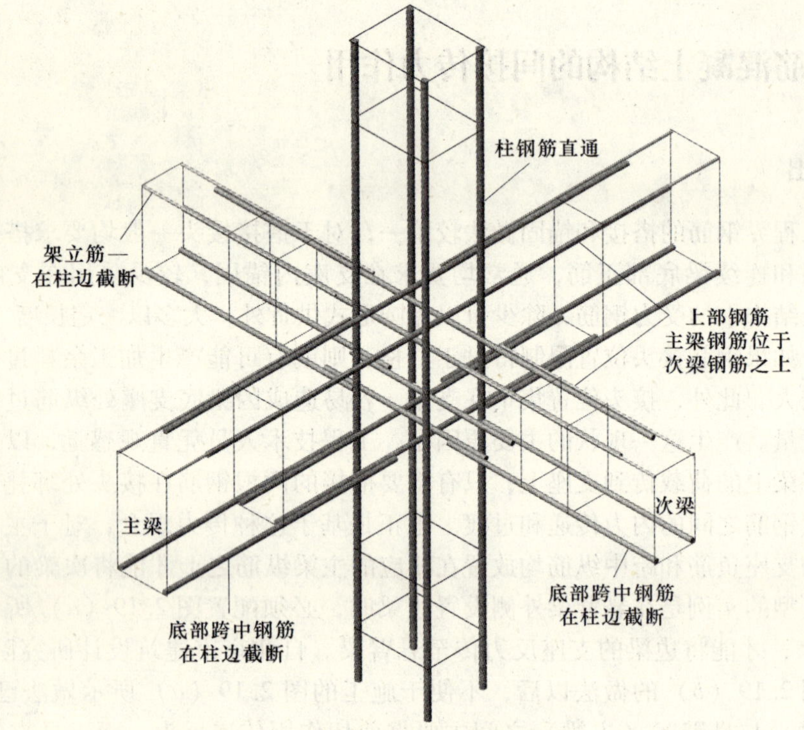

图2.20 梁纵筋布置示意图

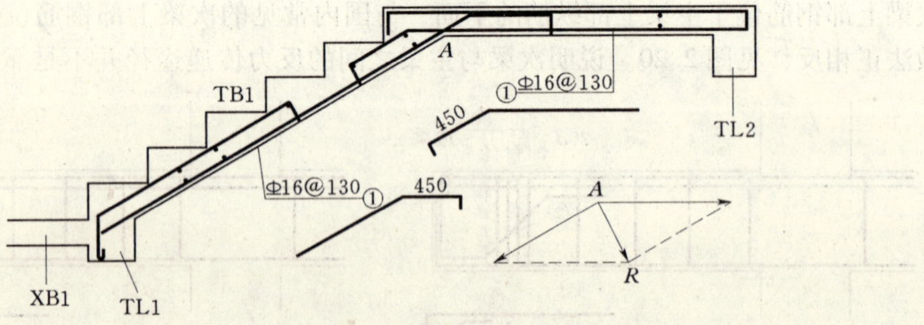

图2.21 楼梯折板阴角处配筋模式

4.2 钢筋混凝土主梁和次梁相交处配筋构造分析

钢筋混凝土主梁和次梁相交处，次梁顶部在负弯矩作用下将产生裂缝，次梁传来的集中荷载将通过次梁受压区的剪切传至主梁截面高度的中下部。试验指出[1]，当主梁腹中部受有集中荷载作用时，此集中荷载所产生与主梁轴垂直的局部应力将分为两部分，荷载作用点以上为拉应力，以下则为压应力，此局部应力在荷载两侧0.5～0.65倍梁高范围内逐渐消失。由这项局部应力产生的主拉应力在主梁腹部可能产生斜裂缝［见图2.22（*c*）］，这已为在梁腹中部挑出牛腿进行加载试验所证实[1]。为了防止斜裂缝的发生而引起局部破坏，主梁应在次梁传来集中力的部位设置附加横向钢筋，附加横向钢筋的形式有箍筋和吊筋。试验还表明，当吊筋数量足够，在主次梁交点两侧1/2梁高范围内吊筋应力较大，在此范围以外，吊筋应力较小，不能充分发挥作用，故吊筋应分布在一定的范围内。混凝土规范明确附加横向钢筋应优先采用箍筋，工程实践中常按以下原则选用附加横向钢筋：

（1）次梁在主梁上部或集中荷载较小时，一般在次梁每侧配置2～3根附加箍筋。

（2）在整体式梁板结构中，当次梁位于主梁下部时可增设吊筋，当梁中预埋钢管或螺栓传递集中荷载时，也应配置吊筋。

在实际工程往往存在以下误区或值得探讨之处：

（1）吊筋位置不当。也许是吊筋名称的误导，不少设计将吊筋设次梁的下边缘［见图2.22（*b*）］，而实际上主次梁相交处，次梁传来的集中荷载将使主梁下部混凝土产生八字形斜裂缝［见图2.22（*c*）］，设置吊筋是为了抗剪和防止主梁下部混凝土产生八字形斜裂缝，而不是将次梁“吊”起来，所以吊筋不同于预制构件的吊钩，否则，吊筋与梁轴线的夹角α应取90°而不是45°或60°，也不可能采取在梁两侧仅配置附加箍筋的做法，而这一做法是规范优先采用的，表明主梁与次梁之间是间接支承作用。

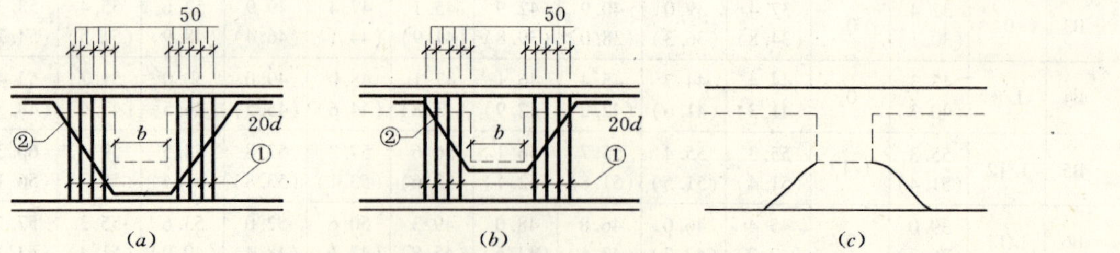

图2.22 主梁和次梁相交处斜裂缝分布及防裂配筋模式

（2）当集中荷载作用于主梁截面高度范围之外时，如梁上托柱、基础梁与柱交接处等，根据上述讨论，就不存在在梁腹部产生主拉应力的条件了，因而就不必配置附加横向钢筋了。这种情况相当于吊车荷载作用于吊车梁，只要配足抗剪钢筋就行了。由于一些构造手册、参考书等要求配置吊筋，所以工程中基础梁与柱交接处配置吊筋的实例仍较多，这不仅浪费了钢材，而且也增加了绑扎钢筋的难度和工作量。

（3）在主梁的次梁横截面宽度区域内是否需要配置主梁正常箍筋或加密区箍筋？即在与次梁相交接的区域内主梁还需要配置箍筋吗？作者以为该区域不需要配置箍筋，因为前述试验结果表明，该区域不出现剪切斜裂缝，出现斜裂缝的区域转移到次梁两侧0.5～0.65倍梁高范围内［见图 2.22（c）］，所以可不必配箍筋，此外在该范围配箍筋施工较麻烦。国家标准图集 03G101—1 第 65 页中要求在该范围内配置主梁正常箍筋或加密区箍筋，笔者以为对于次梁截面高度与主梁截面高度相差不大且梁顶标高相同时，因为次梁对主梁的约束作用较大可不必配置主梁正常箍筋；而当次梁截面高度较小而主梁截面高度较大或梁上托柱时，应配置主梁正常箍筋，因为此时次梁（或梁上柱）对主梁没有约束作用或约束作用较小。

4.3 钢筋混凝土结构的间接传力机制

前述钢筋混凝土次梁和主梁相交处，在次梁顶部作用有一负弯矩，次梁传至主梁的集中荷载则通过次梁受压区的剪切传至主梁截面高度的中下部，这是一种典型的间接传力作用。《建筑抗震设计规范》第 3.5.2 条“结构体系应具有明确的计算简图和合理的地震作用传递途径”。同样，要使作用于钢筋混凝土受弯构件上的竖向荷载能向支座传递，必须具备三个条件：一是在构件与支座交接处，必须有相应的传力机制，将荷载传至支座；二是在跨中相邻截面之间也应具备互相传递荷载的机制，由于跨中不同位置的内力通常是各不相同的，要将荷载向支座传递，只有相邻截面之间的具备互相传递内力机制，才能保证传力途径不间断；三是在梁柱交接处的节点核心区应建立良好的机构，使其不能先于其所连接的构件而失效。以钢筋混凝土框架梁为例，如图 2.23 所示，在支座和跨中截面均作用有弯矩和剪力（忽略轴向变形）。为此在跨中和支座截面处均须配置抗弯纵筋和抗剪箍筋，有时也采用弯起钢筋抗剪。在支座处，纵筋必须按要求锚固在支座内（详见《混凝土结构设计规范》[9] 第 10.4.1～10.4.6 条），在跨中为了确保传力途径不间断的要求，钢筋的弯起（《混凝土结构设计规范》第 10.2.8 条）、截断（《混凝土结构设计规范》第 10.2.3 条）和搭接（《混凝土结构设计规范》第 10.4.2 条）必须符合要求。

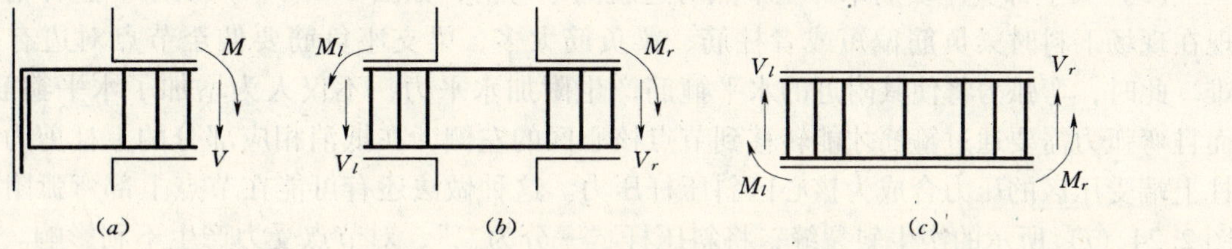

图 2.23 框架梁传力途径示意图

此外，钢筋与混凝土两种材料之所以能有效地结合在一起共同工作，主要是因为这两种材料具备下述三个条件：

（1）钢筋与混凝土之间存在着黏结力，使两者能结合起来，因而在外荷载作用下，结构中的钢筋与混凝土协调变形，共同工作。否则如果钢筋受拉后会在混凝土内滑移，梁截面中受拉钢筋的拉力与受压混凝土的压力将不能组成力偶以承受梁中的弯矩，这样两种材料虽结合在一起亦发挥不了共同受力作用。所以两种材料之间具有黏结力，是两者能够共同工作的先决条件。光圆钢筋的黏结强度由以下三部分组成：

1）混凝土中水泥凝胶体与钢筋表面的化学胶着力。

2）钢筋与混凝土接触面间的摩擦力或握裹力；混凝土在凝结时产生收缩，因而钢筋产生压力。

3）钢筋表面粗糙不平的机械咬合作用。

光圆钢筋的黏结强度，在滑动前主要取决于化学胶着力，发生滑移后取决于摩擦力和机械咬合力。变形钢筋改变了钢筋与混凝土间相互作用方式，极大地改善了黏结作用。虽然胶着力和摩擦力仍然存在，但变形钢筋的黏结强度主要为钢筋表面凸出的肋与混凝土的机械咬合力。

（2）钢筋和混凝土两种材料的温度线膨胀系数很接近，钢材为 1.2×10^{-5}，混凝土为 $1.0\times10^{-5}\sim1.5\times10^{-5}$。这样当温度变化时，两者之间不会产生较大的相对变形，因而两者之间的黏结力不致遭到破坏。否则由于两者之间的相对变形过大而发生滑移，使两者不能结合在一起，或因变形不协调而引起材料破坏或混凝土开裂而出现过宽的裂缝。因此钢筋和混凝土两种材料的温度线膨胀系数基本相同，是两者能够共同工作的必要条件。

（3）钢筋位于混凝土中，混凝土对钢筋起到了保护和固定位置的作用，使钢筋不易发生锈蚀；受压时钢筋不易失稳；在遭受火灾时，不致因钢筋很快软化而导致整体破坏。所以，在钢筋混凝土中，钢筋表面必须留有一定厚度的混凝土作为保护层，这是保持两者共同工作的必要措施。

1. 框架中间层端节点梁纵筋锚固机理及一些不合理做法辨析

工程实践中，框架中间层端节点处梁支座负筋锚固做法常出现以下不合理现象：

（1）锚固长度取值不符合规范的要求。主要有以下两种情况：

1）水平投影段太短。《混凝土结构设计规范》[9] 第 10.4.1 条：“框架梁上部纵向钢筋伸入中间层端节点的锚固长度，当采用直线锚固形式时，不应小于 l_a，且伸过柱中心线不宜小于 $5d$，d 为梁上部纵向钢筋的直径。当柱截面尺寸不足时，梁上部纵向钢筋应伸至节点对边并向下弯折，其包含弯弧段在内的水平投影长度不应小于 $0.4l_a$，包含弯弧段在内的竖直投影长度应取为 $15d$［见图 2.24（a）］，l_a 为第 9.3.1 条规定的受拉钢筋锚固长度。”实际工程中当柱截面尺寸较小、梁负筋直径较大时，其水平投影长度就可能小于 $0.4l_a$，满足不了规范的要求。

2）竖直投影长度太长。当柱截面尺寸不足以设置直线锚固形式，而必须采用带 90°弯折段

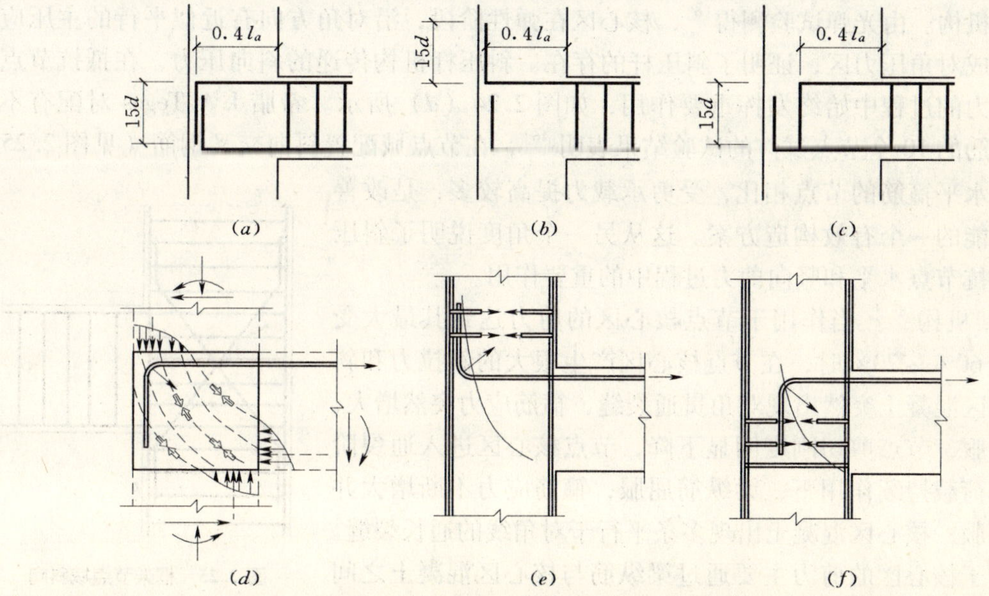

图 2.24 框架中间层端节点的受力机构与配筋

的锚固方式时，《混凝土结构设计规范》[9]的条文说明中已明确指出，国内外的试验结果表明，当包含弯弧段在内的水平投影长度不小于$0.4l_a$，包含弯弧段在内的竖直投影长度为$15d$时，已能可靠保证梁筋的锚固强度和刚度，故取消了要满足总锚固长度不小于l_a的要求。但由于受原89规范的影响，一些文献仍要求总锚固长度不小于l_a，工程技术人员对规范的这一修订也没太留意，所以多数工程中仍要求总锚固长度不小于l_a，不仅浪费不少钢材，而且也不便于施工，尤其是当梁高较小时，如竖直投影长度按$15d$考虑，可满足负筋竖直段不大于梁高，柱混凝土施工缝可设在梁底标高处；但如要求总锚固长度不小于l_a且$0.4l_a+15d<l_a$时，则竖直投影长度大于$15d$时就有可能出现负筋竖直段大于梁高，柱混凝土施工缝就得设在梁底标高以下某一位置。导致施工单位内部出现混凝土工与钢筋工的要求不一致现象，实际工程中易发生因柱混凝土打高而没有给下弯钢筋留出足够的下插空间的失误。

（2）支座负筋竖直段向上锚固，如图2.24（*b*）所示。这种情况主要出现在负筋竖直段长度大于梁高时，如负筋向下弯折，则柱混凝土施工缝就不可能设在梁底标高处，影响柱混凝土浇筑。如将负筋向上弯折则柱混凝土浇筑与梁钢筋绑扎的矛盾便迎刃而解了。初看起来，负筋向上弯折和向下弯折都是将梁负筋锚入柱内，应不会有多大问题。但仔细分析，将负筋向下弯折改为向上弯折后，对地震区框架端节点的受力还是产生了较大的不利影响。为此，须分析一下抗震框架中间层端节点的受力机构。

1967年美国N. W. HANSEN和H. W. CONNER的试验研究表明[6]，柱轴向力对节点核心区箍筋应力影响很小，因此由梁荷载传到节点的剪力是引起箍筋高应力的主要原因。试验研究表明[8]，框架节点核心区的受力与破坏过程可分为弹性阶段、通裂阶段、破裂阶段直至最后破坏。相应的剪力传递机制分别为[6,8]斜压杆机构、桁架机构或组合块体机制、约束效应（也称约束机构）。随着节点受力条件的变化，这些机构传递节点剪力的作用将此消彼长。

1）斜压杆机构。节点核心区混凝土未开裂前，处于弹性阶段，试验测得在弹性阶段核心区箍筋拉应力很小，作用于核心区的斜压力由跨越核心区对角的混凝土斜压柱来承担，称为混凝土斜压杆机构。由光弹试验测得[6]，核心区在弹性阶段，沿对角方向有近似平行的主压应力等值线，构成对角压力区，证明了斜压杆的存在。斜压杆机构传递的斜向压力，在抵抗节点水平和竖向剪力的过程中始终发挥重要作用，如图2.24（*d*）所示。希腊I. A. Tegos对配有不同数量斜向钢筋的10个节点试件的试验结果表明[16]，在节点域配置斜向交叉钢筋（见图2.25），与普通配置水平箍筋的节点相比，受剪承载力提高较多，是改善节点耐震性能的一个有效构造方案。这从另一个角度说明了斜压杆机构在抵抗节点水平和竖向剪力过程中的重要作用。

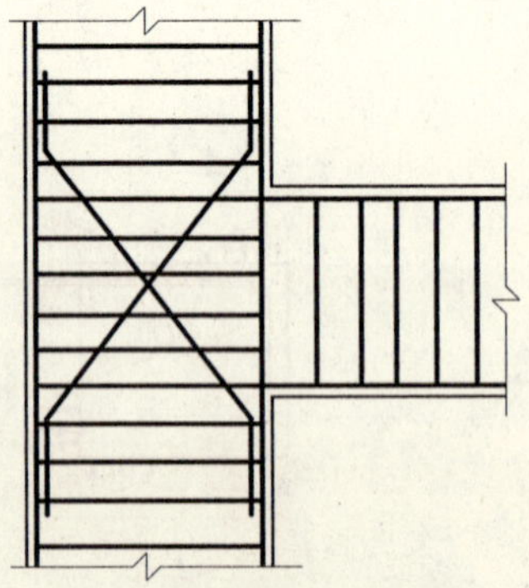

图2.25　框架节点域斜向交叉配筋模式

2）桁架机构[8]。当作用于节点核心区的剪力达到其最大受剪承载力的60%～70%时，在节点核心区产生很大的斜拉力和斜压力，核心区混凝土突然出现对角贯通裂缝，箍筋应力突然增大，个别达到屈服，节点剪切刚度明显下降，节点核心区进入通裂阶段。在反复荷载持续作用下，梁纵筋屈服，箍筋应力不断增大并相继达到屈服，核心区混凝土出现多条平行于对角线的通长裂缝。此时，作用于核心区的剪力主要通过梁纵筋与核心区混凝土之间的黏结力来传递，由核心区混凝土与箍筋共同承担，形成以箍筋为水平拉杆，柱纵筋为竖向拉杆、斜裂缝间的混凝土为斜压杆的桁架机构。文献［6］将桁架机构称之为组合块体机制。随着反复荷载的不断作用，节点核心区的梁纵筋进入屈服强化阶段，梁纵筋在核心区的锚固逐渐破坏并产生滑移，此时核心区剪力一部分由梁纵筋与混凝土之间的剩余黏结力传递，一部分通过梁与核心区交界面裂缝闭合后混凝土局部挤压来传递，同时，在反复荷载作用下，核心区斜裂缝不断加宽，且由于箍筋屈服所引起的钢筋伸长，混凝土沿裂缝互相错动，使裂缝不能闭合，核心区混凝土被多条交叉斜裂缝分割成若干菱形块体，在横向箍筋和纵向柱筋的共同约束下，形成组合块体机构，核心区进入破裂阶段。如再继续加载，则变形更大，混凝土块体压碎，缝间骨料不断磨损脱落，散失咬合作用，节点核心区承载力开始下降，导致节点最后破坏。可见，桁架机构与组合块体机制在节点最后破坏前基本一致。

3）约束效应（机构）。国内外的试验结果证实，节点核心区中的斜压混凝土将沿与其受压方向垂直的另外两个方向膨胀，这种膨胀从节点开始受力起就受到节点水平箍筋各肢的约束，因此，节点水平箍筋各肢将形成对斜压混凝土的约束机构。这一机构，不直接参与抵抗节点剪力，但它是在核心区混凝土交叉斜向开裂后保持斜压混凝土抗压能力的关键因素，所以一般称为约束效应。

上述几种机构在框架中间层中间节点、顶层中间节点和顶层端节点的核心区也同样存在。根据上述端节点的受力机制分析，如将支座负筋竖直段向上锚固［见图2.24（*b*）］，则其弯入上柱下端的弯弧将把由弯弧筋产生的压力传至上柱下端，在抵消上柱下端相应的剪力后，所剩余部分通过柱水平箍筋的附加拉力传至左侧柱端，再与上柱下端截面受压区混凝土压力合成后再进入节点核心区的平衡机构。试验结果表明，这一传力途径对节点核心区的斜压杆机构和桁架机构都有一定程度的不利影响，并有可能产生图2.24（*e*）所示的从节点区延伸到上柱内的斜裂缝。因此，一般情况下，梁上、下筋均应向节点核心区弯折，以便于形成良好的传力机构。

（3）梁上部支座负筋未伸至节点对边就向下弯折，如图2.24（*c*）所示。这种情况主要出现在现场下料时梁负筋偏短或者柱筋、梁负筋太多，梁支座负筋要伸至节点对边有一定的困难。此时，弯弧力将使其附近的水平箍筋产生附加水平力，不仅人为增加了水平箍筋的负担，而且弯弧力需要通过箍筋才能转移到节点核心区的左侧，在抵消相应部分的上柱剪力后，再与柱上端受压区的压力合成为核心区斜压杆压力。这种做法还有可能在节点上部弯弧附近产生如图2.24（*f*）所示的次生斜裂缝，将斜压杆“一分为二”，对节点受力产生不利影响。所以，设计人员在施工交底的时候，一定要向有关施工人员，尤其是具体操作的钢筋工长，说明支座负筋未伸至节点对边的危害性，以引起他们重视，避免这种不利情况的发生。

与这一情况相类似、在实际工程经常发生且结构受力产生不利影响的情况还有框架顶层中间节点和端节点的柱纵筋伸不到柱顶和柱纵向钢筋向节点外水平弯折的问题。《混凝土结构设计规范》[9]第10.4.3条、第10.4.4条明确指出，顶层中间节点的柱纵向钢筋及顶层端节点的内侧柱纵向钢筋可用直线方式锚入顶层节点，其自梁底标高算起的锚固长度不应小于l_a，且柱纵向钢筋必须伸至柱顶。当顶层节点处梁截面高度不足时，柱纵向钢筋应伸至柱顶并向节点内水平弯折。当充分利用柱纵向钢筋的抗拉强度时，柱纵向钢筋锚固段弯折前的竖直投影长度不应小于$0.5l_a$，弯折后的水平投影长度不宜小于$12d$。在框架顶层端节点处，可将梁上部纵向钢筋与柱外侧纵向钢筋在顶层端节点及其附近部位搭接。搭接接头可沿顶层端节点外侧及梁端顶部布置，搭接长度不应小于$1.5l_a$。其中，伸入梁内的外侧柱纵向钢筋截面面积不宜小于外侧柱纵向钢筋全部截面面积的65%；梁宽范围以外的外侧柱纵向钢筋宜沿节点顶部伸至柱内边，当柱纵向钢筋位于柱顶第一层时，至柱内边后宜向下弯折不小于8d后截断；当柱纵向钢筋位于柱顶第二层时，可不向下弯折。当柱顶有现浇板且板厚不小于80mm、混凝土强度等级不低于C20时，柱纵向钢筋也可向外弯折，弯折后的水平投影长度不宜小于12d。因此，根据规范的规定，框架顶层中间节点和端节点的柱纵筋均必须伸到柱顶后再弯折，然而实际工程中柱纵筋顶端距柱上皮约在50～250mm，以150mm左右居多。其次，根据规范的要求，柱纵向钢筋锚固段竖直投影长度小于l_a时，柱纵向钢筋伸至柱顶后应向节点内水平弯折不小于12d，只有梁宽范围以外的柱纵向钢筋才可以向外弯折锚入厚度不小于80mm、混凝土强度等级不低于C20的现浇板中，但由于国家标准图集03G101—1和03G329—1均将柱纵向钢筋示意为向外弯折，所以实际工程中，柱顶纵向钢筋几乎一律向外弯折，很少有向节点内弯折的做法。前述抗震框架中间层端节点的受力机理分析的主要结论也同样适用于框架顶层中间节点和端节点。已有大量的试验表明[48]，中间层中间节点和顶层中间节点核心区的抗震抗剪性能主要是由核心区沿两个对角斜向交替受压的混凝土，在核心区水平箍筋对其发挥一定作用的条件下，是否压溃来控制的。因此，在框架顶层中间节点和端节点，柱纵筋伸不到柱顶、纵向钢筋向节点核心区外弯折，对节点核心区的斜压杆机构、桁架机构和约束机构均产生不利的影响，希望引起工程界的重视。

2. 钢筋搭接连接与焊接、机械连接的同等效应原理

国内工程界有一比较普遍且根深蒂固的观念，即在一个受力跨内钢筋不能间断，否则必须采用焊接或机械连接将其连接起来才能发挥作用，不允许采用跨中搭接做法。其实，搭接连接与焊接或机械连接在一定程度上是等效的，而且搭接连接只要搭接长度、搭接接头位置在符合规范要求的前提下，不至于因钢筋太密集而影响混凝土的浇筑质量，搭接连接反而是最可靠的连接方式。在目前我国焊工水平参差不齐、机械连接技术还相对落后的状况下，它减少了焊接或机械连接那样的人为失误的可能性。

一般而言，判断一种连接方式是否可靠的主要指标有[11]：强度、刚度、延性、恢复性能和疲劳性能。连接接头的强度即一端钢筋的承载力通过接头区域能等强地传递到另一钢筋上；接头的刚度是指接头区域的变形模量不能低于被连接钢筋的弹性模量，否则将可能在接头区域因伸长变形过大而产生明显的裂缝，还有可能导致在同一区域与未被连接的钢筋之间产生应力重分配而削弱截面的整体受力性能；接头的延性即断裂形态是指被连接的钢筋（母材）应具有良好的延性，在发生颈缩变形后才可能被拉断，有明显的破坏预兆，在接头区域不允许因焊接、挤压等加工手段引起的材性变化而发生无预兆的脆性断裂；接头的恢复性能是指在钢筋屈服之前，作用于结构上的偶然超载消失后，钢筋的弹性回缩可以基本闭合超载引起的裂缝并恢复超载引起的挠度，否则如接头区域在超载消失后存在残余变形，则接头区域将成为裂缝宽大、变形集中的薄弱区段；接头疲劳性能是指在高周期性交变荷载作用下，钢筋连接区段抵抗疲劳的能力。

根据上述接头连接性能要求，搭接连接的强度是比较容易得到满足的，只要遵循规范的有关规定，搭接接头一般可以满足钢筋等强传力的基本要求。对于搭接连接的刚度问题，确实是需要慎重对待的问题，因为如果在同一区域内搭接钢筋占有较大的比例，虽然其等强传力的强度要求可以得到满足，但如果搭接钢筋之间的相对滑移超过整筋的弹性变形，则造成连接区段变形过大。为控制接头区域刚度不至于降低过多，《混凝土结构设计规范》[9]在试验研究的基础上提出了根据接头百分率的大小，相应加大搭接长度的办法，来弥补接头百分率较大时，接头刚度降低过多的问题。再则，由于在搭接接头的筋端是内力突变部位，如同一区域内搭接接头较多，则有可能产生搭接端头横向裂缝和沿搭接钢筋之间纵向劈裂裂缝，这些裂缝在试件破坏前，还会形成整个接头区域的龟裂鼓出[11]，在受弯构件挠曲后还可能发生翘曲变形，因此，搭接连接区域应有很强的约束，必须设置箍筋。《混凝土结构设计规范》[9]第9.4.5条规定“在纵向受力钢筋搭接长度范围内应配置箍筋，其直径不应小于搭接钢筋较大直径的0.25倍。当钢筋受拉时，箍筋间距不应大于搭接钢筋较小直径的5倍，且不应大于100mm；当钢筋受压时，箍筋间距不应大于搭接钢筋较小直径的10倍，且不应大于200mm。当受压钢筋直径$d>25$mm时，尚应在搭接接头两个端面外100mm范围内各设置两个箍筋。”

试验表明，混凝土保护层厚度对光圆钢筋的黏结强度没有明显的影响，而对变形钢筋却十分明显。当相对保护层厚度$c/d>5\sim6$（c为混凝土净保护层厚度，d为钢筋直径）时，变形钢筋的黏结破坏将不是劈裂破坏，而是肋间混凝土被刮出的剪切型破坏，后者的黏结强度比前者大。同样，保持一定的钢筋净距，可以提高钢筋外围混凝土的抗劈裂能力，从而提高黏结强度。由于搭接传力的本质是钢筋的锚固作用，所以搭接钢筋还应采取适当增加混凝土保护层厚度，加大钢筋间的净距等措施以加强锚固作用。

采取上述措施后，完全可以在受弯构件的跨中受力较小部位设置搭接接头（直径大于28mm的受拉钢筋和直径大于32mm的受压钢筋除外），而不必要求所有钢筋均在支座处锚固。《混凝土结构设计规范》[9]第10.4.2条明确指出：框架梁或连续梁下部纵向钢筋在中间节点或中间支座处可采用直线锚固形式［见图2.26（a）］，也可采用带90°弯折的锚固形式［见图2.26（b）］，也可伸过节点或支座范围，并在梁中弯矩较小处设置搭接接头［见图2.26（c）］。

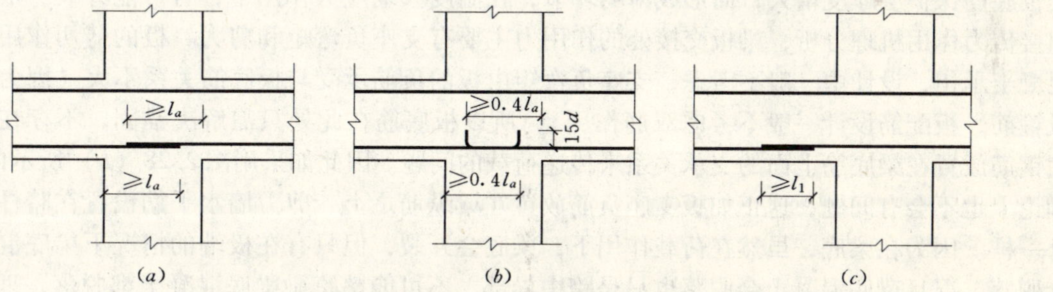

图2.26　梁下部纵向钢筋在中间节点或中间支座范围的锚固与搭接

（a）节点中的直线锚固；（b）节点中的弯折锚固；（c）节点或支座范围外的搭接

美国规范关于抗震设计的框架梁其纵筋搭接位置在距支座边≥2h处[15]，并要求搭接处箍筋按要求加密，如图2.27（a）所示。此外，美国规范不一定要求将要搭接的两根钢筋在接头处绑扎在一起，两钢筋在接头处可错开一定的距离[15]，如图2.27（b）所示。这种做法是符合黏结锚固理论的，因为绑扎搭接钢筋之间是靠钢筋与混凝土之间的黏结锚固作用传力的。两根相背受力的钢筋分别锚固在搭接连接区段的混凝土内，通过钢筋与混凝土之间的胶结力、摩擦力、咬合力和机械锚固等作用，两根钢筋都将各自的应力传递给混凝土，从而实现了两钢筋间的应力过渡。当两根钢筋绑扎在一起时，由于搭接钢筋的缝间混凝土只有些水泥浆充填，强度

低，极易因剪切而迅速破碎，握裹力受到削弱。此外，由于锥楔作用所引起的径向力使得两根钢筋之间产生分离趋势。因此，搭接钢筋之间容易发生纵向劈裂裂缝。为此，工程中，常采取加长锚固长度以弥补握裹力受到削弱的不利影响，通过设置较强的箍筋约束以减缓或避免劈裂裂缝的发生。如按图 2.27（*b*）所示，将两根要搭接在一起的钢筋在接头处错开一定的距离时，搭接钢筋的缝间有一定的含骨料混凝土充填，其抗剪切强度得到加强，不易被剪坏，握裹力受到削弱程度也大为减缓，同时由于锥楔作用所引起的纵向劈裂也相对减缓，所以更有利于实现两钢筋间的应力过渡。但如两根钢筋间距太大，也容易引起因搭接接头截面一侧的钢筋合力偏离整筋截面处的钢筋合力过大，而产生较大的偏心作用。因此，搭接接头处两钢筋错开的距离也应有一定的限度。

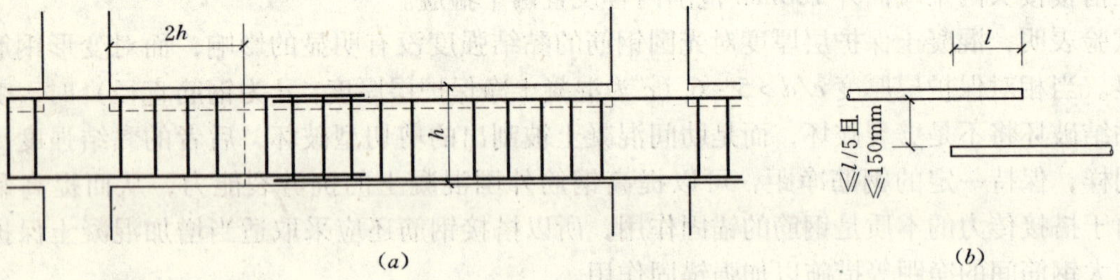

图 2.27　美国规范纵筋搭接做法

3. 典型实例分析[47]

（1）反梁结构板底纵筋锚固做法。根据目前工程界的普遍做法，当钢筋混凝土梁底标高与板底标高齐平即采用所谓的反梁结构时，板底钢筋一般要弯折后锚入梁内并放置在梁底筋的上面，如图 2.28（*a*）所示。这种做法一是不便于施工，钢筋打弯费工时较多；二是在梁板交接处板底筋保护层厚度增大，而形成薄弱环节，在温度收缩应力作用下，有可能开裂。根据上述间接传力作用机理分析，梁板交接处的作用力主要有支座负弯矩和剪力。板的剪切作用由板的混凝土承担，设计中一般不考虑，支座负弯矩由板的负筋承受与板底筋关系不大（因为板中不设箍筋，板配筋设计一般不考虑双筋作用），所以板底筋在此处只需解决锚固，不存在通过板底钢筋放置在梁底筋上面的支承关系来传递荷载的问题。因此如采用图 2.28（*b*）所示的做法，理论上也不会有问题，这正如板支座负筋放置在梁纵筋之上、剪力墙水平筋设置在暗柱纵筋之外一样。因为在梁底，虽然在荷载作用下，梁底会开裂，但只有在极端的情况下梁底混凝土才会脱落，况且梁底混凝土会脱落也只是跨中局部，不可能整跨梁梁底混凝土都脱落，理论上只

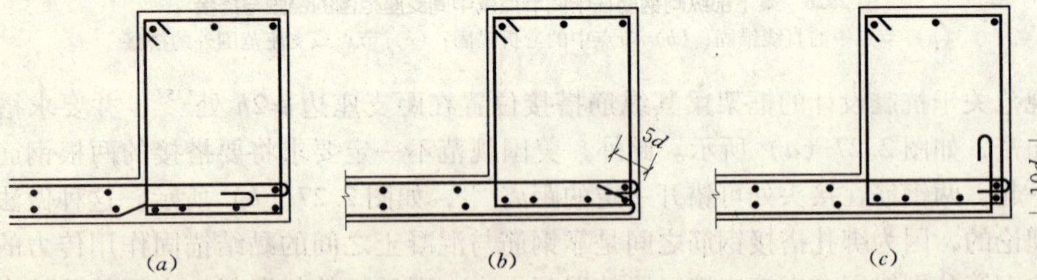

图 2.28　反梁结构板底钢筋三种锚固做法

要板底纵筋不与梁底混凝土相剥离，板底筋锚固也还算成立。即使结构已进入梁底混凝土局部脱落的状态，只要板支座负筋仍有可靠的锚固，而梁底混凝土未脱落部分板底筋仍与梁固定在一起（或假定在梁塑性铰区，板恰好在梁边开洞，洞宽等于梁塑性铰长度，所以梁底混凝土脱落对板筋没影响），所以理论上说只要此时梁未变成机动可变体系，板也不至于坍塌。当然这只是理论上的推论，鉴于结构安全问题的重要性，作者主张采用图 2.28（*c*）所示的做法，这种做法是在图 2.28（*b*）的基础上，在梁内增加了 10*d* 的竖直锚固段，因而当梁处于极限状态时，板底筋有一可靠的锚固，同时它又比图 2.28（*a*）更便于施工。

（2）悬臂梁负弯矩筋截断问题。《混凝土结构设计规范》[9]第 10.2.4 条“在钢筋混凝土悬臂梁中，应有不少于两根上部钢筋伸至悬臂梁外端，并向下弯折不小于 12*d*；其余钢筋不应在梁的上部截断，而应按规范第 10.2.8 条规定的弯起点位置向下弯折，并按规范第 10.2.7 条的规定在梁的下边锚固。”根据这一规定，国家标准图集 03G101—1 规定第二排钢筋只伸至悬臂净跨的 3/4 处就截断的做法，与规范的要求和相关的试验结果不相符。试验结果表明[8]采用图集截断做法，在钢筋截断点处首先形成劈裂裂缝，随后出现一条坡度很小的主斜裂缝，最终发生沿该主斜裂缝的弯曲破坏［见图 2.29（*a*）］，且破坏荷载远小于正截面抗弯极限强度。如将需截断钢筋的截断点当作弯起点，将钢筋向下弯折［见图 2.29（*b*）］，并按规范第 10.2.7 条的规定在梁的下边锚固。此时虽然在弯起点仍有可能开裂，但弯起钢筋阻止了裂缝向下延伸的可能，裂缝只局限于弯起点的表面，前述主斜裂缝也就不可能形成了，试验证明这种做法是可靠的。因此，悬臂梁负弯矩钢筋可以按弯矩图分批向下弯折，而不应分批截断，且必须有不少于两根上部钢筋伸至悬臂梁外端，并向下弯折不小于 12*d*。

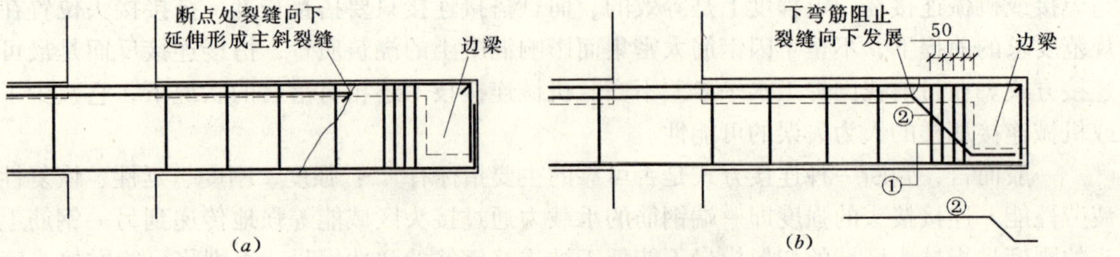

图 2.29　悬臂梁负弯矩筋两种截断模式

4. 搭接和锚固概念的区别和联系

搭接和锚固看似很明确的概念在实际工程中有时却并不容易区分。根据《混凝土结构设计规范》（GB 50010—2002），如图 2.26（*a*）和图 2.26（*b*）的做法，梁下部纵向钢筋在柱内绑扎连接属于梁筋在柱内锚固，而图 2.26（*c*）则是框架梁下部纵向钢筋在梁跨中搭接。这是最典型实例。同样是梁上部纵向钢筋、柱纵向钢筋在节点内的连接，框架梁上部纵向钢筋在中间层端节点（规范 10.4.1 条）、框架柱纵向钢筋在顶层中间节点（规范 10.4.3 条）的连接做法属于锚固，而在框架顶层端节点，规范第 10.4.4 条明确指出无论是柱纵向钢筋弯入梁内，还是梁上部纵向钢筋伸入柱内的连接做法均属于搭接连接。

对于图 2.21 所示楼梯折板板底受力钢筋在跨中断开的连接做法，有一种观点认为属于在跨中搭接，但也有文献称之为板底钢筋伸入受压区的锚固做法。

第5节 强剪弱弯及强柱弱梁与配筋方式

根据“小震不坏、中震可修、大震不倒”的抗震设计原则，在强烈地震作用下要求结构处于弹性状态是没必要的，也是不经济的。通常的做法是在中等烈度的地震作用下允许结构某些杆件先屈服，出现塑性铰，使结构刚度降低，塑性变形加大，当塑性铰达到一定数量时，由于结构自振周期延长，虽然结构承受的地震作用不再增加或增幅较小，但结构变形却迅速增加。为了使抗震结构具有能够维持承载能力而又具有较大的塑性变形能力，设计时应遵循“强剪弱弯”、“强柱弱梁”和保证主要耗能部位具有足够延性性能的设计原则。

《混凝土结构设计规范》[9]第11.3.1条和第11.3.6条是通过控制混凝土受压区高度、规定最小配筋率、梁上部和下部纵筋的比例关系以及梁端箍筋配置要求等措施，以确保梁端塑性铰区具有足够的塑性铰转动能力。第11.3.2条、第11.4.2~11.4.7条措施主要是通过各种内力调整系数，确保“强剪弱弯”和“强柱弱梁”的设防目标的实现，其实质则是调整梁端箍筋和纵筋、梁纵筋和柱纵筋、柱箍筋和纵筋之间的相对比例关系，使结构在较强或更强地震作用下形成梁端塑性铰出现较早、较普遍，柱端端塑性铰出现较迟、数量相对略偏少，且不致形成明显的“楼层柱铰机构”的塑性耗能格局，并通过塑性耗能避免在较强地震作用下的结构严重损伤和在更强地震作用下发生危及人身安全的局部或整体失效。在这里，梁端箍筋和梁纵筋、梁纵筋和柱纵筋、柱箍筋和柱纵筋之间的相对比例关系，成了决定结构在较强或更强地震作用下破坏模式的关键因素。

同样，在剪力墙结构的底部一定高度范围内设置塑性铰区，通过内力调整使其他部位不出现屈服，而在塑性铰区内采取加强横向分布钢筋和边缘构件的配筋等措施，防止剪切破坏，提高剪力墙的变形能力，从而增强结构防倒塌的抗震性能。即可通过调整上下楼层的配筋相对关系，有目的地利用各楼层刚度分布和塑性内力重分布来控制薄弱层或薄弱部位，使之不致发生过大弹塑性层间变形，达到既有足够的变形能力，又不使薄弱层转移。表明合理的配筋模式是提高剪力墙结构总体抗震能力的有效手段。

第6节 防止短柱脆性破坏的有效配筋方式

剪跨比 $\lambda \leqslant 2$ 的柱称为短柱。国内外历次震害调查和模拟试验结果均表明，短柱容易发生沿斜裂缝截面滑移、混凝土严重剥落等脆性破坏。其破坏特点是裂缝几乎遍布柱全高，斜向裂缝贯通后，强度急剧下降，破坏非常突然。当同一楼层同时存在长柱和短柱，且不具有较强的剪力墙或无剪力墙时，常由于短柱率先失效，而导致建筑物的局部乃至整体倒塌。因此，在抗震设计实践中，应首先设法不使短柱成为主要抗震构件，当无法避免使用短柱时，应采取以下措施：

（1）在适当的部位设置一定数量的剪力墙，增加一道抗震防线和增强抗倒塌能力。

（2）尽可能采用高强混凝土，以减小柱子截面尺寸，加大剪跨比 λ。

（3）采取有效的配筋方式和合理的构造措施，以增强短柱的抗剪承载能力和变形能力，防止发生以混凝土破坏为先导的脆性破坏，使它转化为像普通柱那样以钢筋屈服为先导的有预兆的延性破坏。《混凝土结构设计规范》[9]第11.4.17条给出的有效约束的配筋方式有：井字形复合箍和螺旋箍，并要求箍筋体积配筋率不小于1.2%或1.5%（9度设防时）。

（4）限制柱子轴压比；控制剪压比使 $V_c \leqslant 0.15 f_c b h_0 / \gamma_{RE}$。

（5）柱箍筋全高加密。

（6）尽量减小梁的截面高度，减小梁对柱的约束程度。

上述措施是目前工程中常用的方法。除此之外，还有以下更有效的措施：

（1）配置X形筋。黏着型破坏和剪切型破坏是短柱常见的两种脆性破坏形式，是震害的根源所在。短柱发生黏着破坏的条件是剪跨比小、受拉纵筋配筋率大、配筋根数较多或采用直径大、根数少的纵筋配筋方法。短柱发生剪切型破坏的条件是剪切承载力小于弯曲承载力。如果将部分纵筋沿柱身对角线方向呈斜向交叉状布置，如图2.30所示，纵筋内移，这样既可避免密排纵筋造成排列困难及可能引起的黏着型破坏，斜筋平行于柱截面的水平分量又可以增加纵筋的剪切承载力。同时，X形纵筋的位置变化正好与框架柱反对称的弯矩分布图相一致，可以减小中部的抗弯承载力，纵筋的承载能力得到了充分利用，有利于满足“强剪弱弯”的抗震设计要求。试验结果表明[45]，配置X形筋短柱产生若干条裂缝后最终发生弯曲破坏。X形筋不仅提高了剪切承载力，而且可避免出现黏着型破坏，并具有良好的延性和耗能能力。

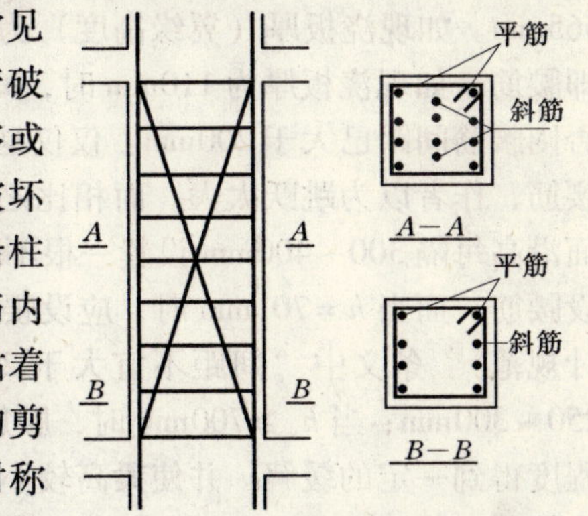

图2.30 短柱X形配筋方式

（2）将短柱用隔板分为四个小柱的配筋方式，如图2.31所示。即将位于楼层上、下梁之间的方柱，用石棉板（试件S-2）或石膏板（试件S-3）分为四个截面相等的小柱，而梁柱节点核心区仍采用原断面（S-1截面）。由于小柱截面尺寸为原柱的一半，剪跨比 λ 提高约1倍。胡庆昌等[38,6]通过试验研究表明，这种分割方式可以将短柱转变为长柱，而且具有足够的承载能力、良好的塑性变形性能和耗能能力，加隔板后的柱抗剪强度不低于整截面柱，而其抗弯强度则略低于整截面柱。试验结果表明，分割材料石膏板优于石棉板，即试件S-3的抗震性能优于试件S-2。

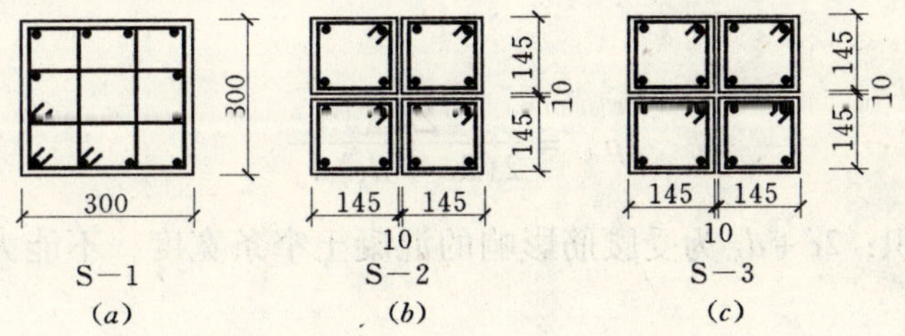

图2.31 将短柱一分为四的小柱配筋方式

此外，在钢筋混凝土短柱内设置型钢，将钢筋混凝土短柱变成钢骨混凝土短柱，也是一种改善短柱抗震性能的有效措施。

第7节 梁侧面腰筋设置问题

《混凝土结构设计规范》[9]第10.2.16条指出：“当梁的腹板高度 $h_w \geqslant 450\text{mm}$ 时，在梁的两个侧面应沿高度配置纵向构造钢筋，每侧纵向构造钢筋（不包括梁上、下部受力钢筋及架立钢筋）的截面面积不应小于腹板截面面积 bh_w 的 0.1%，且其间距不宜大于 200mm。此处，腹板高度 h_w 对矩形截面，取有效高度；对 T 形截面，取有效高度减去翼缘高度；对 I 形截面，取腹板净高。”

根据这一规定，对常见的现浇钢筋混凝土梁板结构，当梁高 $h=600$mm，有效高度 $h_0=565$mm。如现浇板厚（翼缘高度）为 120mm 时，$h_w=445$mm <450mm 梁侧可不设纵向构造钢筋即腰筋；如现浇板厚为 110mm 时，$h_w=455$mm >450mm 必须设腰筋而且每侧腰筋必须设两根，否则腰筋间距已大于 200mm。仅仅是板厚 10mm 的变化，出现从每侧不需要设腰筋到需设两道腰筋，作者以为跳跃太大。而相比之下，89 规范规定：梁高 h 超过 700mm 时，应在梁的两侧面沿高每隔 300~400mm 设置一根不小于Φ10 的构造钢筋。根据这一规定 $h=700$mm 时，可不设腰筋，而当 $h=701$mm 时，应设腰筋但只需设一根不小于Φ10 的腰筋。如将《混凝土结构设计规范》[9]条文中“间距不宜大于 200mm”改为：当 $450<h_w<700$mm 时，腰筋间距不大于 250~300mm；当 $h_w \geqslant 700$mm 时，腰筋间距不大于 200mm，即采取分段设限等办法，可使跳跃程度得到一定的缓解，并使梁高较小时的腰筋设置要求可松些，与梁高较大情况下腰筋设置要求较严，作了区分。

其次，还是以 $h_w=455$mm 为例，当梁宽 $b=200$mm 时，$bh_w \times 0.1\% = 91\text{mm}^2$，每侧只需配 2 Φ8 钢筋；而梁宽 $b=300$mm 时，$bh_w \times 0.1\% = 136.5\text{mm}^2$，每侧却需配 2 Φ10 钢筋。配置腰筋主要是为了避免梁侧面产生垂直于梁轴线的收缩裂缝或限制收缩裂缝的发展，抵抗由于构件的连续性虽在计算中未考虑但实际客观存在的扭转作用等的不利影响。无论是避免收缩裂缝的出现、限制收缩裂缝发展，还是抗扭，200mm 宽的梁总不如 300mm 宽的梁（薄腹梁混凝土较普通梁更易开裂），所以 200mm 宽梁的腰筋设置应大于 300mm 宽的梁，而规范所给的配筋要求却正相反。国外的试验研究表明[50]：腰筋仅仅对梁腹两个侧面的一个混凝土窄条产生影响，而与梁腹宽无关，沿着一个侧面设置的腰筋对另一个侧面的裂缝宽度并无重大影响。文献［50］中根据试验结果给出的受腰筋影响的混凝土窄条宽度为从腰筋中心到混凝土外缘的 2 倍，且不大于梁腹宽的 1/2，并将梁一侧腰筋面积与该侧面混凝土窄条面积的比值定义为腰筋配筋率 ρ_{sk}：

$$\rho_{sk} = \frac{\sum A_{sk}}{2(2c+d_b)d_{sk}}$$

式中：$\sum A_{sk}$ 为腰筋面积；$2c+d_b$ 为受腰筋影响的混凝土窄条宽度，不能大于梁腹宽的 1/2；d_{sk} 为腰筋中对中距离。

文献［50］中根据试验结果给出的腰筋配筋率 ρ_{sk} 为

当 $d_t \leqslant 40$in（1020mm）时 $\rho_{sk}=0.00058(d_t-11)$

当 $d_t>40$in（1020mm）时 $\rho_{sk}=0.011+0.00015d_t$

式中：d_t 为使用荷载下主拉钢筋中心到中和轴的距离。

d_t 的单位为 in，与我国规范体制不同，所以，作者建议结合我国的规范体系通过试验来确定腰筋配筋率 ρ_{sk}。

如果以腰筋配筋率来设置腰筋，则前述的矛盾就迎刃而解了。文献［50］的试验结果还表明，在梁的每一个侧面靠近主筋大约 5/8 的受拉区高度范围内配置 4 根腰筋比较合适。

第 8 节　03G101—2 图集中的楼梯板支座负筋的取值问题的讨论

国家标准图集 03G101—2 中的楼梯板支座负筋取为跨中受力钢筋 A_{s1} 的 0.5 倍，且上端按框架中间层端节点（见图 2.22）的要求锚固在楼梯梁内，如图 2.32（a）所示。

正如第 1 章第 5 节“5.2 合理的构造设计”中所指出的那样，梁端或板端按简支计算但实际受到部分约束时，如按梁端或板端的实际约束条件采用弹性理论进行整体内力分析，计算所得的实际弯矩值除与梁或板上承受的荷载大小有关外，更与梁端或板端的实际约束构件即边梁或构造柱的相对刚度有关。将梁（板）端构造钢筋的截面面积与梁（板）跨中下部纵向受力钢筋计算所需截面面积相关联，只体现了梁（板）上承受荷载的大小，而没有考虑梁（板）端实际约束程度。楼梯结构中，由于净高要求，楼梯梁的梁高均不可能取得很高，而且楼梯梁跨度也不大，一般只比梯板高 50mm，所以楼梯梁与楼梯板的刚度相差不大，楼梯梁对楼梯板的实际约束程度较弱，楼梯板端按简支计算与实际情况比较一致，其支座负弯矩不大（如将休息平台板、楼梯板作为一个平面交叉梁系考虑，由第 1 章第 4 节的分析，当平台板和楼梯板两者刚度相接近时，楼梯板在楼梯梁处负弯矩很小甚至没有负弯矩，只有正弯矩），也就没有必要配置太多的支座负筋，一般配Φ8@200 即可，如图 2.32（b）所示。此外，楼梯板支座负筋锚固做法简单地套用框架中间层端节点做法，概念上也不通，因为两者的受力机理不同。

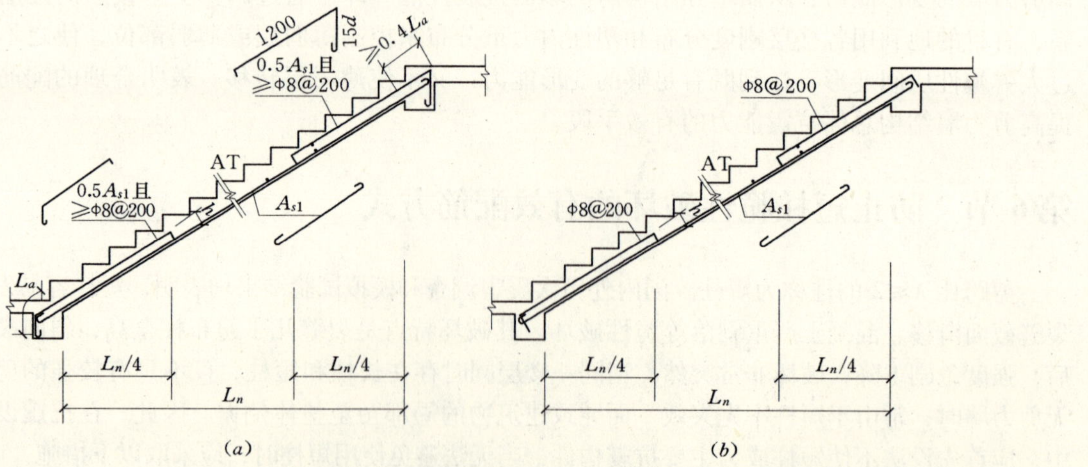

图 2.32　楼梯板两种不同的配筋模式

（a）03G101—2 配筋；（b）民用建筑常见的配筋

第3章 剪力墙结构

第1节 剪力墙结构施工图设计深度要求及工程示例

剪力墙结构刚度大，空间整体性好，在水平力作用下侧向变形小，其缺点是平面布置不灵活，结构自重大。新西兰建筑抗震设计规范（NZS4203：1976）指出："比例适当的联肢延性剪力墙可能是现今钢筋混凝土最好的抗震结构体系，这种剪力墙总的性能与抗弯框架相似，但由于墙的刚度很大，它具有一些优点，即在联肢梁达到相当大的屈服以后，这种体系仍能保护非结构构件免于破坏。联肢梁通常仅承担不大的重力荷载且它很便于修复。按抗弯屈服设计的单个悬臂剪力墙与联肢延性剪力墙之间的主要区别在于后者可以使联结体系成为主要的地震能量耗散装置。设计宜按下述顺序进行，即当联肢梁承受作用于结构上绝大部分的倾覆力矩而将屈服能量耗散尽时，墙体构件才屈服。这样便可推迟类似建筑物歪斜的永久性的破坏，甚至最后在全部延性都被利用仍不一定因失稳而产生灾害。"钢筋混凝土剪力墙的破坏形态有以下几方面：

（1）弯曲破坏。墙体在受拉边底部首先钢筋屈服，形成塑性铰，这种破坏属于延性破坏，是设计所希望达到的。

（2）斜拉破坏。墙体弯曲开裂的同时，也发生剪切裂缝，形成斜拉破坏。

（3）剪切破坏。墙体由于抗剪强度不足，剪切裂缝的产生先于弯曲裂缝。

（4）剪移破坏。为另一种剪切破坏的形式，系沿着弯曲造成的最大裂缝产生滑移。

（5）斜压破坏。

钢筋混凝土剪力墙延性设计，应力求避免后四种破坏。为防止斜拉破坏和剪切破坏，可配置足够抗剪钢筋，促使首先发生弯曲屈服。国内剪力墙试验表明，配筋率$\rho \leqslant 0.075\%$的钢筋混凝土墙体，斜裂缝出现后，很快发生剪切破坏；配筋率ρ为$0.1\% \sim 0.28\%$的墙体，斜裂缝出现后，不会立即发生剪切破坏。为了控制墙体由于剪切或温度收缩所产生的裂缝宽度，保证墙体在出现裂缝后仍具有足够的承载力和延性，墙体分布筋不能低于规范规定的最小配筋率；设置边缘构件，可以改善抗剪移的能力；控制剪压比可以避免斜压破坏。《混凝土结构设计规范》[9]条文说明指出：国内外剪力墙承载力试验表明，剪跨比大于2.5时，大部分墙的受剪承载力上限接近于$0.25f_cbh_0$，在反复荷载作用下的受剪承载力上限下降20%。相对减弱墙根部的受弯承载力，可将剪力墙的弯曲屈服区控制在墙底部一定范围内，并加强这个范围内的抗剪能力，采取增加这个范围内截面延性的有效措施。

试验研究表明，影响剪力墙抗震性能的主要因素有：墙厚、分布筋配筋率、设置边缘构件、边缘构件的纵向配筋率及配箍率。控制墙厚的目的在于保证其稳定，控制分布筋配筋率则是为了提高受剪承载力，限制斜裂缝的扩展，防止脆性破坏。当剪力墙受弯屈服而抗剪分布筋仍未屈服时，剪力墙的耗能和延性性能将会有明显的改善。

试验研究表明，设置边缘构件的剪力墙与矩形截面墙相比，极限承载力约提高40%，极限层间位移角可增大1倍，耗能能力增大20%左右，且有利于提高墙体的稳定性。文献［46］的对比试验表明：边缘构件的纵向配筋率1.18%试件，裂缝分布均匀且较密，而边缘构件的纵向配筋率0.448%的试件，裂缝基本集中于墙的底部，没有明显的塑性区域，即使将配墙体分布筋配筋率由0.23%增大到0.593%，裂缝分布状态仍无明显的改善。增加边缘构件纵向配筋率，剪力墙承载力有明显的提高，裂缝分布均匀且较密，边缘构件的销键作用就会明显增加，剪切变形就会受到控制，裂缝间的剪切滑移量就会减少。

剪力墙宜沿竖向连续布置，墙体厚度宜逐渐减薄，并多采用小开口墙、连肢墙，以提高结构的延性。抗震等级一级的剪力墙结构中，不应采用截面高度较大的单片墙或只有与楼板连接而无连系梁连接的剪力墙，抗震等级二、三级的剪力墙结构中不宜采用此类剪力墙。

较长的剪力墙宜开设门洞口，将该剪力墙分成若干较均匀且长度小于8m的墙段，墙段间用弱连梁连接。剪力墙墙肢的高宽比对墙肢的破坏形态影响较大：高宽比小于1时，以剪切变形为主；高宽比大于2时，以弯曲变形为主；高宽比不大于2且不小于1时，既有弯曲又有剪切变形。因此，布置墙肢时，应使每个独立墙段的总高度与其截面的高度之比不应小于2，详见03G329—1图集第21页。

剪力墙结构宜采用三维空间分析方法进行整体分析。目前国内外有限元计算程序对剪力墙的简化模型不尽相同，对于较复杂的剪力墙结构应采用两种以上的力学模型进行计算比较。当地下室顶板作为剪力墙结构的嵌固部位时，地下室顶板和剪力墙结构的设计应符合《建筑抗震设计规范》（GB 50011—2001）第6.1.14条的规定。

钢筋混凝土剪力墙结构施工图设计中经常采用的图集如下：

（1）03G101—1，即《混凝土结构施工图平面整体表示方法制图规则和构造详图（现浇混凝土框架、剪力墙、框架-剪力墙、框支剪力墙结构）》；03G329—1，即《建筑物抗震构造详图》。03G329—1与03G101—1既有相同部分，又不同的方面，其中对剪力墙结构而言，两者的最大不同就是剪力墙水平分布筋在一字形边缘构件内的锚固做法，如图3.1所示。03G329—1要求剪力墙分布筋伸至墙端并向内水平弯折10d后截断，而03G101—1则要求向内水平弯折

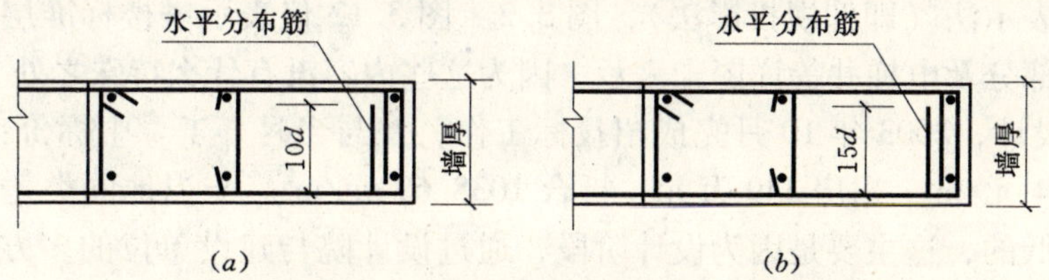

图3.1 剪力墙水平分布筋在一字形边缘构件内的锚固做法

（a）03G329—1做法；（b）03G101—1做法

15d 后截断，这不仅涉及钢筋的用量问题，而且对于墙厚较薄、水平钢筋直径又较大时，水平弯折 15d 后，水平弯折段大于墙厚而致使无法合模板或水平筋露头。《混凝土结构设计规范》[9] 第 10.5.12 条“剪力墙分布钢筋应伸至墙端，并向内水平弯折 10d 后截断。”可见，03G101—1 的做法人为地提高的锚固长度，一般情况下可按 03G329—1 的做法执行。

（2）04SG330，即《混凝土结构剪力墙边缘构件和框架柱构造钢筋选用》给出了剪力墙结构约束边缘构件、构造边缘构件和框架柱的配筋要求及钢筋选用表，可供设计时引用或参考。

（3）04G101—4，即《混凝土结构施工图平面整体表示方法制图规则和构造详图（现浇混凝土楼面与屋面板）》是现浇混凝土楼面与屋面板配筋构造标准图集。

（4）04G101—3，即《混凝土结构施工图平面整体表示方法制图规则和构造详图（筏形基础）》是筏形基础和基础梁的制图规则和构造详图。

（5）《钢筋混凝土雨篷（建筑、结构合订本 03G372）》是雨篷构造详图，常规的雨篷可直接选用该图集，不必另行绘制雨篷配筋图。

（6）03G101—2，即《混凝土结构施工图平面整体表示方法制图规则和构造详图（现浇混凝土板式楼梯）》是现浇混凝土板式楼梯的制图规则和构造详图。

（7）预埋件见国家标准图集《钢筋混凝土结构预埋件》（04G362）。图集中分为轴心受拉预埋件、拉弯剪预埋件、压弯剪预埋件、构造预埋件和吊筋预埋件，常用的预埋件都可以直接引用。

（8）人防地下室见《防空地下室结构设计（2004 年合订本）》（FG01～03）图集。人防计算及构造要求详见《2003 全国民用建筑工程设计技术措施——防空地下室》。

（9）SG109—1～4，即《民用建筑工程设计常见问题分析及图示——结构专业（2005 年合订本）》给出了民用建筑结构设计原则、荷载及荷载效应组合和地震作用、地基基础、砌体结构、混凝土结构、钢结构和空间网格结构等，常见问题分析及图示，进一步解释了规范条文的含义，也补充了一些政策法规（如限制、禁止使用技术规定等），对刚从事设计不久的工程师有一定的参考和借鉴作用。

1.1 剪力墙结构施工图示例

本工程由三栋 24 层塔楼和一层商业用房（裙房）组成，三栋塔楼总建筑面积 44781m^2，裙房总建筑面积 3360m^2，三栋塔楼之间间隔 40m，裙房与三栋塔楼之间均设抗震缝分开。塔楼为地下两层（设备用房和库房）、地上首层为商业用房，层高 3.0m，室内外高差 0.9m。2～24 层为住宅，层高 2.90m，并在 14 层与 15 层之间设层高为 2.20m 的中设备层，顶层设屋顶管沟，建筑檐口高度 =3+2.9×23+2.2+0.9=72.80m，抗震设防烈度为 7 度（0.15g）。结构平面采用顶板结构平面表示法（即仰视投影法），图 3.2～图 3.12 仅表示塔楼标准层以下部分，塔楼中设备层、屋面部分及电梯井等详图未表示，因为这些内容没有什么特殊之处。本工程 2003 年 6 月完成施工图设计，2003 年 10 月完成招投标工作，并与当月开工。中标价：主楼共 6091 万元，折合 1282.24 元/m^2；裙房 349 万元，折合 1038.69 元/m^2。与当地同类建筑相比，其建设成本价是相对较低的，这主要是因为设计阶段，通过设计院与建设单位的多方沟通协调，针对本工程为解决老干部住房，必须在满足规范和使用要求的前提下，尽可能地降低造价这一特殊情况，在基础选型、墙厚选取、钢材选用等方面，采取了与当地设计不同的做法，取得了较好的经济效益。

1. 基础选型及经济性比较

根据工程勘察报告，场地主要土层地质条件见表 3.1。场地地下水位在天然地坪下 24.5m，埋藏较深，不影响基础施工。

表 3.1　各层土的承载力特征值 f_{ak} 及压缩模量 E_s

层　号	2	3	4	5	6	7	8	9	10	11	12	13	14	15	16
f_{ak}（kPa）	185	190	270	260	250	350	300	310	350	500	350	380	400	410	400
E_s（MPa）	13.5	7.5	18.5	12.5	17.0	13.5	12.0	12.5	13.0	50.0	35.0	14.5	35.0	16.0	40.0

本工程勘察报告根据当地经验提供的基础形式只有人工挖孔大直径灌注桩一种。勘察报告要求采用桩直径 ϕ1000mm、扩大头直径为 ϕ2000mm 的人工挖孔大直径灌注桩，桩长 23.2m，按筏板下均匀布桩，桩间距 3m 满布。由于桩基造价较高，为尽可能降低造价，设计阶段我们仔细分析了场地的地质状况后认为，因持力层位于天然地坪下 5.8m，为粉土层④，f_{ak} = 270kPa，承载力较高，深宽修正后的天然地基承载力特征值 f_a = 421kPa。经计算分析，当基础底板面积约扩大 5% 时，采用天然基础，其承载力可满足规范要求。于是，设计单位建议建设单位请求勘察单位提供天然基础的设计承载力和变形计算参数，供设计选用。根据勘察单位其后提供的天然基础设计所需参数，设计时经方案比较，采用筏板基础，筏板厚度取 900mm 即可满足冲切、剪切和承载力极限状态，其沉降量为：地基中心点平均沉降 71.9mm，差异沉降 4.9mm，也满足规范要求。《全国民用建筑工程设计技术措施（结构）》第 3.8.5 条，根据全国各地筏板设计经验，提出“多层民用建筑的板厚，可根据楼层层数按每层 50mm 估算”。本工程楼层层数 27 层，参照这一规定筏板板厚估算值为 1350mm，而经冲切、剪切验算所需的板厚为 900mm，实际采用的板厚比经验值 1350mm 减小 450mm。

每栋底层建筑面积（取地下室墙外包线面积，不含窗井）631.9m^2，如按原方案采用桩基础，共需布桩 631.9/(3×3) =70.2 根，取 70 根桩，根据河南省定额，每立方人工挖孔桩（混凝土 + 挖孔人工费和运土费）直接费为 628.26 元，钢筋为 3800 元/t，则每根桩直接费为 20.3×628.26 +296.7×3.8 =13881.1 元，三栋塔楼共 3×70 =210 根桩，直接费为 210×13881.1 =2915038.98 元。实际设计采用伐板基础面积（含窗井面积）719.13m^2，板厚 900mm；而采用桩基础的构造底板面积（按地下室墙外包线面积计）为 631.9m^2，板厚 300mm，两者相比，筏板基础比桩基础增加了［631.9×(0.9 -0.3) +(719.13 -631.9) ×0.9］×3 =1372.94m^3 定额中的钢筋混凝土。参照北京市 94 概算定额，筏板基础的直接费（含钢筋及混凝土）为 506.73 元/m^3，则采用伐板基础比桩基础节约了 1372.94×506.73 -2915038.98 =2219329.09 元（直接费）造价，其节省的造价是相当明显的。

2. 墙厚选取及分析比较

根据《建筑抗震设计规范》（GB 50011—2001），本工程抗震设防烈度为 7 度（0.15g），檐口高度为 72.80m <80m，主楼剪力墙的抗震等级为三级，根据《高层民用建筑设计防火规范》（GB 50045—95）（简称《高规》），底部加强部位墙厚大于 3000/20 =150mm，且不应小于 160mm，标准层平面布置见图 3.9。因本工程平面较规则，竖向各层刚度较均匀，因建筑专业及设备专业均要求上下各层住宅墙厚一致，故墙厚取为：一层商业用房（部分为住宅）采用内

外墙均为180mm；二层以上内墙160mm、外墙180mm。采用SATWE空间分析程序计算结果表明：最大层间位移为1/2332，首层墙在重力荷载作用下的最大轴压比为0.39，一般为0.31～0.37，而《高规》对三级剪力墙轴压比未作规定，如按二级剪力墙考虑，则其轴压比限值为0.6，符合规范要求。根据建设单位的调查，当地超过16层或50m的同类工程的内外墙均为200mm，为慎重起见，建设单位2003年6月30日来函，请设计单位复核墙厚。为此，我们以“内墙160mm、外墙180mm”、“内墙180mm、外墙200mm”及“内墙200mm、外墙220mm”三种方案，采用同一计算模型（即除墙厚变化外其余一律不变），采用SATWE程序进行对比计算，结果见表3.2。

表3.2　　墙厚对周期、剪重比、变形及配筋的影响

方案		内墙160mm、外墙180mm	内墙180mm、外墙200mm	内墙200mm、外墙220mm
周期（括号内数值为扭转系数）	T_1	1.1404 s（0.05）	1.1034 s（0.05）	1.0739 s（0.06）
	T_2	1.0104 s（0.95）	0.9767 s（0.95）	0.9580 s（0.94）
	T_3	0.8595 s（0.00）	0.8343 s（0.00）	0.8116 s（0.00）
	T_4	0.3287 s（0.01）	0.3182 s（0.01）	0.3095 s（0.00）
	T_5	0.2866 s（0.99）	0.2279 s（0.99）	0.2708 s（0.99）
	T_6	0.2416 s（0.00）	0.2344 s（0.00）	0.2284 s（0.00）
层间最大位移	X向	1/2332（第13层）	1/2416（第13层）	1/2475（第13层）
	Y向	1/3285（第13层）	1/3397（第13层）	1/3487（第13层）
剪重比	X向	3.62%	3.70%	3.76%
	Y向	4.48%	4.57%	4.67%
超筋连梁箍筋计算值	L_1（墙宽×730）	4.6（8层）、4.4（5层）	4.8（8层）、4.7（5层）	5.1（8层）、4.9（5层）
	L_2（墙宽×730）	5.2（8层）、4.7（5层）	5.5（8层）、5.0（5层）	5.7（8层）、5.2（5层）
	L_3（墙宽×730）	2.7（8层）、2.5（5层）	2.9（8层）、2.6（5层）	3.0（8层）、2.7（5层）
	L_4（墙宽×730）	2.7（8层）、2.7（5层）	2.9（8层）、2.8（5层）	3.0（8层）、2.9（5层）
	L_5（墙宽×400）	5.6（8层）、5.2（5层）	5.9（8层）、5.5（5层）	6.2（8层）、5.8（5层）
	L_6（墙宽×400）	2.4（8层）、3.6（5层）	2.5（8层）、3.8（5层）	2.6（8层）、4.0（5层）

由表3.2可知：增加墙厚，楼层的层间最大位移有所减小，但减小的幅度不大。结构刚度有所增加，因而周期变短，底层剪重比有所增大，即地震作用也随之增大，超筋连梁箍筋计算值也是随墙厚的增加而增大，也即超限的幅度也随之加大。

综上所述，“内墙160mm、外墙180mm”、“内墙180mm、外墙200mm”及“内墙200mm、外墙220mm”三种方案中，以内墙160mm、外墙180mm方案为最佳方案，这主要是因为本工程平面布置较均匀、墙量较多，单纯增大墙体厚度，反而使原本刚度较大的结构刚度更大，吸收的地震作用也增大，超筋连梁的超限的幅度也随之加大，因而在结构综合受力性能方面并不占优势。文献［51］将《高规》附录D验算墙肢稳定性的计算公式与墙肢轴压比验算进行对比分析计算结果表明：对于三边、四边支承墙肢，墙厚均由墙肢轴压比控制，只要墙肢轴压比满足规范要求，墙肢稳定性自然满足；而对于两边支承墙肢，墙厚由墙肢稳定性验算控制。本工程首层墙在重力荷载作用下的最大轴压比为0.39，一般为0.31～0.37，墙厚采用内墙160mm、外墙180mm时，墙肢稳定性完全可满足规范要求。此外，本工程的轻隔墙为100mm厚钢筋网抹灰，混凝土强度等级C20，配筋Φ6@100，对墙肢的稳定性有一定的作用。

为减少剪力墙连梁超筋的数量，16层以下墙体混凝土强度等级取为C35、板取为C25。

3. 关于主导钢材的选用

本工程主要板跨为4.8m×9.9m、4.8m×7.1m、4.5m×6.8m、4.0m×9.4m、3.9m×8.0m，相应的板厚为110～130mm。根据新的《混凝土结构设计规范》，可按双向板设计，主要受力钢筋采用HRB400，构造钢筋材用HPB235。由于HRB400设计强度为360MPa，是HPB235设计强度的1.71倍，而每吨HRB400钢材市场价格比HPB235高100～200元，其综合性价比具有明显的优越性，且HRB400的规格Φ6、Φ8、Φ10、Φ12均有，比较适合用于楼板、基础筏板中。但由于当地工程中很少采用HRB400，施工单位对HRB400不了解，施工交底时曾要求将HRB400更换成HRB335（Φ12）和HPB235（Φ12以下）。实际施工时，发现楼板中采用HRB400钢，比HPB235方便多了，因为HRB400钢为变形钢，端部不需要弯钩，大大节省了人工。根据中标标底，主楼用钢量为3164t，折合70.6kg/m^2。

4. 控制混凝土早期收缩裂缝的技术措施

该建筑可能导致混凝土早期收缩裂缝的不利因素较多，主要有：①体型变化复杂，结构应力集中部位较多；②智能化、信息化服务功能要求齐全，楼板、墙体内埋机电管较多；③楼层单元相邻开间尺寸变化较大，大跨度板与小跨度板错杂相间；④混凝土为泵送流态混凝土收缩值较大。因此，如不采取有效措施，该楼出现早期收缩裂缝的可能性较大。为减少和防止现浇板、剪力墙出现早期收缩裂缝，经设计、建设单位、施工、监理等部门共同协商讨论，提出了完善结构设计、优化混凝土配合比、加强混凝土养护、强化监督等减少和控制混凝土早期收缩裂缝的综合技术措施[2,3]。通过综合治理，取得了明显的效果，到目前为止未发现混凝土早期收缩裂缝。其主要的措施如下：

（1）对结构和构件的凹角等应力集中薄弱部位应采取相应的补强措施，减少应力集中。图3.2为塔楼基础底板尖角（阴角）处减缓应力集中的补强做法。楼层现浇板不设施工缝以免在施工缝处产生收缩裂缝。

（2）优化混凝土配合比设计。选用中粗砂，砂率小于45%；掺入水泥重量20%左右的Ⅱ级粉煤灰；控制C25混凝土水泥用量、水灰比（W/C）小于0.55；要求梁板坍落度小于140mm，剪力墙坍落度小于160mm。

（3）混凝土的养护采用保湿覆盖养护，即在混凝土浇筑完成后8～10h之内在混凝土表面加盖一层塑料薄膜，当因上一层放线、绑墙筋等施工需要而揭开塑料薄膜时，采用浇水养护，确保混凝土表面不发白、浇水不间断。

（4）混凝土浇筑时间选在早上或晚上，避开在气温高的中午时段浇筑。

本工程已于2006年3月竣工，除个别楼层楼板有几条裂缝外未发现有大面积的早期收缩裂缝，上述措施基本达到预期的目标，但在个别楼层由于在冬季和常温施工交接期，技术措施没能完全到位，而出现几条裂缝。这从另一方面说明，只要严格按照技术措施施工，控制早期收缩裂缝的出现是完全可能的。

5. 本工程的施工图示例

本工程标准层以下部分的施工图如图3.2～图3.12所示。

现浇剪力墙设计总说明

一、概况

1. 本工程按抗震设防烈度7度(0.15g)设计，设计地震分组为第一组，场地土为中软场地土，建筑场地类别为Ⅱ类，建筑物合理使用年限为50年。活荷载取值见表1。环境类别：基础及±0.0以下外墙为"二b"，其余部位为"一"类。结构混凝土耐久性的基本要求见表2。

表1　基本风压，雪压及楼面使用活荷载

基本风压(kN/m^2)	地面粗糙度	基本雪压(kN/m^2)	楼(屋)面使用活荷载(kN/m^2)					
			上人屋面	不上人屋面	楼梯(消防)	厕、厨	阳台	起居、卧室、厨房、门厅
0.45	C	0.40	2.0	0.50	3.5	2.0	2.5	2.0

表2　混凝土耐久性基本要求

环境类别		最大水灰比	最小水泥用量(kg/m^3)	最低混凝土强度等级	最大氯离子含量(%)	最大碱含量(kg/m^3)
一		0.65	225	C20	1.0	不限制
二	a	0.60	250	C25	0.3	3.0
	b	0.55	275	C30	0.2	3.0
三		0.50	300	C30	0.1	3.0

注　1.当使用非碱性骨料时，对混凝土的碱含量可不作限制，氯离子含量系指其占水泥用量的百分率。
2.当有工程经验时，处于一类和二类环境中的最低混凝土强度等级可降低一个等级。
3.当混凝土中加入活性掺合料或能提高耐久性的外加剂时，可适当降低最小水泥用量。
4.预应力构件混凝土的最大氯离子含量为0.06%，最小水泥用量为300kg/m^3，最低混凝土强度等级为表中等级相应提高二级；素混凝土构件最低水泥用量为表中数值减25kg/m^3。

2. 本工程依据的主要设计规范：
《混凝土结构设计规范》GB 50010-2002　《建筑抗震设计规范》GB50011-2001
《地下工程防水技术规范》GB 50108-2001　《建筑地基基础设计规范》GB50007-2002
《高层建筑箱形与筏形基础技术规程》JGJ6-99　《建筑结构荷载规范》GB 50009-2001
《建筑地基处理技术规范》JGJ 79-2002　及其他现行国家规程，规范。
3. 本工程主楼为现浇钢筋混凝土剪力墙结构，剪力墙抗震等级为三级，裙房为三级框架结构。
4. 单位：标高为米，其余为毫米。各种材料必须满足其相应的规范和标准的要求。
5. 室内±0相当于绝对标高见建施。本说明与施工图不符者，以施工图为准。

二、基础工程

1. 根据xx建筑设计研究院提供的岩土工程勘察报告，基础采用天然地基，主楼基础基底落在粉土层④层上，地基承载力特征值 f_{ak}=270kPa。地基基础设计等级乙级。
2. 基槽开挖应尽量避免对槽底地基土的扰动。
3. 基槽挖到设计标高后，请通知甲方、勘察、设计单位，共同验槽。
4. 主体工程基坑应及时用 2:8 灰土回填，分层夯实，以防雨水浸泡　并采取有效的排水措施。灰土范围见建施剖面图、肥槽及室内地坪垫层压实填土压实数不小于0.94。
5. 后砌轻隔墙基础做法：自地面下浇C15素混凝土500x400做法见右图。轻隔墙位于地下室底板上的，可在底板上直接砌墙。
6. 为预防混凝土工程碱集料反应的不利影响，本工程基础及±0.0以下各类构件混凝土配合比中的碱含量应符合表2及其他有关规定。
7. 基槽开挖和基础施工过程中，施工单位应采取可靠措施，确保基坑及临近建筑物和构筑物的安全及施工安全。

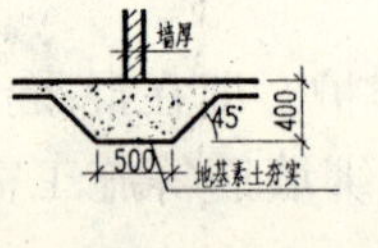

三、主体工程

1. 材料：钢筋：Ø 为HPB235级钢筋，Φ 为HRB335级钢筋，Φ 为HRB400级钢筋，焊条及焊接要求详见《钢筋焊接及验收规程》(JGJ18-2003)；
混凝土：基础垫层为C15，主楼基础底板为C35，墙、楼板、梁的混凝土强度等级见表3，主楼基础底板及±0.0以下外墙混凝土抗渗等级不小于0.6MPa。

表3　构件混凝土等级表

标高	地下2层和地下1层 ±0.0以下	1~16层 ±0.0~48.70m	17~24层 48.7~71.9m	
剪力墙	C35	C35	C30	C25
梁、板	C25(地下一层顶为C30)	C25	C25	C25

2. 纵向受力钢筋的混凝土保护层最小厚度根据构件的环境类别由04G101-3第25页查取。本工程环境类别为：±0.0以下外墙及基础底板"二b"，雨蓬"二a"，其余部位"一"类。
3. 钢筋锚固长度 L_{ae} 详见表4，受拉钢筋搭接长度 L_{le} 详见详见04G101-3第26页
4. 钢筋混凝土板中，凡板号相同者表示跨中钢筋直径、间距、板厚相同，支座钢筋号相同者表示支座钢筋直径、间距、伸出梁边的距离相同。
5. 板内未注明的分布筋Φ8@200，支座连系筋为Φ6@200。
6. 板跨中受力钢筋伸入支座长度 ≥150，且伸至梁中心线(梁>400宽者除外)；HPB235级钢筋另加弯钩；与梁或剪力墙整浇的板支座构造钢筋伸入支座长度为 L_a，另加直钩，直钩长度为板厚减10~15。
7. 板上有轻隔墙时，轻隔墙下的板中一律增加2Φ14（跨度≤4000），或2Φ16（跨度≤6000），伸入支座≥15d，具体位置见建施。
8. 所有现浇板，墙上的孔洞一律预留，不得后凿，留洞位置，做法详见建筑及设备图。遇边长或直径≤300的洞口时，钢筋绕过不得切断，>300时，洞口加筋见施工图，图中未表示时，请及时通知设计作相应的处理。
9. 除注明者外，现浇板跨中板底钢筋绑扎时，沿短跨方向的钢筋置于下侧。
10. 应采取可靠措施保证现浇混凝土的钢筋位置，基础底板、楼板均用钢筋马凳支撑；所有悬挑构件（悬挑板、悬挑梁）施工时必须切实保证施工质量，钢筋位置必须准确，悬臂梁、板支撑必须待混凝土强度达到100%时方可拆除，并需保持三层连续支撑。
11. 次梁跨中受力钢筋在支座处搭接，支座钢筋在跨中搭接，搭接长度为 L_l，支座长度见03G101-1。
12. 基础底板、基础地梁底部受力钢筋在跨中搭接，顶部钢筋在支座处搭接，搭接长度为 L_l。
13. 为保证结构的整体性，必须在每个施工环节确保施工质量，墙、梁、板钢筋（含箍筋）应调直，模板不得漏浆，混凝土应振捣密实。
14. 剪力墙及框架抗震构造做法见03G329-1及03G101-1，两者不一致时，以03G329-1为准。
15. 剪力墙及框架梁，柱平面整体表示法规则及构造详图见图集03G101-1。梁内附加箍筋、吊筋、梁侧面纵向抗扭腰筋及悬挑端上部纵筋下弯构造（除注明者外）均见图集03G101-1。除注明者外，梁宽>300时，为4肢箍。一层柱下端箍筋加密区高度为1/3净高。
16. 当隔墙门窗及设备洞口宽度大于400时，须放预制过梁，应根据洞口宽度按"92ZG313"过梁图集选相应型号的预制过梁（≥2级荷载）。当无法放预制过梁时改现浇，其断面、配筋不变。
17. 框架柱及剪力墙暗柱和端柱纵筋(d≥16时)应采用焊接或机械接头，接头位置见03G101-1，任何情况下同一断面钢筋接头截面面积不大于钢筋总面积的50%。
18. 剪力墙墙号相同，表示墙水平，竖向分布筋相同。墙体钢筋网片除注明者外，均为水平在外侧，竖筋在内侧。剪力墙内预埋电管不允许双排水平排列，做法见图2。剪力墙墙内主筋与过梁钢筋的排法见图3。剪力墙的分布钢筋接头做法详见图集03G101-1第48页，本工程的底部加强部位指地下一~四层，鉴于本工程层数较高，底部加强部位钢筋连接要求可按二级剪力墙采用。
19. 剪力墙洞口上下层平面位置局部错位或洞口大小不同的，其错位暗柱主筋应向上延伸和(或)下插至上(下)一层顶板。
20. 当纵横向框架梁高度相同时，横向梁顶梁底钢筋均在纵向梁顶梁底钢筋之上。
21. 现浇混凝土构件上预埋铁件、预埋套管及预留孔洞位置、做法除图中注明者外，见建筑、设备图。

四、其他要求

1. 电线管走结构层时，管外径不得大于板厚的1/3（交叉点不受此限制），避免三根管在同一点交叉，布管应分散设置（管与管间距不得小于300），严禁重叠。对板中电管高度大于板厚2/3且无负筋的部位按右下图配筋：

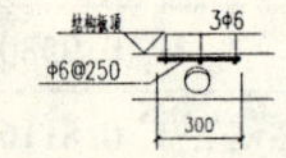

2. 配电盘出线之电线埋管须分散布置埋设，不得集中在一起，也不得穿梁，管与管间距不小于150。
3. 施工中各专业、工种应密切协作配合，防止配合不当，造成损失。
4. 不规则梁板以及楼梯梁板配筋长度须放大样确定。
5. 外露铁件应采取刷防锈漆两道或其他防腐措施。
6. 回填土要求一般回填土的压实系数不得小于0.94，灰土的压实系数不得小于0.95，对于用粘土拌和的3:7灰土干容重不得小于14.5kN/m^3 2:8灰土干容重不得小于15.0kN/m^3。
7. 大跨度梁，板应按照施工验收规范的要求，预先起拱≥2L/1000。
8. 框架后砌加气混凝土砌块墙构造做法见"97YJ406"图集并沿墙每隔3米设构造柱，断面为240X墙厚，配4Ø12 箍Ø6@200，上，下伸各入梁板内35d。
9. 加气混凝土砌块密度≤6.50kN/m，强度等级≥A3.5，砂浆等级M5，配筋带混凝土C20。填充墙拉结筋见"97YJ406"，拉结筋及配筋带钢筋埋设位置要准确、平直，搭接长度要符合要求。配置拉接筋的灰缝砂浆要饱满，配筋带混凝土要密实，柱及墙内的预留插筋要保持平直，施工中不得任意弯折，填充墙的其他构造要求见图集"97YJ406"。
10. 本工程设计中未考虑冬、雨季施工及特殊条件等的施工问题，施工单位应根据有关施工及验收规范执行。
11. 除以上要求外，其他均应严格按照国家颁布的规定、规程的要求进行施工及验收。

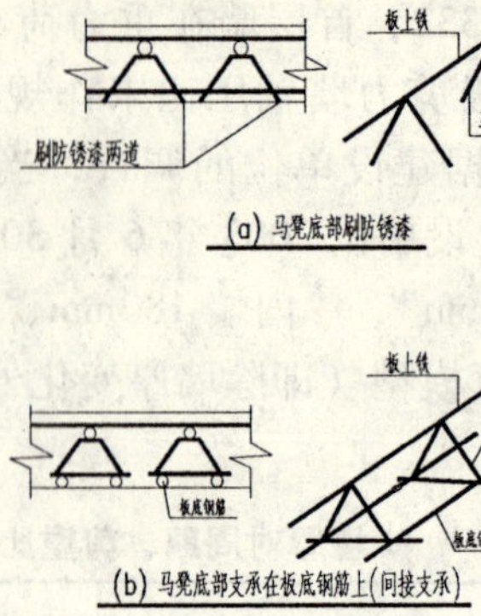

图 1 马凳做法

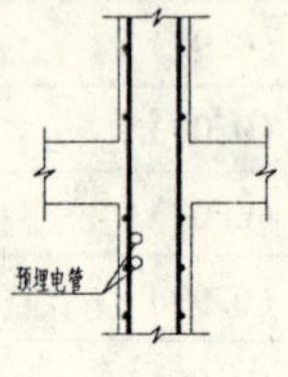

图 2

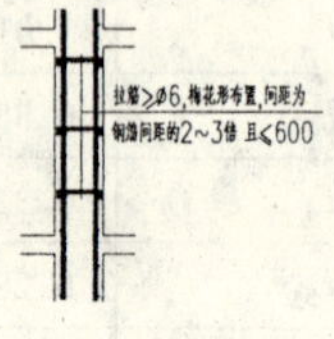

墙拉筋做法

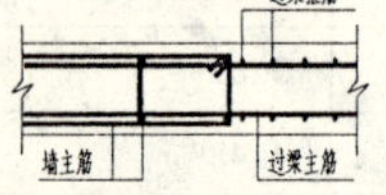

图 3

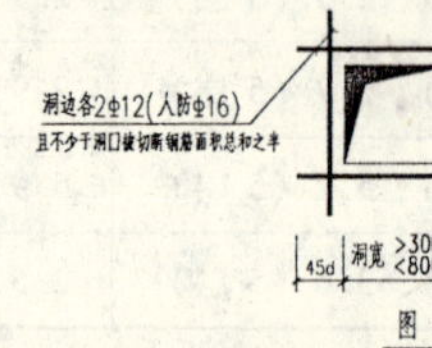

图 4 混凝土墙洞口加筋

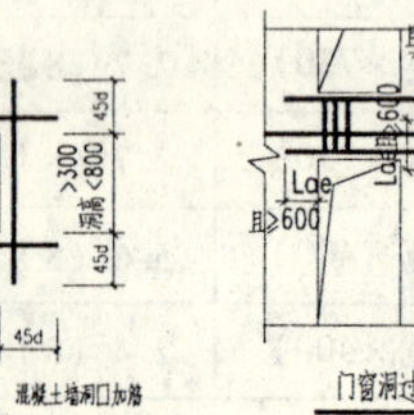

门窗洞过梁配筋示意

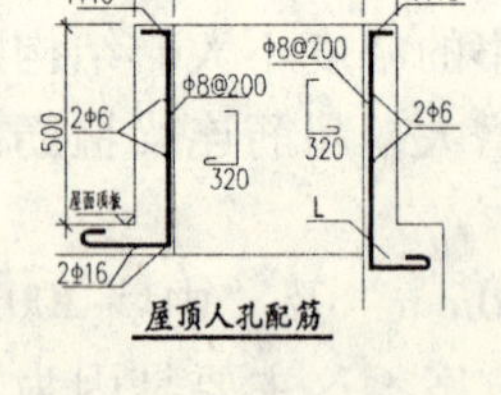

屋顶人孔配筋

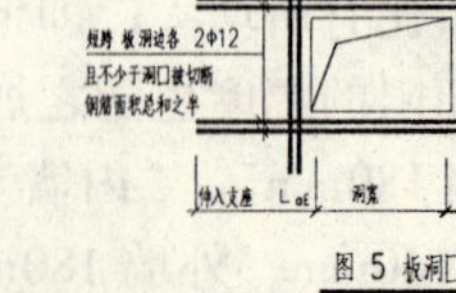

图 5 板洞口加筋

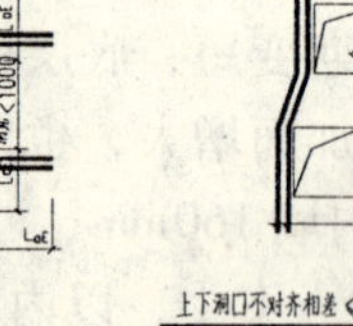

上下洞口不对齐相差<400时暗柱纵筋做法

和谐建筑设计院		审定人		建筑专业负责人		电气专业负责人		工号	
		审核人		结构专业负责人				房号	
图名	结构设计总说明	工程总负责人		给排水专业负责人		设计人		图别号	结施1
				暖通专业负责人		制图人		日期	

图3.2　剪力墙结构设计总说明

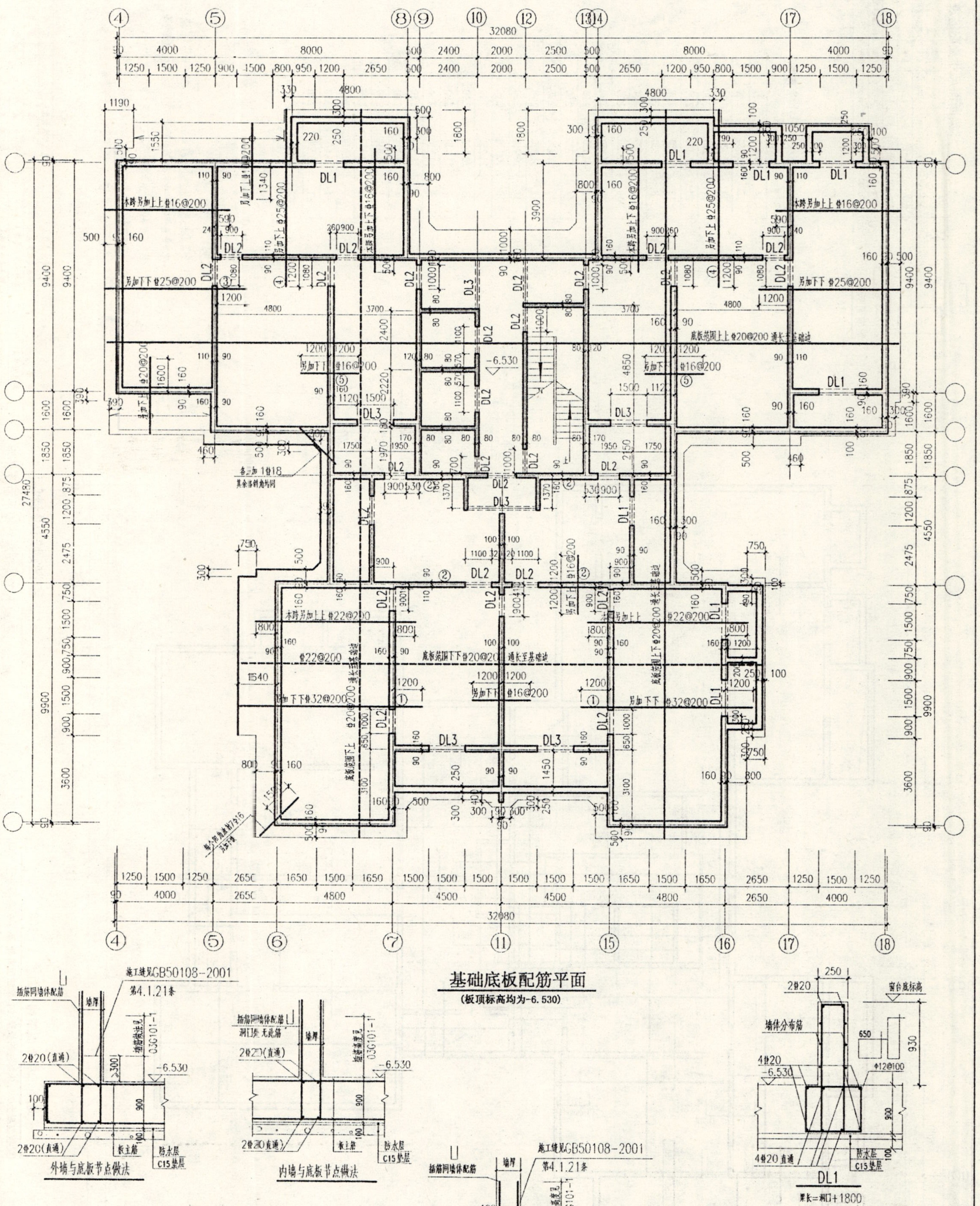

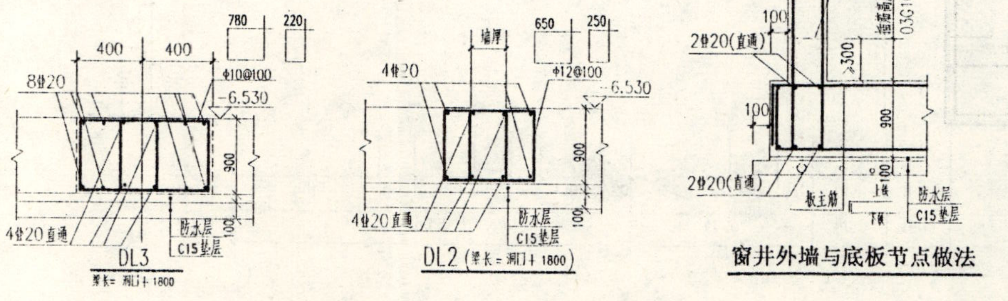

说明：

1. 底板厚度均为900，底板混凝土为C30，抗渗等级≥0.6MPa，
   基础垫层厚100，混凝土为C15. ⌀表示HRB400级钢。
   底板纵向钢筋接头应优先采用焊接和机械连接。
2. 支座号相同者表示另加下铁直径，间距，伸出墙边距离相同。
3. 墙身尺寸除注明者外，其余均为轴线居中。
4. 基础底板配筋构造见图集04G101－3，底板防水做法见建施。
   其他说明见结施1。

和谐建筑设计院		审定人		建筑专业负责人		电气专业负责人		工号	
		审核人		结构专业负责人				房号	
图名	基础底板配筋平面	工程总负责人		给排水专业负责人		设计人		图别号	结施 2
				暖通专业负责人		制图人		日期	

图3.3 剪力墙结构基础底板（筏板）配筋平面图

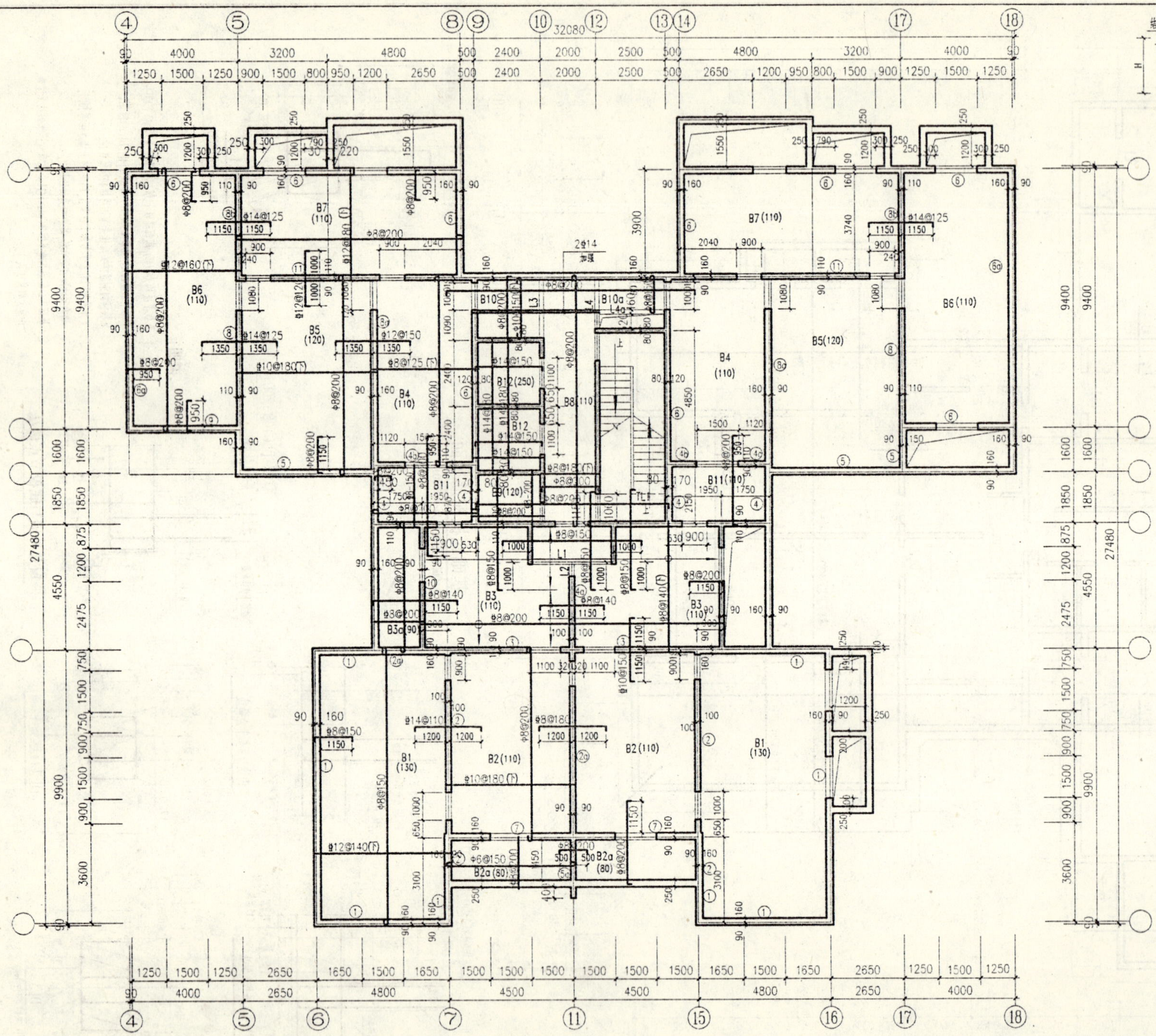

地下二层顶板结构平面　1∶100

(梁板混凝土C25, 未标注的板厚100, 除注明者外, 板顶标高均为-3.670)

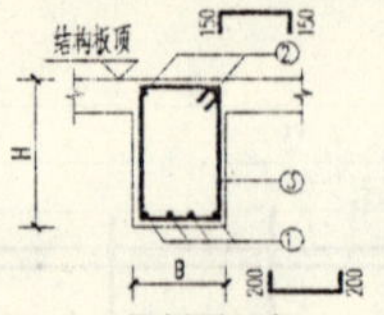

梁剖面示意

梁断面尺寸及配筋表

梁号	B x H	①	②	③	梁长	备注
L1	200x430	2Φ20	2Φ18	Φ10@100	见平面	L2交接处两侧各另加2Φ12箍筋
L2	200x300	2Φ14	2Φ12	Φ8@100	见平面	
L3	200x430	2Φ20	2Φ18	Φ10@100	见平面	
L4	200x430	2Φ22	2Φ16	Φ10@100	见平面	L4a交接处两侧各另加2Φ12箍筋
L4a	160x300	2Φ18	2Φ12	Φ6@150	见平面	

结构层楼面标高及结构层高表

屋面管沟	71.900	
24	68.930	2.97
23	66.030	2.90
22	63.130	2.90
21	60.230	2.90
20	57.330	2.90
19	54.430	2.90
18	51.530	2.90
17	48.630	2.90
16	45.730	2.90
15	42.830	2.90
中设备层	40.630	2.20
14	37.730	2.90
13	34.830	2.90
12	31.930	2.90
11	29.030	2.90
10	26.130	2.90
9	23.230	2.90
8	20.330	2.90
7	17.430	2.90
6	14.530	2.90
5	11.630	2.90
4	8.730	2.90
3	5.830	2.90
2	2.930	2.90
1	-0.070	3.00
-1	-3.670	2.90
-2	-6.530	2.90
层号	标高(m)	层高(m)

说明：

1. 钢筋混凝土板中，现浇板(Bx)编号相同者，表示跨中钢筋直径、间距、板厚相同，支座钢筋号相同者表示支座钢筋直径、间距和伸出梁边的距离相等。
   未标注的单向板分布筋为Φ8@200，支座连系筋一律为Φ6@200。
2. 现浇板预留孔洞位置，除注明者外均见建施及设备图，洞径<300时，钢筋遇洞绕过不得截断，洞径≥300时，除标明者外加筋见结施1。
3. 其他说明见结施1。

和谐建筑设计院		审定人		建筑专业负责人		电气专业负责人		工号	
		审核人		结构专业负责人				房号	
图名	地下二层顶板结构平面及详图	工程总负责人		给排水专业负责人		设计人		图别号	结施 3
				暖通专业负责人		制图人		日期	

图3.4　剪力墙结构地下二层顶板结构平面及详图

剪力墙暗柱配筋表

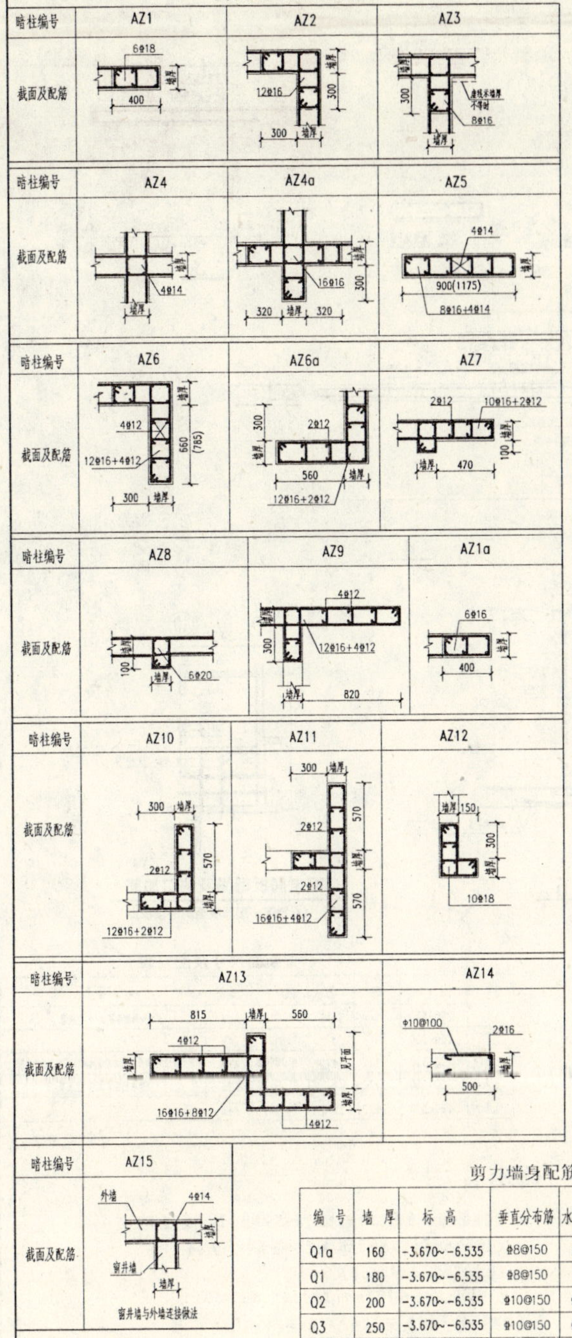

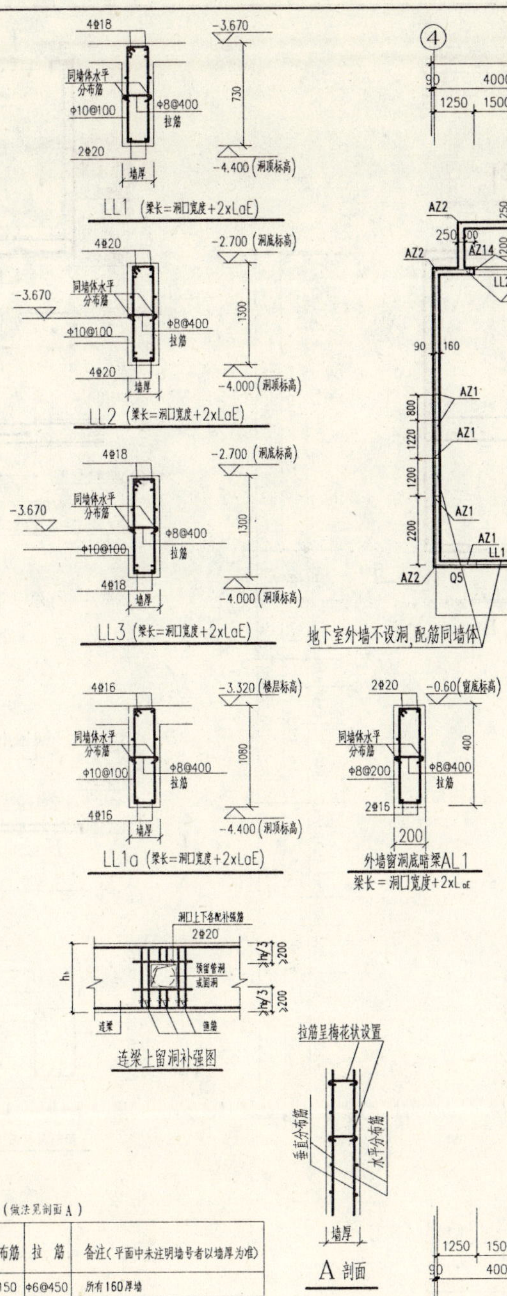

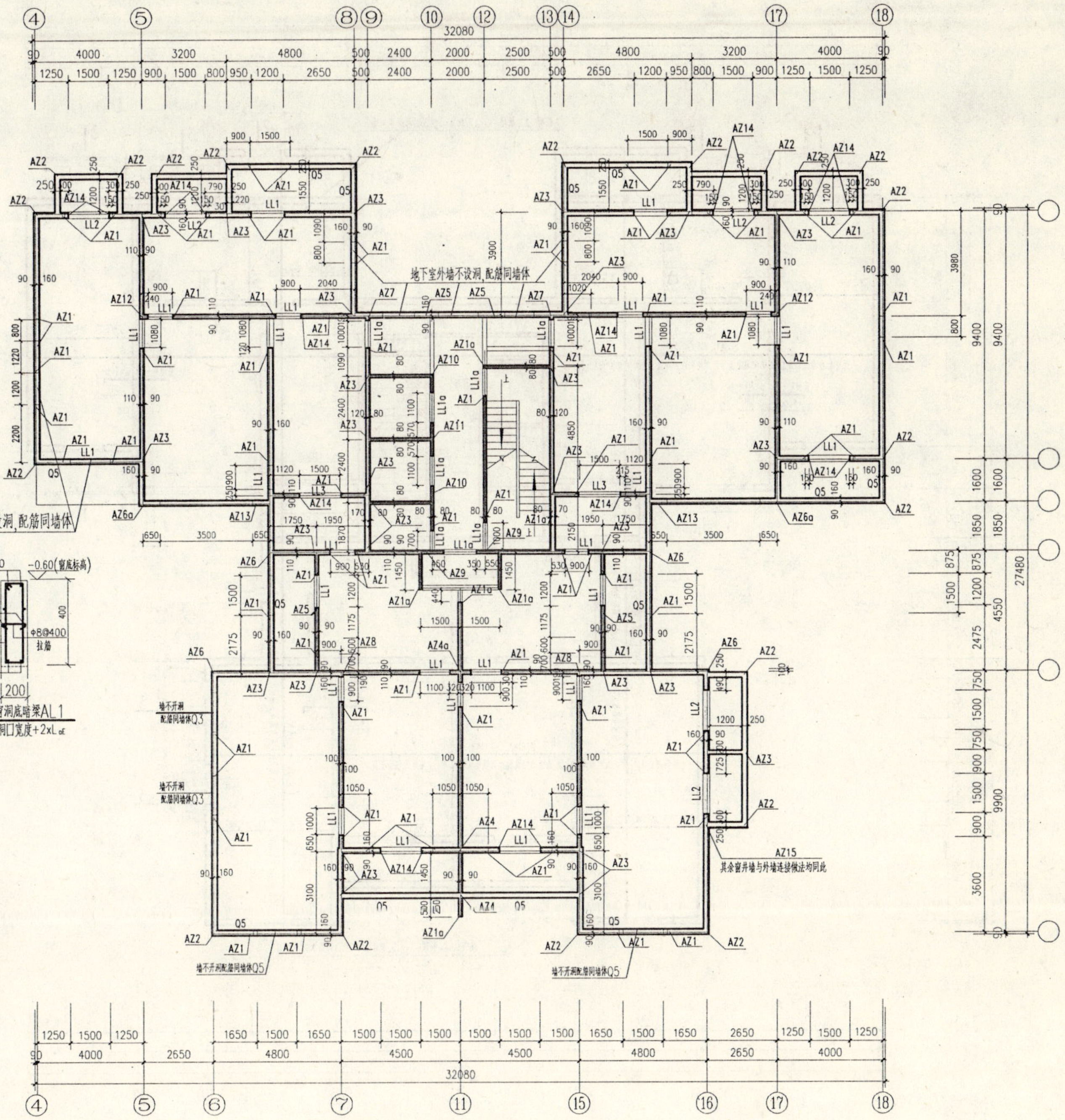

主楼地下二层墙体配筋平面 1:100

剪力墙身配筋表（做法见剖面A）

编号	墙厚	标高	垂直分布筋	水平分布筋	拉筋	备注（平面中未注明墙号者以墙厚为准）
Q1a	160	-3.670~-6.535	Φ8@150	Φ8@150	Φ6@450	所有160厚墙
Q1	180	-3.670~-6.535	Φ8@150	Φ8@150	Φ6@450	所有180厚墙
Q2	200	-3.670~-6.535	Φ10@150	Φ10@150	Φ8@450	所有200厚墙
Q3	250	-3.670~-6.535	Φ10@150	Φ10@150	Φ8@450	所有无挡土功能的所有250厚墙
Q4挡土外墙	250	-3.670~-6.535	Φ14@200	Φ14@200	Φ8@400	除平面中注明者外的所有有挡土功能的250厚墙
Q5挡土外墙	250	-3.670~-6.535	Φ14@100	Φ14@100	Φ8@400	平面中注明的250厚墙挡土外墙

暗柱配筋表注:

1. 表中除注明者外,暗柱箍筋及拉筋均为Φ10@100.
2. 在纵向钢筋搭接范围内,暗柱箍筋间距为100mm.
3. 表中详细尺寸与平面尺寸不一致时以平面尺寸为准.
4. 未注过梁处仅示上部暗柱下插位置,外墙AZ1参照一层洞口位置插筋.

说明:

1. 相邻两梁间距≤600时,视为一根梁,梁纵筋贯通。
2. 剪力墙抗震等三级,其构造详03G101-1图集。
3. 墙体预留洞除本图注明者外,详见水施、暖施、电施图。
   留洞位置大小须认真核对,不得后凿,并不得切断暗柱纵筋.

和谐建筑设计院		审定人		建筑专业负责人		电气专业负责人		工号	
		审核人		结构专业负责人				房号	
图名	地下二层墙体配筋平面	工程总负责人		给排水专业负责人		设计人		图别号	结施 4
				暖通专业负责人		制图人		日期	

图3.5 剪力墙结构地下二层墙体配筋平面图

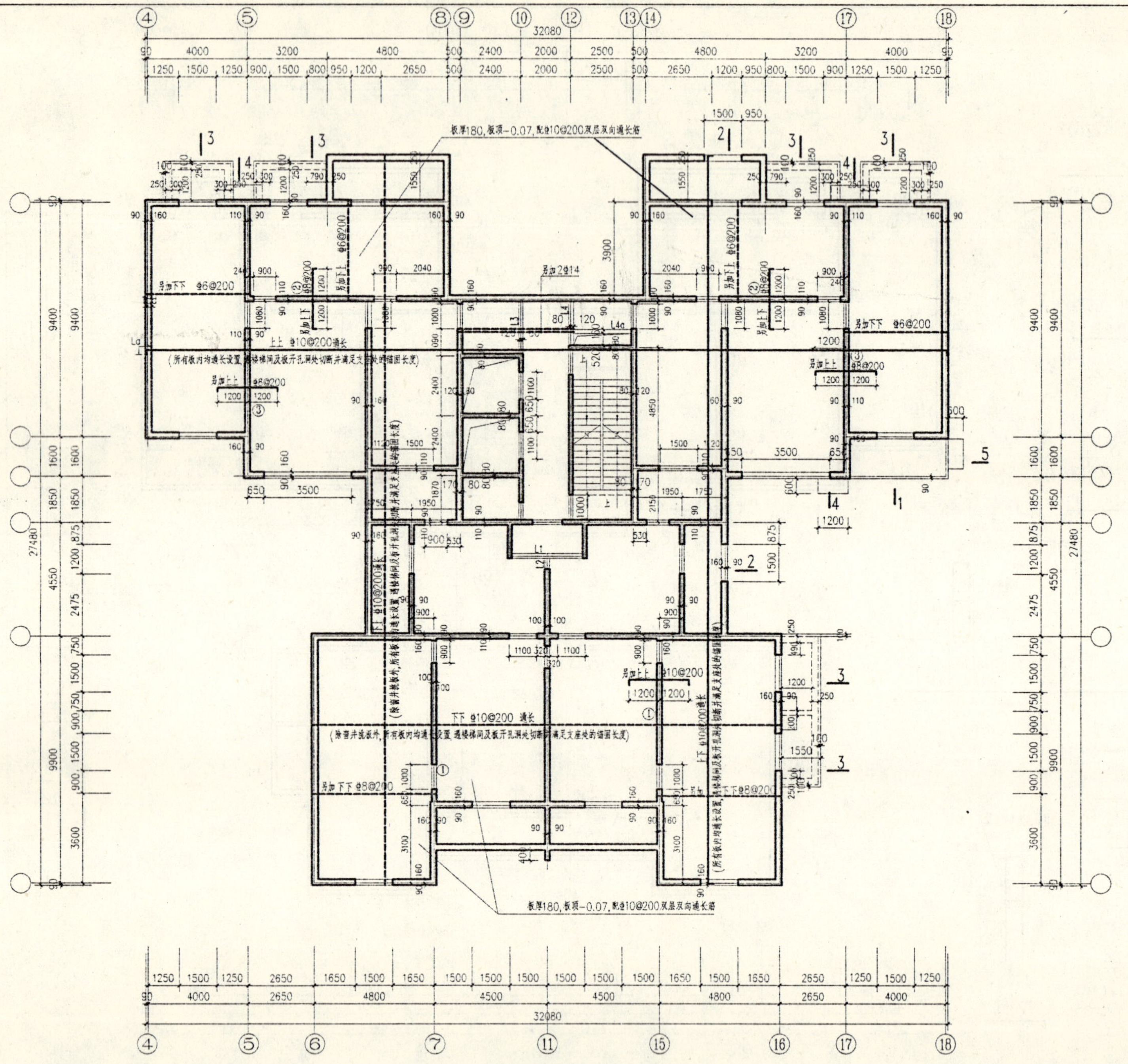

地下一层顶板结构平面 1:100

(梁板混凝土C30,板厚180,顶标高除注明者外,均为-0.07)

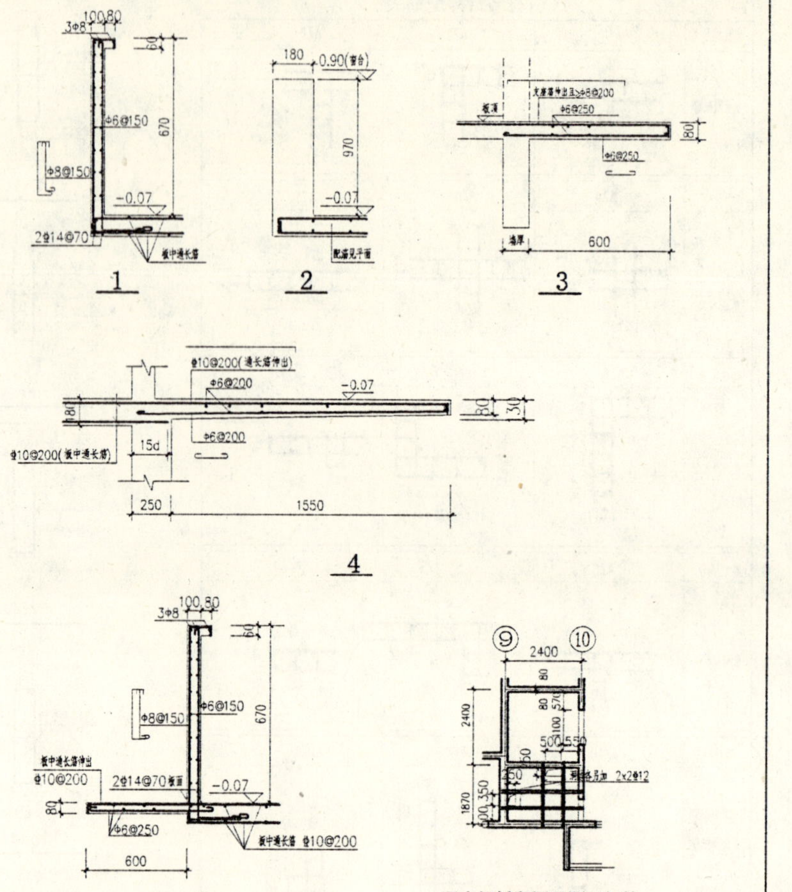

配电间板留洞及洞口加筋

(自地下一层顶板至24层顶板)

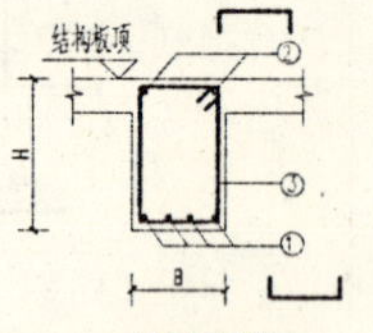

梁剖面示意

梁断面尺寸及配筋表

梁号	B x H	①	②	③	梁长	备注
L1	200x430	2φ20	2φ18	φ10@100	见平面	L2交接处两侧各另加2φ12箍筋
L2	200x300	2φ14	2φ12	φ8@100	见平面	
L3	200x330	2φ22	2φ22	φ10@100	见平面	梁中不得穿管,如要穿管道则梁高改为1200并作加固
L4	200x330	3φ22	2φ20	φ10@100	见平面	L4a交接处两侧各另加2φ12箍筋
L4a	160x300	2φ20	2φ12	φ6@150	见平面	

说明:

1. 钢筋混凝土板中,现浇板(Bx)编号相同者表示跨中钢筋直径、间距、板厚相同支座钢筋号相同者表示支座钢筋直径、间距和伸出梁边的距离相等.
   未标注的支座连系筋一律为φ6@200.
2. 现浇板预留孔洞位置,除注明者外均见建施及设备图. 洞径 <300 时,钢筋遇洞绕过不得截断. 洞 径≥300 时,除标明者外加筋见结施 1.
3. 除注明者外,轻隔墙下板底另加 2φ14 通长,位置详见建施图.

和谐建筑设计院		审定人		建筑专业负责人		电气专业负责人		工号	
		审核人		结构专业负责人				房号	
图名	地下一层顶板结构平面及详图	工程总负责人		给排水专业负责人		设计人		图别号	结施5
				暖通专业负责人		制图人		日期	

图3.6 剪力墙结构地下一层顶板结构平面及详图

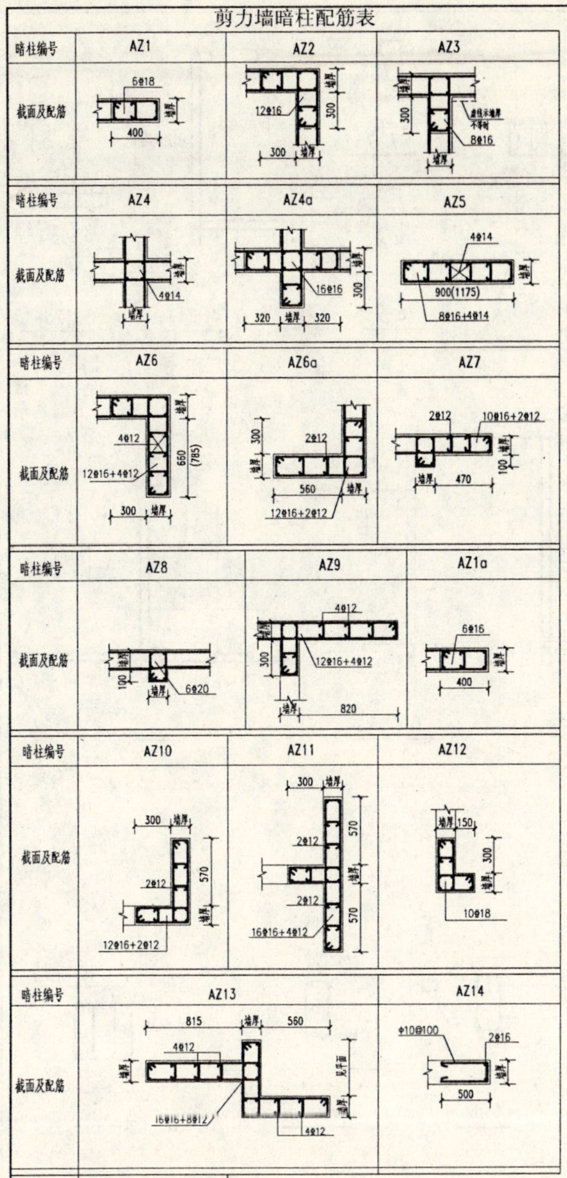

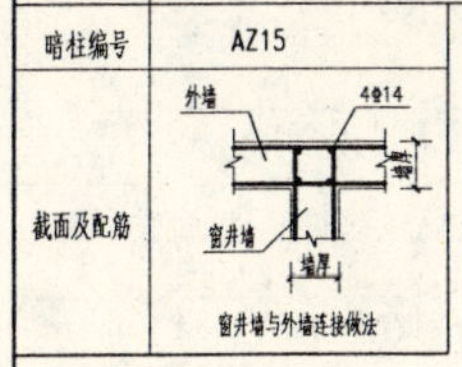

暗柱配筋表注：

1. 除注明者外，暗柱箍筋及拉筋均为 Φ10@100.
2. 在纵向钢筋搭接范围内，暗柱箍筋间距为 100mm.
3. 表中详细尺寸与平面尺寸不一致时以平面尺寸为准.
4. 未注过梁处仅示上部暗柱下插位置，外墙AZ1参照一层洞口位置插筋.

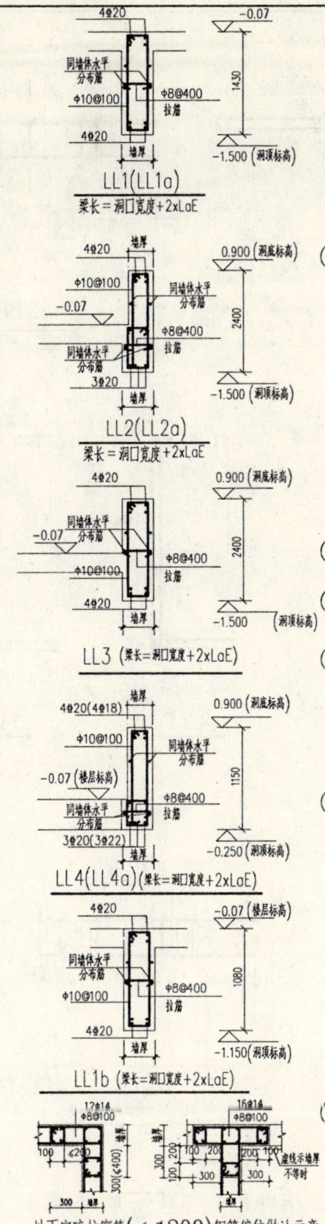

地下室暗柱穿管(≤ Ø200)钢筋偏位做法示意

(管径> Ø200需加固处理)

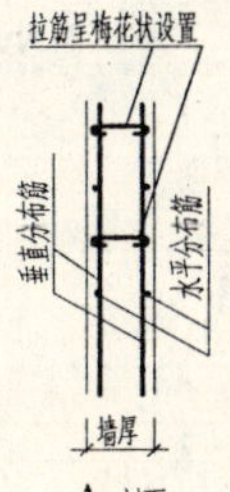

A 剖面

剪力墙身配筋表(做法见剖面A)

编号	墙厚	标高	垂直分布筋	水平分布筋	拉筋	备注（平面中未注明墙号者以墙厚为准）
Q1a	160	-0.070~-3.670	Φ8@150	Φ8@150	Φ6@450	所有160厚墙
Q1	180	-0.070~-3.670	Φ8@150	Φ8@150	Φ6@450	所有180厚墙
Q2	200	-0.070~-3.670	Φ10@150	Φ10@150	Φ8@450	所有200厚墙
Q3包括挡土外墙	250	-0.070~-3.670	Φ12@200	Φ12@200	Φ8@400	除平面中注明者外的所有250厚墙
Q4 挡土外墙	250	-0.070~-3.670	Φ14@100	Φ14@100	Φ8@400	平面中注明的250厚墙挡土外墙

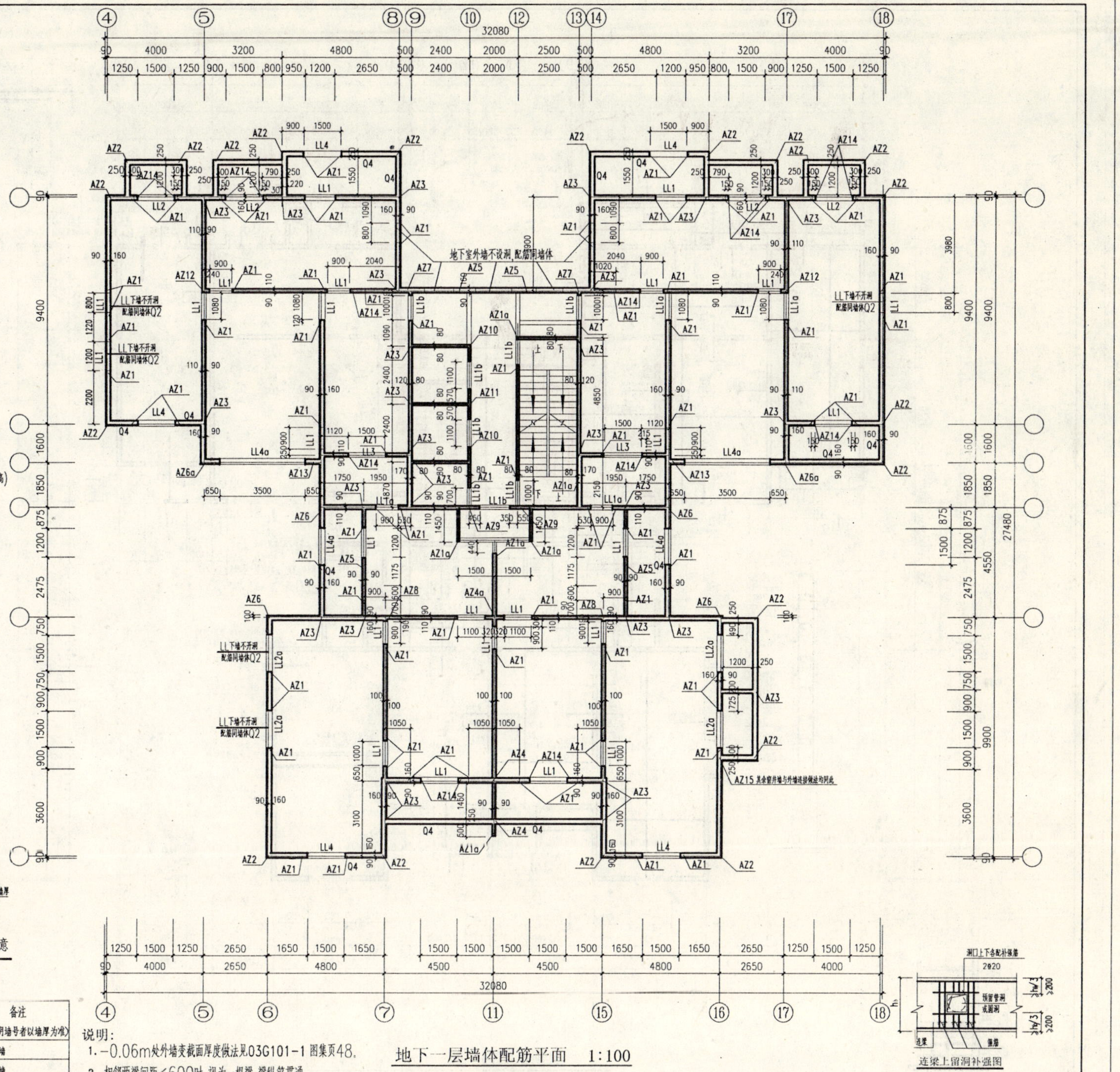

连梁上留洞补强图

说明：

1. −0.06m处外墙变截面厚度做法见03G101−1 图集页48.
2. 相邻两梁间距≤600时，视为一根梁，梁纵筋贯通.
3. 剪力墙抗震等三级，其构造详03G101−1图集.
4. 墙体预留洞除本图注明者外，详见水施、暖施、电施图.

地下一层墙体配筋平面 1:100

和谐建筑设计院		审定人		建筑专业负责人		电气专业负责人		工号	
		审核人		结构专业负责人				房号	
图名	地下一层墙体配筋平面	工程总负责人		给排水专业负责人		设计人		图别号	结施 6
				暖通专业负责人		制图人		日期	

图3.7 剪力墙结构地下一层墙体配筋平面图

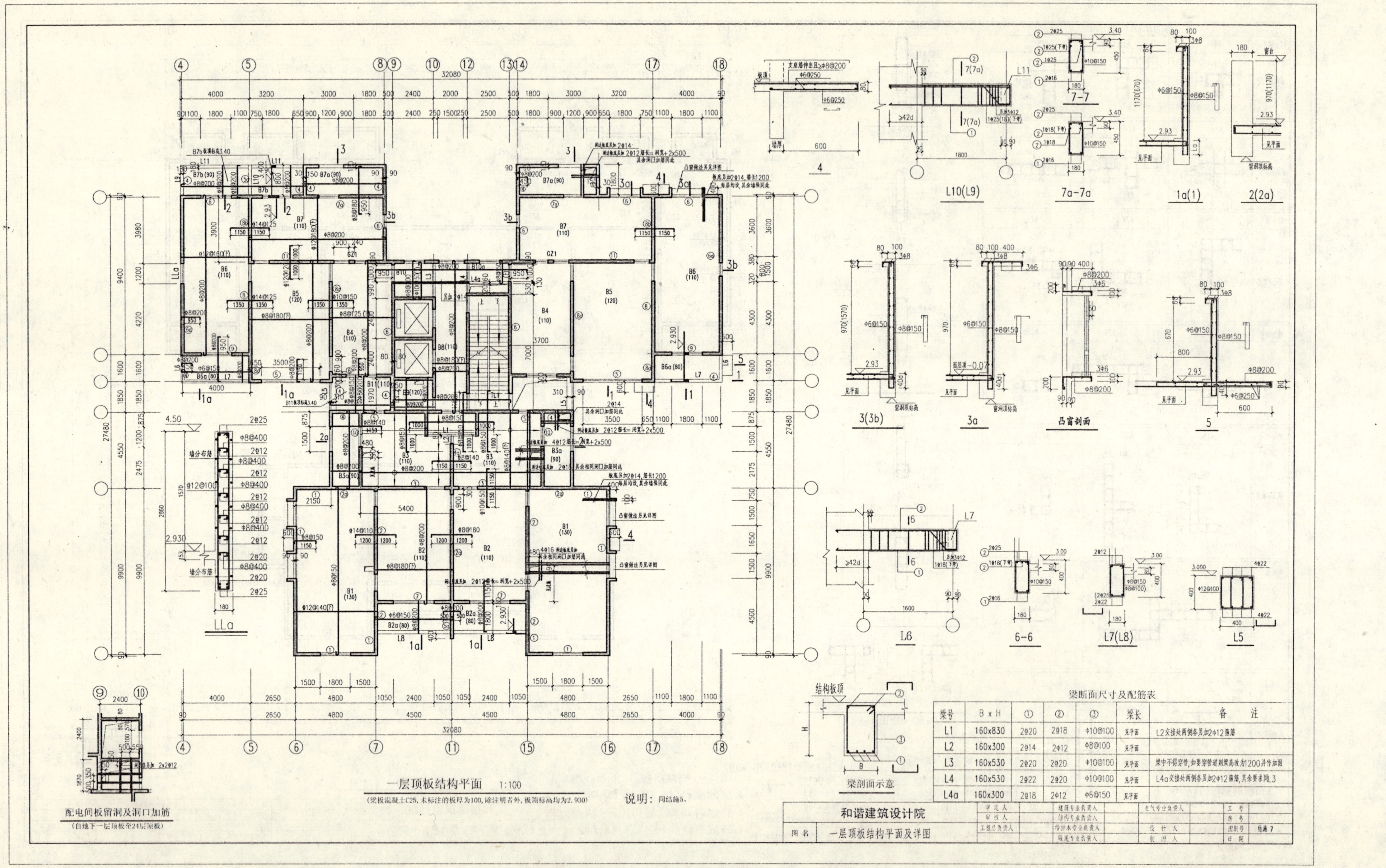

梁断面尺寸及配筋表

梁号	B x H	①	②	③	梁长	备注
L1	160x830	2Φ20	2Φ18	Φ10@100	见平面	L2交接处两侧各另加2Φ12箍筋
L2	160x300	2Φ14	2Φ12	Φ8@100	见平面	
L3	160x530	2Φ20	2Φ20	Φ10@100	见平面	梁中不得穿管，如要穿管道则梁高改为1200并作加固
L4	160x530	2Φ22	2Φ20	Φ10@100	见平面	L4a交接处两侧各另加2Φ12箍筋，其余要求同L3
L4a	160x300	2Φ18	2Φ12	Φ6@150	见平面	

和谐建筑设计院		审定人	建筑专业负责人		电气专业负责人	工号	
		审核人	结构专业负责人			房号	
图名	一层顶板结构平面及详图	工程总负责人	给排水专业负责人		设计人	图别号	结施7
			暖通专业负责人		制图人	日期	

图3.8　剪力墙结构一层顶板结构平面及详图

剪力墙暗柱配筋表

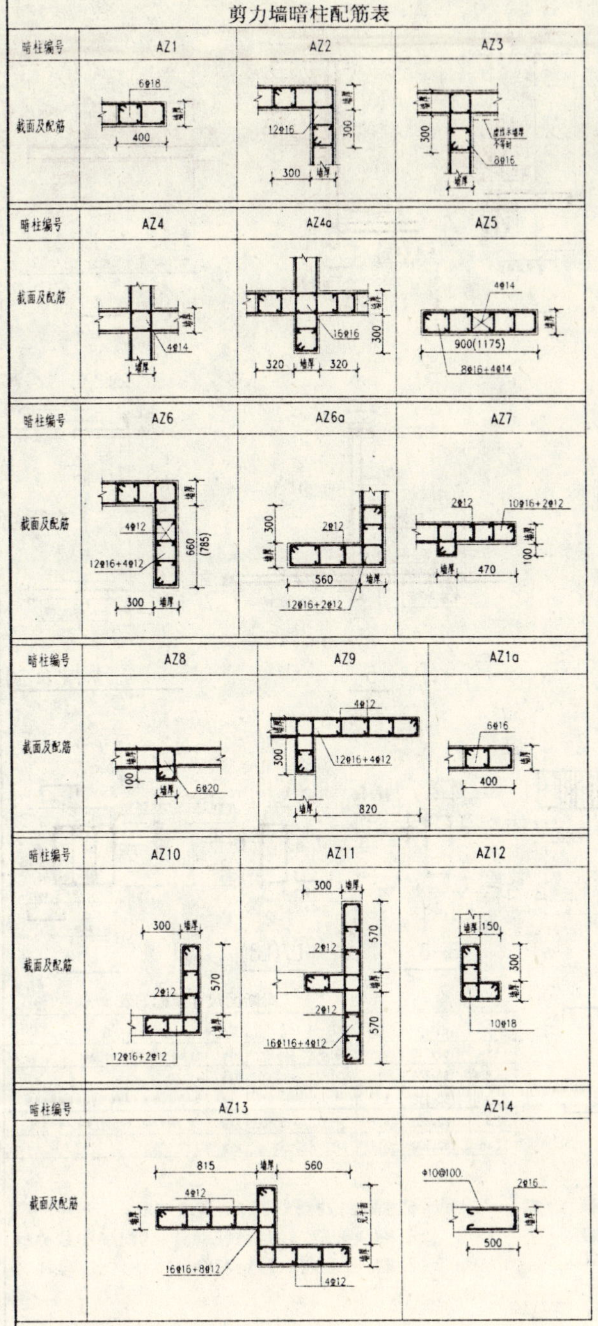

暗柱配筋表注:

1. 除注明者外,暗柱箍筋及拉筋均为 Φ10@100.
2. 在纵向钢筋搭接范围内,暗柱箍筋间距为100mm
3. 表中详细尺寸与平面尺寸不一致时以平面尺寸为准.

剪力墙身配筋表(做法见剖面A)

编号	标高	墙厚	垂直分布筋	水平分布筋	拉筋
Q1	-0.070~2.930	180	Φ10@200	Φ10@200	Φ6@400
Q2	-0.070~2.930	160	Φ10@200	Φ8@150	Φ6@400
Q3	-0.070~2.930	170	Φ10@200	Φ8@150	Φ6@400
Q4	-0.070~2.930	250	Φ12@200	Φ12@200	Φ8@400

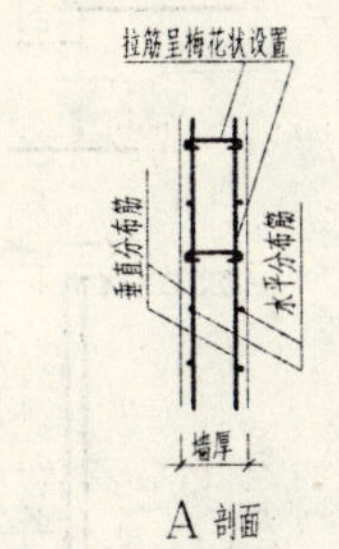

剪力墙连梁配筋表

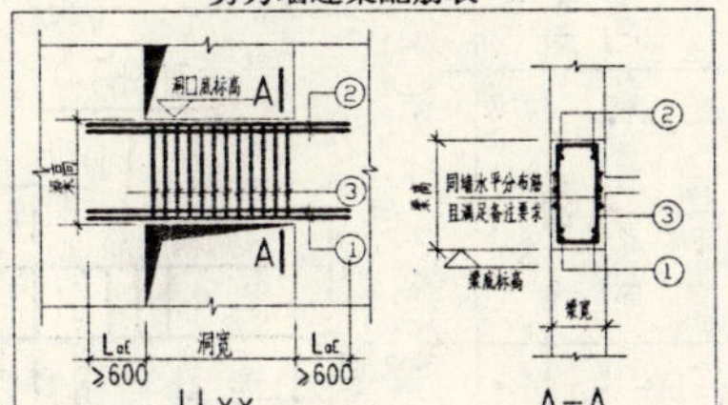

连梁号	洞宽	梁高	梁底标高	①	②	③
LL1	见平面	1400	2.50	4Φ16	4Φ16	Φ10@100
LL2	见平面	430	2.50	2Φ18	2Φ18	Φ10@100
LL3	见平面	500	2.50	2Φ18	2Φ18	Φ10@100
LL3a	见平面	500	2.50	4Φ16	4Φ16	Φ12@100
LL4	见平面	2000	2.50	4Φ18	4Φ18	Φ12@100
LL5	见平面	830	2.10	2Φ18	2Φ18	Φ10@100
LL5a	见平面	830	2.10	4Φ10	4Φ10	Φ12@100
LL6	见平面	730	2.20	2Φ18	2Φ18	Φ10@100
LL7	见平面	400	2.50	2Φ18	2Φ18	Φ10@100

说明:

1. 相邻两梁间距≤600时,视为一根梁,梁纵筋贯通.
2. 剪力墙抗震等级三级,其构造详见03G101-1图集.
   剪力墙错洞做法详03G329-1图集.
3. 墙体预留洞除本图注明者外,详见水施、暖施、电施图.
   留洞位置大小须认真核对,不得后凿. 并须躲开暗柱.
4. 连梁中纵筋每排最多根数:梁宽160(180)时,每排2根.
   梁宽250时,每排3根.
5. 当连梁高度≥700mm且墙体水平分布钢筋小于10mm时,
   梁侧另加腰筋Φ10@200.

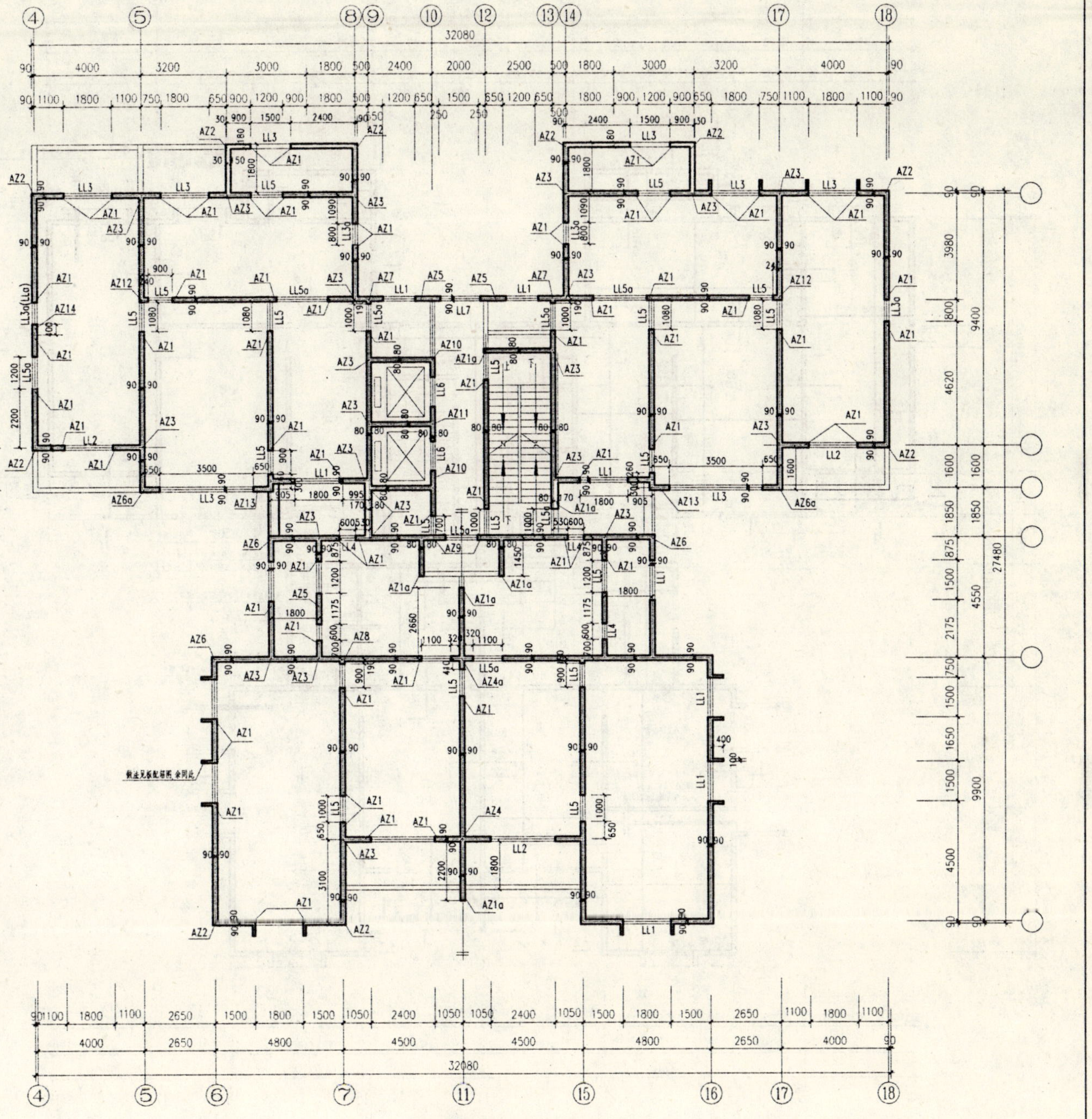

和谐建筑设计院		审定人		建筑专业负责人		电气专业负责人		工号	
		审核人		结构专业负责人				房号	
图名	一层墙体配筋平面	工程总负责人		给排水专业负责人		设计人		图别号	结施 8
				暖通专业负责人		制图人		日期	

图3.9 剪力墙结构一层墙体配筋平面图

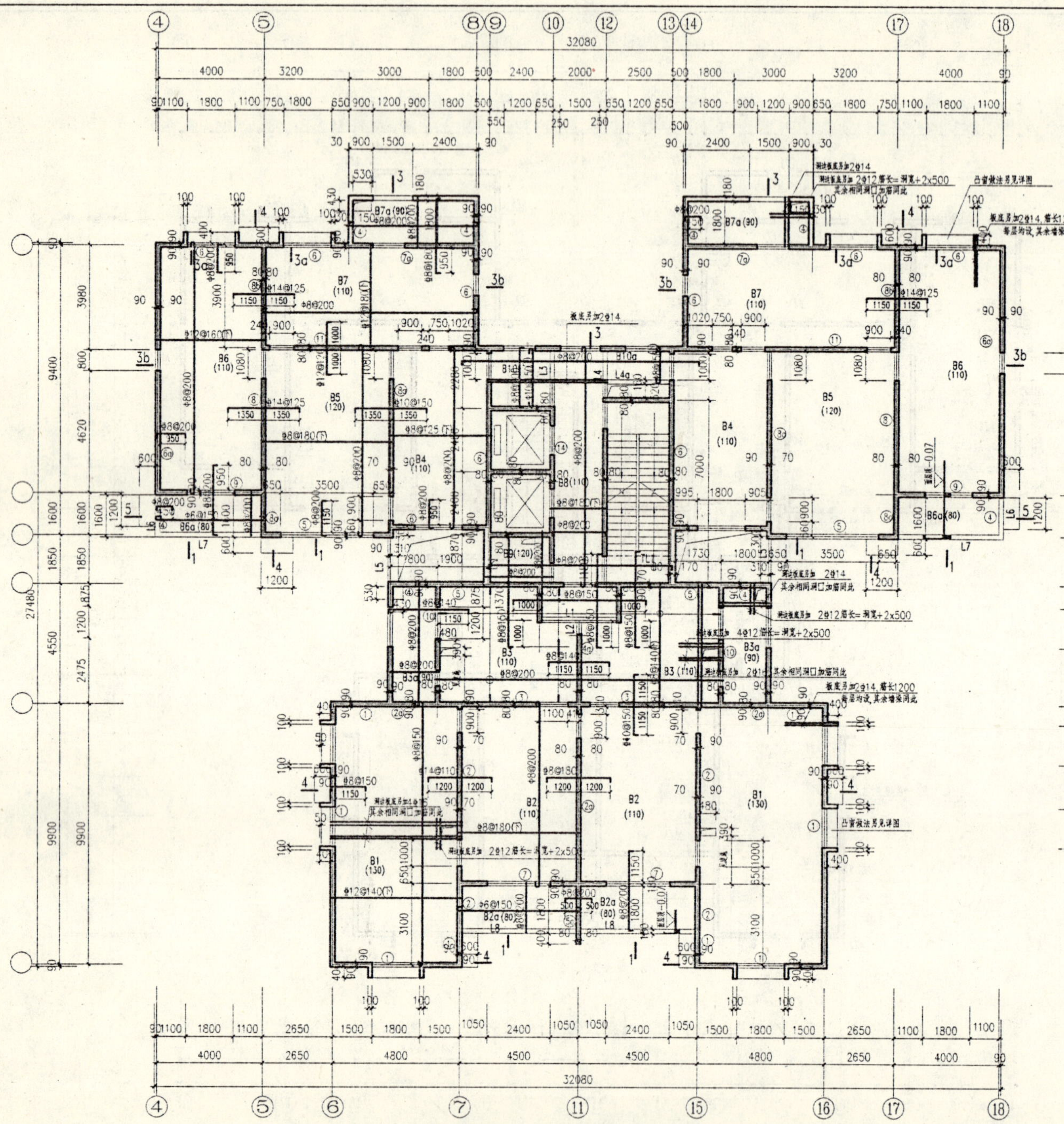

标准层顶板结构平面 1：100

(梁板混凝土C25，未标注的板厚为100，除注明者外，板顶标高均为建筑面层标高-0.07)

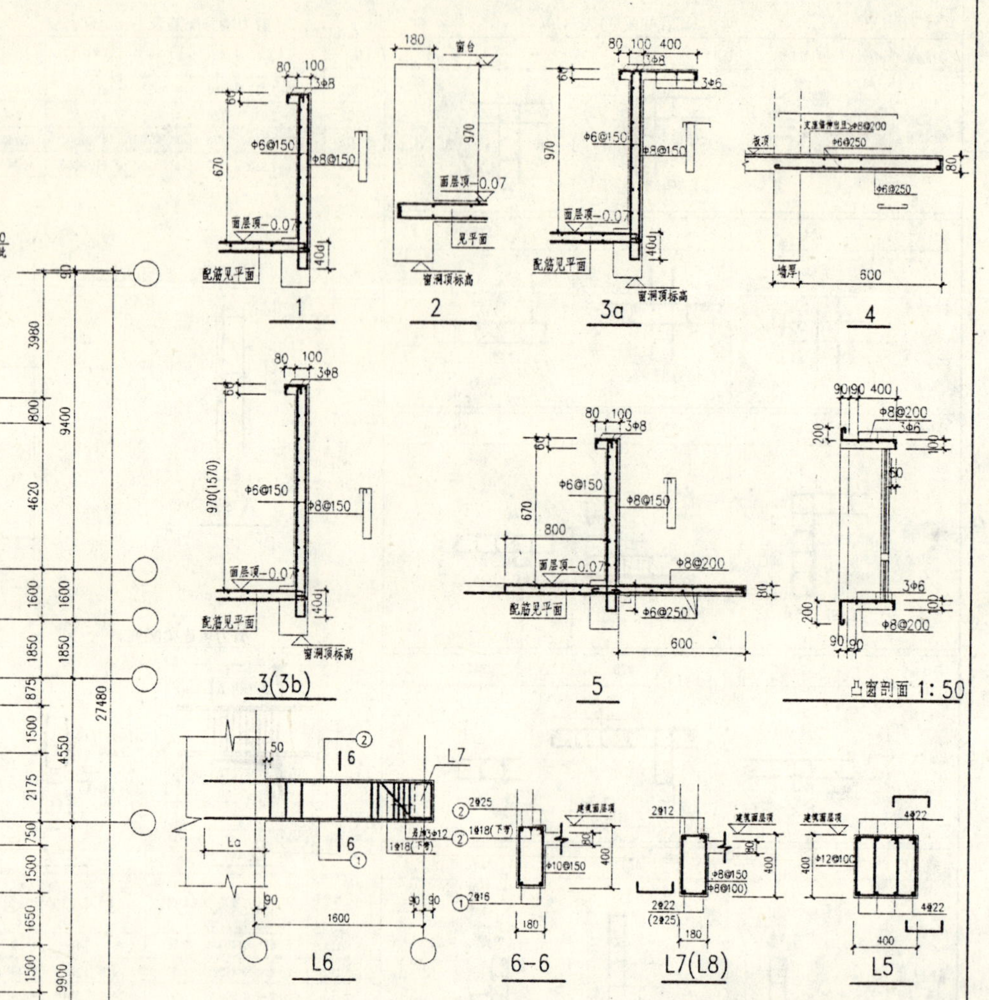

凸窗剖面 1：50

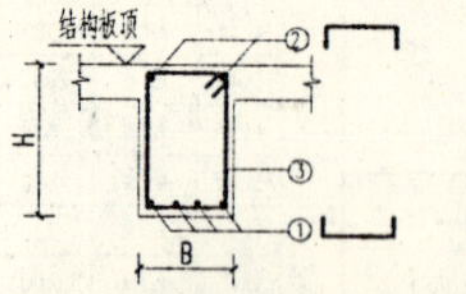

梁剖面示意

梁断面尺寸及配筋表

梁号	B x H	①	②	③	梁长	备 注
L1	160x730	2Φ20	2Φ18	φ10@100	见平面	L2交接处两侧各另加2φ12箍筋
L2	160x300	2Φ14	2φ12	φ8@100	见平面	
L3	160x430	2Φ22	2Φ22	φ10@100	见平面	梁中不得穿管，如要穿管道则需增加梁高并作加固
L4	160x430	2Φ22	2Φ20	φ10@100	见平面	L4a交接处两侧各另加2φ12箍筋，其余要求同L3
L4a	160x300	2Φ18	2φ12	φ6@150	见平面	

说明：

1. 钢筋混凝土板中，现浇板(Bx)编号相同者表示跨中钢筋直径、间距、板厚相同，支座钢筋号相同者表示支座钢筋直径、间距和伸出梁边的距离相等。未标注的单向板分布筋为φ8@200，支座连系筋一律φ6@200。
2. 现浇板预留孔洞位置，除注明者外均见建施及设备图。洞径 <300 时，钢筋遇洞绕过不得截断。洞径>300 时，除标明者外加筋见结施1。
3. 除注明者外，轻隔墙下板底另加筋见结施1，位置详见建施图。
4. 悬臂梁，板的支撑须等混凝土强度达到100%后才可拆除。
5. 空调机室外安装搁板配筋详见剖面4，其位置见建施。
6. 楼梯、电梯、阳台、窗井及空调室外机搁板等部件所需预埋铁件见建施及相关图集。
7. 厨房、厕所通风洞留洞位置及大小详见建施(本图仅示意)，其他说明见结施1。

和谐建筑设计院		审定人		建筑专业负责人		电气专业负责人		工号	
		审核人		结构专业负责人				房号	
图名	标准层顶板结构平面及详图	工程总负责人		给排水专业负责人		设计人		图别号	结施 9
				暖通专业负责人		制图人		日期	

图3.10 剪力墙结构标准层顶板结构平面及详图

剪力墙暗柱配筋表

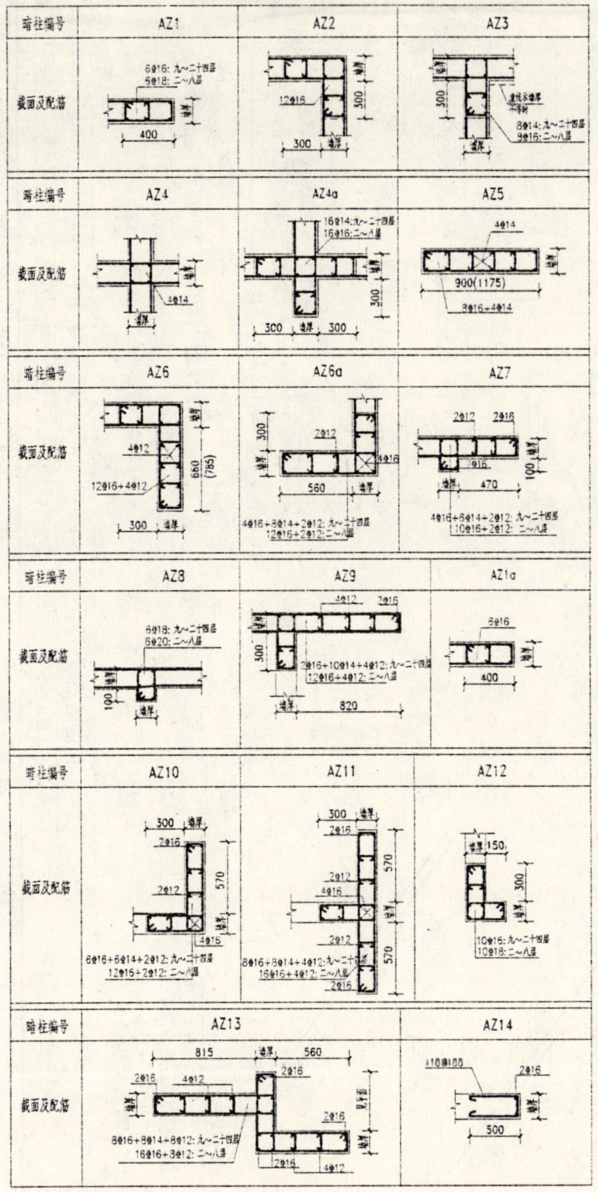

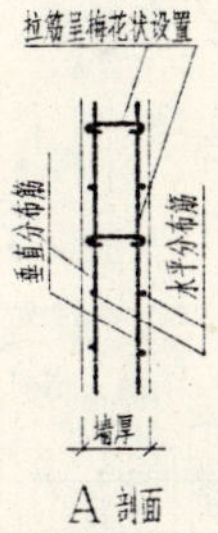

A 剖面

剪力墙连梁配筋表

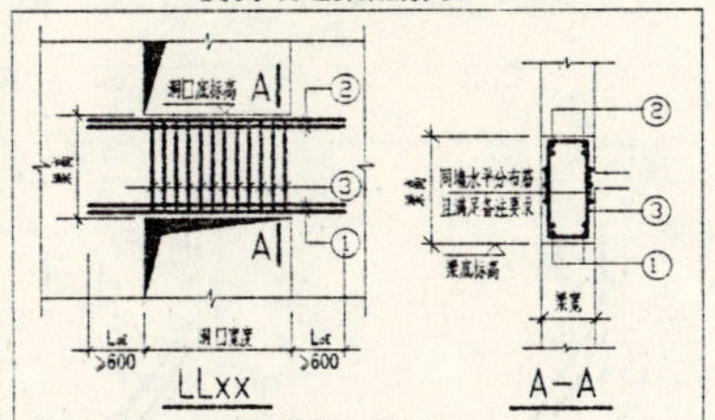

注：当连梁高度≥700mm且墙体水平分布钢筋小于10mm时，梁侧另加腰筋Φ10@200，梁底标高=楼地面建筑标高+洞口高度

连梁号	洞口宽度	梁高	洞口高度	①	②	③
LL1	见平面	1300	2.50	4Φ16	4Φ16	Φ10@100
LL2	见平面	330	2.50	2Φ18	2Φ18	Φ10@100
LL3	见平面	400	2.50	2Φ18	2Φ18	Φ10@100
LL3a	见平面	400	2.50	4Φ16	4Φ16	Φ12@100
LL4	见平面	1900	2.50	4Φ18	4Φ18	Φ10@100
LL5	见平面	730	2.10	2Φ18	2Φ18	Φ10@100
LL5a	见平面	730	2.10	4Φ18	4Φ18	Φ12@100
LL6	见平面	630	2.20	2Φ18	2Φ18	Φ10@100

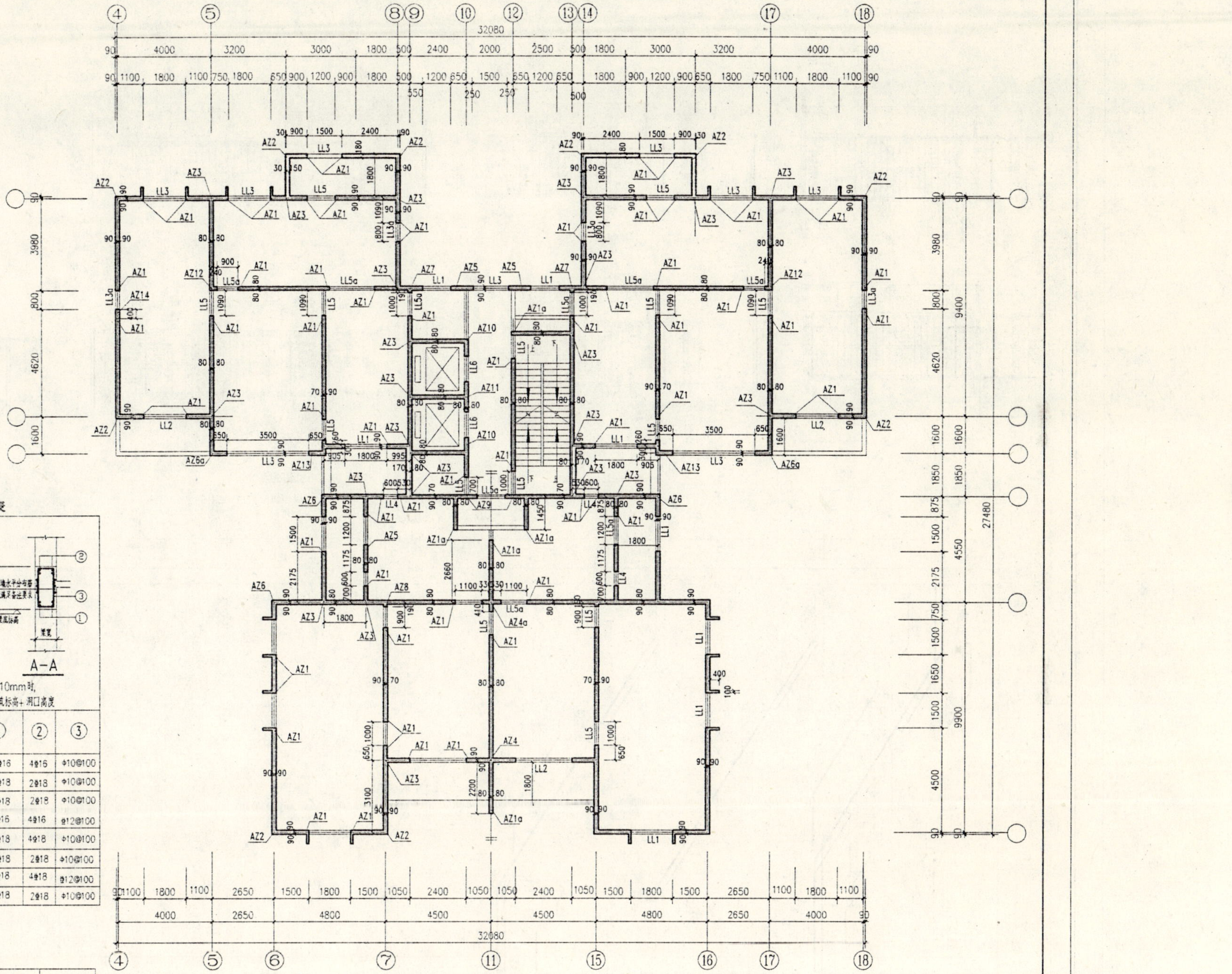

标准层墙体配筋平面 1:100

暗柱配筋表注：

1. 除注明者外，暗柱箍筋及拉筋均为Φ10@100.
2. 在纵向钢筋搭接范围内，暗柱箍筋间距为100mm.
3. 表中详细尺寸与平面尺寸不一致时以平面尺寸为准.

剪力墙身配筋表（做法见剖面A）

编号	标高	墙厚	二~八层		拉筋	九~二十四层		拉筋
			垂直分布筋	水平分布筋		垂直分布筋	水平分布筋	
Q1	2.830~68.930	180	Φ10@200	Φ10@200	Φ6@400	Φ10@200	Φ10@200	Φ6@400
Q2	2.830~68.930	160	Φ10@200	Φ8@150	Φ6@400	Φ8@200	Φ8@200	Φ6@600
Q3	2.830~68.930	170	Φ10@200	Φ8@150	Φ6@400	Φ8@200	Φ8@200	Φ6@600
Q4	2.830~68.930	250	Φ12@200	Φ12@200	Φ8@400	Φ12@200	Φ12@200	Φ8@400

说明：

同结施8.

和谐建筑设计院		审定人		建筑专业负责人		电气专业负责人		工号	
		审核人		结构专业负责人				房号	
图名	标准层墙体配筋平面	工程总负责人		给排水专业负责人		设计人		图别号	结施 10
				暖通专业负责人		制图人		日期	

图3.11 剪力墙结构标准层墙体配筋平面图

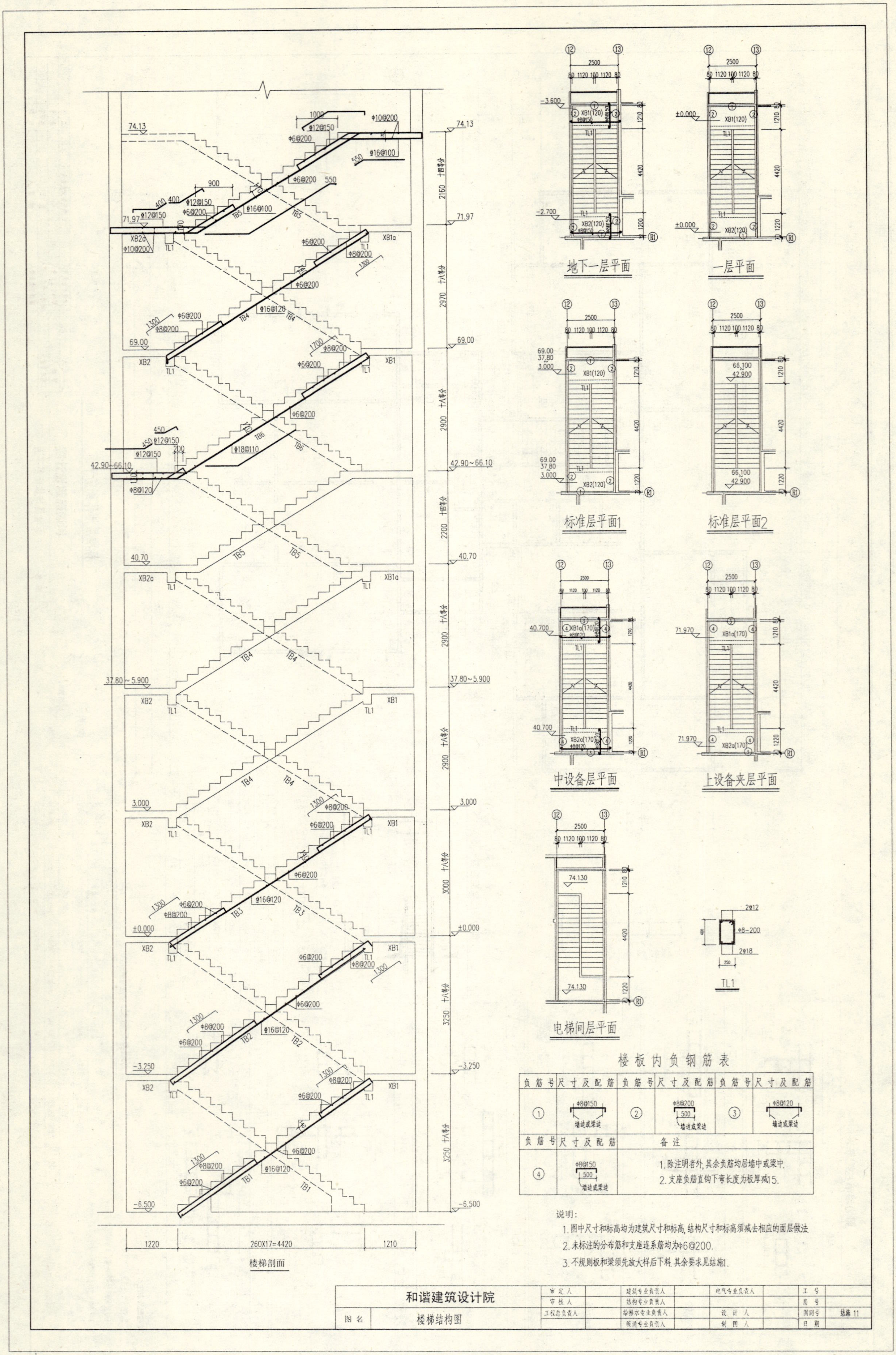

图3.12　高层剪力墙结构楼梯（剪刀梯）结构图

1.2 钢筋混凝土剪力墙结构设计总说明

钢筋混凝土剪力墙结构设计总说明与框架结构设计总说明大致相同，其主要内容如下：

（1）概况：结构形式、层数（含地下、地上）、使用功能、建设地点等；设计 ±0.000 标高所对应的绝对标高；图纸中标高、尺寸的单位。

（2）自然条件和设计依据。包括：本工程结构设计所采用的主要标准及法规、抗震设防烈度和设防类别、场地类别、设计地震分组、风荷载、雪荷载、地基土的冰冻深度、基础持力层及承载力、构件的环境类别、楼（屋）面使用活荷载、人防工程的抗力等级等。

（3）建筑结构的安全等级和设计合理使用年限。设计合理使用年限既是风荷载、雪荷载，以及地震作用确定的依据，又是主体结构保修年限确定的依据。

（4）地基基础和上部结构选型：地基基础设计等级，地基处理方案或抗液化措施及要求、基础形式、基础埋深及持力层名称；若采用桩基，应说明桩的类型、桩端持力层及进入持力层的深度。

（5）上部结构抗侧力体系的选用并确定构件的抗震等级、梁板选型（是现浇还是预制、是否采用预应力体系和空心楼盖体系等）。

（6）主要结构材料：各部位的混凝土等级、钢筋等级及对连接的要求（搭接和锚固的具体构造要求及搭接和锚固长度、焊接或机械连接的部位和构造要求）。

（7）主要结构体系的构造做法：底部加强区域的部位及配筋要求；约束边缘构件和构造边缘构件的设置部位及配筋要求；连梁的配筋要求；板和次梁支座处钢筋的锚固做法；梁腰筋的设置要求；受力主筋保护层厚度；受力钢筋的锚固和搭接要求；填充墙与主体结构的连接构造做法等。

（8）对施工的具体要求：验槽；回填土；大跨度梁板支模起拱要求；基础筏板纵横两方向钢筋哪一方向在上层、哪一方向在下层；后浇带的部位及施工要求；悬臂构件等重要部位拆模时的混凝土强度等级；冬、雨季施工措施；预应力等特殊构件的施工要求等。

（9）测试要求：对桩基要求做质量稳定性的动测及确定承载力的静压桩试验，有沉降观测要求的建筑的沉降观测要求等；

（10）本工程所采用的国家、行业及地方标准图集、通用图集。

（11）其他。

第2节　剪力墙结构与异形柱框架-剪力墙结构的经济效益比选

【实例3.1】　高层住宅结构方案比选。

2000年8月，石家庄某房地产开发公司为降低开发成本，对小区的二期工程25～27号楼的18层高层住宅方案进行公开结构方案招标，要求在满足安全和使用要求的前提下，主体结构用钢量不超过60kg/m²（原方案已出施工图，其主体结构用钢量为80kg/m²）并承诺如果中标方案用钢量不超过50kg/m²，设计费可以与所节省的用钢量挂钩。为此，我们根据建设单位提供的建筑方案及招标文件，推出有较多内承重墙的现浇钢筋混凝土剪力墙结构、大开间灵活分隔现浇钢筋混凝土剪力墙结构以及异形柱框架-剪力墙结构三个结构方案（见图3.13～图3.15）进行比选，从中选出综合效益最好的方案。本工程按89规范设计。

2.1 住宅可选三种结构方案概述

根据建筑方案及招标文件，建设场地抗震设防烈度为7度，场地类别为Ⅱ类，标准层层高2.90m。依据现行国家规范和行业（或地区）标准，对下述三个结构方案进行比选。

1. 方案1：有较多内承重墙的现浇钢筋混凝土剪力墙结构

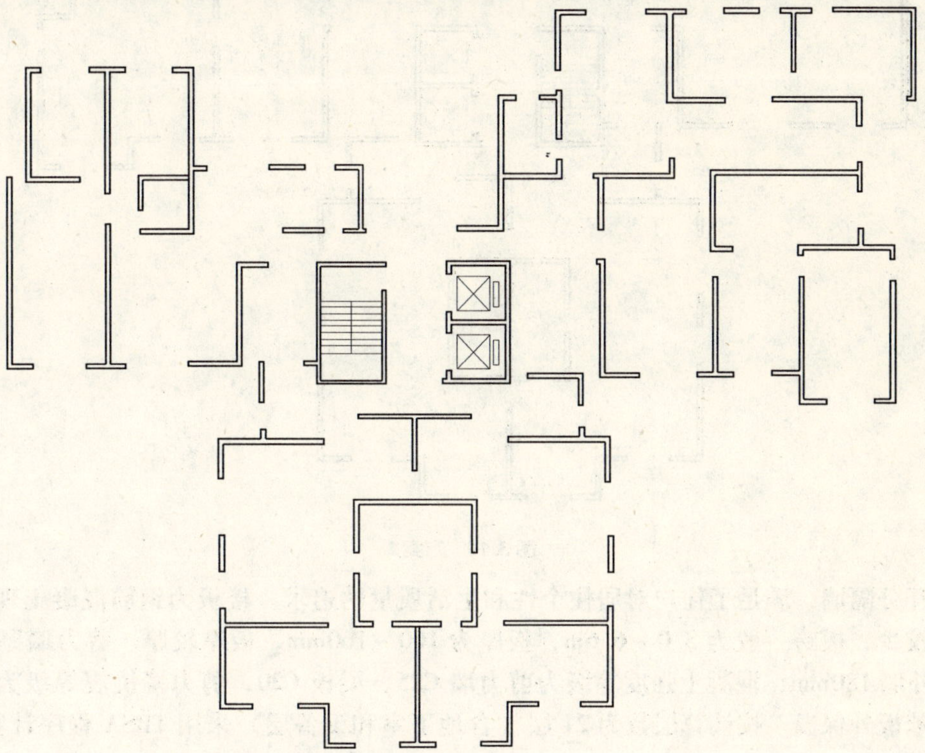

图3.13　方案1

该方案（见图3.13）的特点是依据建筑平面布局设置钢筋混凝土剪力墙，适当部位剪力墙断开以填充墙代替，使各墙段的刚度均匀，在地震作用下结构受力性能良好。楼板为钢筋混凝土现浇板，由于剪力墙较多，板跨一般不超过4.4m，考虑到板内埋设管线等板厚一般为100～110mm。剪力墙厚度为内墙160mm、外墙180mm，混凝土强度等级为剪力墙C25、梁板C20，剪力墙抗震等级为三级。外墙做聚苯板外保温。内力分析采用TBSA程序计算，计算层数为21层（含地下室和设备层），其X方向自振周期为$T_1=1.37s$、$T_2=0.37s$、$T_3=0.17s$，底部剪力标准值$F_{EK}=0.018G$（G为结构总重量），最大层间位移1/3287；Y方向自振周期为$T_1=1.07s$、$T_2=0.27s$、$T_3=0.12s$，底部剪力标准值$F_{EK}=0.022G$，最大层间位移1/4333。程序计算结果表明，剪力墙配筋均为构造配筋，依据设计规范及工程习惯做法，标准层内外剪力墙水平和竖向分布筋均配双层Φ8@200，暗柱配筋范围为不大于$1.5b_w$，主筋Φ14。

2. 方案2：大开间灵活分隔现浇钢筋混凝土剪力墙结构

该方案（见图3.14）的特点是外墙依据建筑平面布局设置钢筋混凝土剪力墙，取消一定数量的内承重墙，使每户都有一两个大开间，住户依据个人爱好进行二次装修时，可随意拆除、

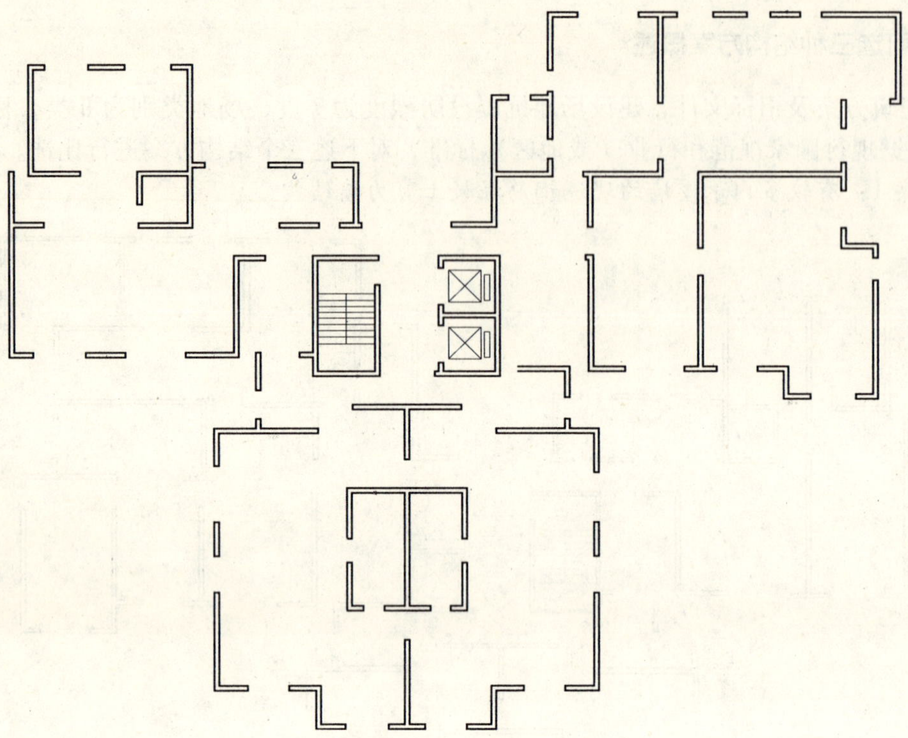

图 3.14　方案 2

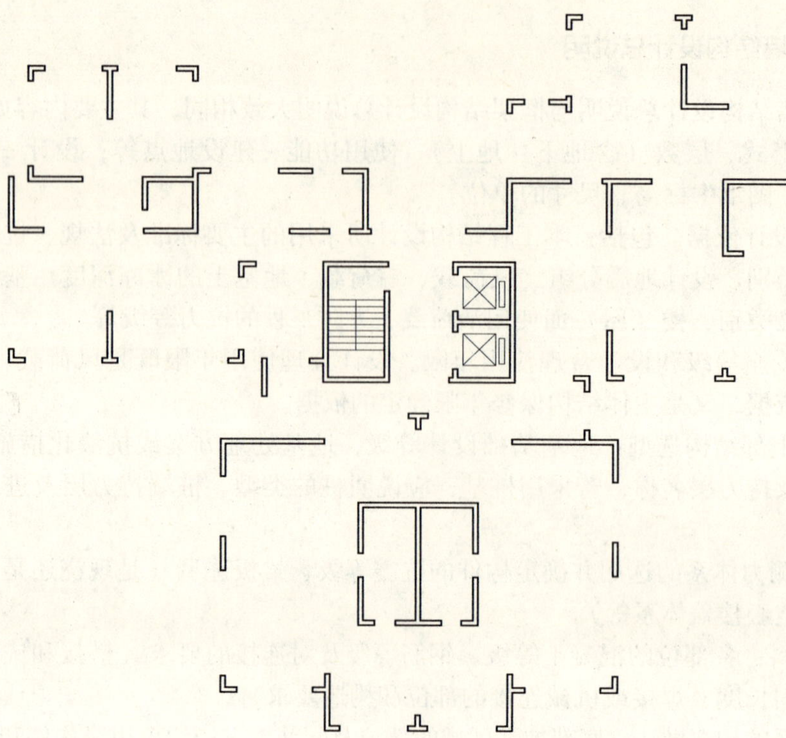

图 3.15　方案 3

移动和凿开分隔墙，满足了住户对居住个性和生活质量的追求。楼板为钢筋混凝土现浇板，由于剪力墙较少，板跨一般为 3.0～6.6m，板厚为 100～160mm，板厚较厚。剪力墙厚度为内墙 160mm、外墙 180mm，混凝土强度等级为剪力墙 C25、梁板 C20，剪力墙抗震等级为三级。外墙采用聚苯板外保温。按计算层数为 21 层（含地下室和设备层）采用 TBSA 程序计算结果为：X 方向自振周期 $T_1=1.79$s，$T_2=0.44$s，$T_3=0.19$s，底部剪力标准值 $F_{EK}=0.0187G$（G 为结构总重量），最大层间位移 1/1984；Y 方向自振周期 $T_1=1.72$s，$T_2=0.42$s，$T_3=0.18$s，底部剪力标准值 $F_{EK}=0.0194G$，最大层间位移 1/2075。程序计算结果表明，标准层以上剪力墙配筋均为构造配筋，依据设计规范及工程习惯做法，标准层内外剪力墙水平和竖向分布筋均配双层Φ8@200，暗柱配筋范围为≤$1.5b_w$，主筋Φ14。

3. 方案 3：异形柱框架-剪力墙结构

在设计阶段尚无异形柱框架-剪力墙结构国家规范，根据天津市标准《大开间住宅钢筋混凝土异形柱框轻结构技术规程》（DB 29—16—98）[29]，7 度设防区异形柱框架-剪力墙结构体系的最大适用高度为 55m，本工程室外地坪至檐口的高度为 55.5m，如适当调整室外地坪标高并将上下设备层的高度降为 2.1m，则可满足规程的上限值。该方案的特点是在外墙的 L 形和 T 形转角处设置钢筋混凝土异形柱，并在内部适当部位设置剪力墙核心内筒和部分短肢剪力墙，每个楼层的异形柱之间、异形柱与剪力墙之间设置框架梁，在剪力墙楼层处设置暗梁，从而构成异形柱框架-剪力墙结构（见图 3.15）。楼板为钢筋混凝土现浇板，板跨一般不超过 4.4m，板厚一般为 100～110mm。异形柱墙肢和剪力墙厚度均为 200mm，外墙保温为 300mm 厚加气混凝土砌块（异形柱墙肢外贴 100mm 厚加气混凝土砌块），内填充墙为 200mm 加气混凝土砌块。异形柱和剪力墙抗震等级为二级，混凝土等级剪力墙为 1～5 层为 C40，6～12 层为 C30，13 层以上为 C25，梁板 1 层以上均为 C20。按计算层数为 21 层（含地下室和设备层）采用 TBSA 程序计算结果（异形柱等效为矩形柱）为：X 方向自振周期 $T_1=1.81$s、$T_2=0.477$s、$T_3=0.216$s，底部剪力标准值 $F_{EK}=0.0178G$（G 为结构总重量），最大层间位移 1/1959；Y 方向自振周期 $T_1=1.69$s、$T_2=0.42$s、$T_3=0.187$s，底部剪力标准值 $F_{EK}=0.0195G$，最大层间位移 1/2107。短肢剪力墙、暗柱及框架梁的配筋依据计算结果确定。

2.2　住宅方案比选

方案 1 即有较多内承重墙的现浇钢筋混凝土剪力墙结构，结构体系成熟，抗震性能好，自 20 世纪 60 年代以来的许多地震调查报告均指出，带有剪力墙的建筑抗震性能好，而框架结构在强烈地震作用下可能倒塌，剪力墙只产生裂缝和不同程度的破坏而不会倒塌[58]。该方案内外剪力墙厚度较薄，施工时如采用大模板，装修时一般只需刮腻子即可，而不需要抹灰，房间的净使用面积是三个方案中最大的一个。由于承重墙间距较小，相对于方案 2，钢筋混凝土现浇板板厚较薄，板的混凝土和钢筋用量较小。由于隔墙大部分为剪力墙，隔墙与隔墙之间、隔墙与现浇板之间的交接处连接较好，不易产生裂缝，隔墙的隔声性能好，外墙聚苯板外保温做法保温性能好。

经计算，标准层的用钢量为 31.8kg/m²。

方案 2 即大开间灵活分隔现浇钢筋混凝土剪力墙结构，体系成熟，抗震性能好，内外剪力墙厚度较薄，施工时如采用大模板，装修时一般只需刮腻子即可，而不需要抹灰，房间的净使用面积是三个方案中最大的一个。由于承重墙间距较大，相对于方案 1 钢筋混凝土现浇板板厚较厚，其混凝土和钢筋用量都相对增加。由于房屋的开间较大，住户依据个人爱好进行二次装修时，可随意拆除、移动和凿开分隔墙，增加了使用的灵活性，但这与该房地产公司的物业管理中，不希望住户随意进行二次装修的要求不相符，它的优越性也就体现不出来了。此外，轻质隔墙与剪力墙和现浇板的交接处易产生裂缝，轻质隔墙的隔声性能较差。目前购房户与房地产开发公司之间因轻质隔墙接缝处的裂缝等的纠纷越来越多，有的房地产开发公司甚至因之而被告上法庭，致使房地产开发公司疲于应付。外墙聚苯板外保温做法保温性能较好。

方案3即异形柱框架-剪力墙结构，该结构体系目前尚处于探索阶段，试验研究表明高轴压比剪力墙延性较差[60]，其抗震性能不如前述两方案。而且本工程的房屋高度略超过天津市标准《大开间住宅钢筋混凝土异形柱框轻结构技术规程》[29]规定的最大适用高度，本工程采用这种结构体系有点勉强。外墙L形和T形转角处的异形柱和内部剪力墙核心内筒及部分短肢剪力墙厚度均为200mm，墙厚较厚，异形柱之间、异形柱与剪力墙之间要后砌填充墙，墙面装修时必须抹灰，房间的净使用面积是三个方案中最小的一个。而且每个楼层的异形柱之间、异形柱与剪力墙之间需设置框架梁，在剪力墙楼层处也需设置暗梁，从而增加了楼层框架梁的数量，其钢筋用量也随之增加。为控制异形柱的轴压比，12层以下的异形柱和剪力墙的混凝土等级比前述两方案提高了1～3个等级，也增加了土建造价。此外，轻质隔墙与异形柱框架的交接处易产生裂缝，轻质隔墙的隔声性能较差。根据目前国内工程的实践经验，外墙保温宜采用300mm厚加气混凝土砌块（异形柱墙肢外贴100mm厚加气混凝土砌块），需增加一道施工工序，而且加气混凝土砌块装饰效果常常不理想，容易产生裂缝。

依据价值工程兼顾功能和成本的评定标准，三个结构方案中，方案1综合效益最好，方案3综合效益最差，方案1为优先选用方案，其标准层的用钢量约为32kg/m^2，虽然加强层及基础等的用钢量比标准层要大一些，但其总的用钢量指标在招标文件所限制的不超过60kg/m^{2}范围内。方案2为可选方案。

由于种种原因该工程的实施方案为方案3，实际结算价只比一期（即优化前的方案：内外墙厚均为200mm，用钢量80kg/m^2）节省5元/m^2，从另一侧面说明方案1是经济的。

价值工程的创始人麦尔斯认为："购买材料的目的是为了获得某些功能而非材料本身。"在选取承重结构体系时，采用麦尔斯的"代用品方法"，有时可取得较明显的效益。例如，金属拱形波纹屋顶房屋是一种集承重、保温和围护于一体的无支撑、自重轻（10～25kg/m^2）、跨越能力大（6～42m）、造价低、施工速度快（400m^2/d）、造型新颖优美的新型空间钢结构屋盖体系。由于这类结构具有良好的经济和社会效益，比较适合我国的国情，对于湿度不太大和无强烈侵蚀介质环境的跨度不大于40m的仓储房屋、体育健身用房、商贸展销厅以及各类临时建筑等，在目前国内建筑市场上极具竞争力，市场应用发展很快。作者设计了五栋金属拱形波纹屋顶房屋，在满足使用功能要求前提下，其综合经济效益均明显优于常规的钢筋混凝土结构[47]。

第3节　养护措施对混凝土强度及收缩的影响

结构物裂缝是一个普遍性的技术问题，虽然结构设计是建立在承载力极限强度基础上的，但大多数工程的使用标准却是由裂缝控制的。引起结构开裂的原因主要如下：

（1）结构受力。如受弯构件受拉区裂缝等。

（2）建筑物构造不良。如各种变形缝设置不当而引起裂缝等。

（3）施工工艺不当。如施工缝留置和处理不当而造成裂缝等。

（4）温度差过大。如大体积混凝土、外墙室内外温差过大而产生的温度裂缝等。

（5）干燥收缩。如混凝土早期的干缩裂缝等。

（6）原材料质量差。如水泥安定性不合格的裂缝等。

（7）地基不均匀沉降。如地基沉降差在超静定结构中形成的裂缝等。

（8）化学作用。使用活性砂石引起碱骨料反应而产生裂缝。

（9）使用不当。如长期处在高温环境下的混凝土被烤酥而开裂、空置房屋门窗全关闭造成室内温度过高（夏季可达50℃以上）而开裂。

（10）冻胀裂缝。冬期施工混凝土表面未作保温，也未加防冻剂，混凝土早期受冻，将表层混凝土冻胀，解冻后钢筋部位变形不能恢复而出现裂缝、剥落。

（11）其他。如混凝土徐变造成开裂或裂缝扩展等。

上述结构物裂缝的成因虽各异，但如按裂缝的危害性分类，不外乎三类：第一类是一般裂缝或称无害裂缝，这类裂缝不影响结构的强度、刚度与稳定性，也不降低结构的耐久性，如设计规范允许的宽度不大的裂缝等；第二类是影响结构构件安全的裂缝，如受压构件因承载力不足而产生的竖向裂缝等；第三类是影响使用和耐久性的裂缝，如较宽的温度、收缩裂缝，虽一时不可能造成结构的破坏，但因裂缝贯通楼板而引起渗漏、因裂缝过宽而造成钢筋逐渐锈蚀。

裂缝是固体材料中的某种不连续现象，其理论研究属于结构材料理论范畴。混凝土的强度理论大致可分为[18]唯象理论、统计理论、构造理论和分子理论等四种。唯象理论在均质、弹性、连续的假定前提下推导出材料强度的各种计算公式，如材料力学中的最大拉应力理论、最大伸长线应变理论、最大剪应力理论和形状改变比能理论等四个强度理论，以及塑性理论中的屈服理论等，对外荷载作用下的材料强度问题研究得相当充分，解决了大量的工程实际问题。但唯象理论忽略了混凝土材料内部的初始缺陷、微裂、微纹及其内部的固相、气相、液相的相互作用等，所以唯象理论还难以确切描述混凝土裂缝的成因及其在外荷载、温度、收缩和徐变等的综合作用下的发展规律，而统计理论、构造理论及分子理论目前尚处于研究探索阶段，远未达到工程应用阶段。裂缝问题理论研究成果的不完善，以及影响裂缝因素众多，是当前裂缝控制技术不成熟的主要原因。虽然人们主观愿望上都不希望结构物有裂缝，但大量的工程实践经验及近代科学关于混凝土的微观研究都说明，结构物的裂缝是不可避免的，对建筑物抗裂要求过严，必将付出巨大的经济代价，科学的方法是采取措施尽量减少混凝土的裂缝数量、控制混凝土裂缝的宽度，以及将不可避免裂缝的危害程度控制在允许范围内。

近年来一些工程中，基础底板、地下室外墙及现浇楼板出现早期收缩裂缝的比例有较大幅度的增加，"混凝土结构裂缝之多，触目惊心，下决心减少和抑制混凝土裂缝发展，已是推动住房货币化进程中刻不容缓的政治任务（2000年3月《混凝土结构设计规范》管理组"混凝土结构裂缝"研讨会纪要）。"这些裂缝一般在拆模时就发现，而且开裂部位的混凝土强度一般均不低于设计要求的强度等级。地下室外墙的裂缝主要位于跨中及柱边500mm范围内；对现浇楼板，开裂部位主要位于跨中，也有沿板角45°裂缝或不规则裂缝，常常是从板面和板底均可看见的贯通缝。现浇楼板裂缝的危害主要如下：

（1）观感差、引起渗漏而影响正常使用，其中楼板裂缝对正常使用的影响最大。

（2）住户入住投诉率逐年增加，引起政府及有关部门的高度重视。由于结构的破坏和倒塌往往是从裂缝的扩展开始的，所以裂缝常给人一种破坏前兆的恐惧感，对住户的精神刺激作用不容忽视。有无肉眼可见的裂缝是大部分住户评价住宅质量好坏的主要标准，而墙体和楼板裂缝是住户投诉住房质量的主要缘由之一。据报道，1999 年住户（业主）入住投诉率比 1998 年增加了 44%，而 2000 年则比 1999 年增加了 136%。

（3）由于裂缝将楼板分割成几块只有钢筋相连的小板块，改变了板的传力途径，对板的承载力也产生了不利影响。同时由于裂缝较宽而造成钢筋逐渐锈蚀而影响构件的耐久性。

（4）技术责任不明确。规范给的裂缝允许宽度（0.3mm 或 0.4mm）是针对竖向荷载作用下的裂缝而言的，而早期收缩裂缝宽度一般为 0.1 ~ 2mm 左右，常常大于 0.3mm 或 0.4mm，但开裂时受力钢筋的应力水平却不大，即 $\sigma_s \ll f_y$。出现早期收缩裂缝的结构是否符合验收要求？是否需要加固？如要加固，加固费用是由施工单位承担还是由建设单位支付？由此产生的一系列问题都没有相应规范和法规依据。

引起现浇混凝土结构早期收缩裂缝的主要原因如下：

（1）泵送流态混凝土（坍落度 120 ~ 200mm）的收缩变形值比过去流动性混凝土（坍落度 30 ~ 80mm）及低流动性混凝土（坍落度 10 ~ 30mm）增大 1 倍以上。例如过去流动性混凝土及低流动性混凝土的收缩变形值约为[18] $2.5\times10^{-4} \sim 3.5\times10^{-4}$，而现在泵送流态混凝土的收缩变形值约为 $6.0\times10^{-4} \sim 8.0\times10^{-4}$。而相应的减小混凝土收缩变形值及收缩应力值的各类措施没跟上，设计、施工和管理工作均沿袭原有状况和水准。

（2）由于家用电器的增多，智能化、信息化使用功能的需要，局部楼板板块内埋机电暗管较过去成倍增加而造成局部板厚被削弱较多而形成薄弱环节。

（3）为了抢工期，施工人员在混凝土强度未达到施工验收规范规定的 1.2 N/mm^2 以前，就在强度不足的楼板上踩踏放线或安装模板等，造成因混凝土早期抗压强度不足而在施工荷载的振动和挤压作用下开裂。

据统计，钢筋混凝土现浇结构构件出现早期收缩裂缝的常见部位按出现的几率排序大致为[18]：地下室外墙高于基础底板，底板高于楼层楼板。地下室外墙和基础底板一般均双层配筋且配筋率远大于楼层楼板，其厚度至少为 200mm，比一般的楼板厚得多，而其开裂的几率反而高于楼层楼板，说明单纯增加楼层楼板的板厚或提高板的配筋率均不是减少现浇板出现早期收缩裂缝的最有效措施。由于产生早期收缩裂缝部位在温度、外荷载、徐变等共同作用下，裂缝宽度不断变化，修补较困难，采用化学灌浆修补后不久，裂缝往往又重新出现。因此为减少早期收缩裂缝出现的几率、控制不可避免裂缝的危害程度，应倡导从源头上采取综合措施来减小混凝土收缩量、减小混凝土收缩应力，以达到减少和控制混凝土结构出现早期收缩裂缝的目的。

3.1 混凝土养护措施对收缩的影响

1. 混凝土养护不充分对收缩的影响

混凝土的收缩主要有自生收缩、塑性收缩、碳化收缩及干缩（失水收缩）。碳化作用只有在适中的湿度（50% 左右）才发生。碳化收缩和干燥收缩共同作用导致表面开裂和面层碳化，在一般的环境中碳化收缩不作专门的计算，特定环境中的持久强度与表面裂缝分析中应加以考虑。在混凝土已经硬化以后，主要是由于混凝土基料中吸附水蒸发导致的体积减小称为干缩。混凝土干缩是不可避免的，除非混凝土完全浸泡在水中或处于相对湿度为 100% 的环境中。因此，设计和施工过程中，都必须考虑干缩的不利影响。干缩产生的真实机理是复杂的，一般认为当混凝土表面暴露在干燥状态下，混凝土首先失去自由水，继续干燥的话，则导致吸附水损失，无约束的水泥浆的体积改变和水化产物 C—S—H 健之间的引力增大而导致收缩。吸附水层的厚度随着含水量的增大而增厚，因此含水量越高，干缩越大。混凝土结构的干缩是非常复杂的变形过程，影响混凝土干缩的因素很多，主要包括混凝土拌合成分的特性及其配合比、环境的影响、设计和施工等。此外，施工中不合理地浇筑混凝土，如在施工现场重新加水改变稠度，而引起干缩值增大。周围环境的相对湿度极大地影响着干缩的大小，相对湿度低则干缩值增大。最常见的是施工养护不良，表面干燥过快，而内部湿度变化小，表面变形受到收缩慢的内部混凝土的约束，在构件表面产生较大的拉应力，当收缩拉应力达到或超过混凝土凝结硬化过程那一刻的极限拉应力时，即产生干缩裂缝。对于路面、桥梁和平板等构件，塑性收缩和干缩的可能性比温度收缩、自生收缩和碳化收缩大得多，因此减少和控制混凝土早期收缩裂缝的主要措施和途径就是采取措施减小塑性收缩和干缩，由于塑性收缩裂缝可采取二次压光等办法消除混凝土终凝前产生的裂缝，因此控制早期收缩裂缝的重点和难点就是干缩裂缝。对于高强混凝土，还得采取措施减少自生收缩的危害[55]。国外由于研制开发了减小混凝土收缩的外加剂（其主要成分为聚氧化烯烃烷基醚与低醇类次烷基醇的加成物），所以其泵送流态混凝土的收缩变形值能得到有效地控制。国内由于缺乏类似的外加剂，虽然通过添加 UEA 等微膨胀剂，可从某种程度上减少混凝土的收缩变形，但由于 UEA 等的限制膨胀率指标是在水养 14d 的情况下获得的，如果养护条件跟不上，则其限制膨胀率明显降低而失去减少混凝土收缩变形的作用。工程实践中，出现添加微膨胀剂对防裂无效，甚至反而开裂更甚，并产生后期强度倒缩等的事例时有发生[52]。所以目前减少混凝土收缩变形的主要措施还是应加强混凝土的养护。正常级配的混凝土，根据养护条件的不同，其混凝土极限拉伸 ε_p 一般为[18] $0.5\times10^{-5} \sim 2.0\times10^{-4}$。而当混凝土的收缩变形值大于混凝土极限拉伸 ε_p 时，混凝土即开裂。研究表明，当混凝土内外温差为 10℃时，产生的冷缩变形约为 1.0×10^{-4}，而当混凝土内外温差为 20 ~ 30℃时，产生的冷缩变形约为 $2.0\times10^{-4} \sim 3.0\times10^{-4}$。因此，如果按控制混凝土的收缩变形值为指标进行换算，则泵送流态混凝土的养护要求即相当于大体积混凝土的养护要求。但实际工程中，对大体积混凝土一般都能严格按规范规定的要求进行特殊的养护，以控制混凝土的内外温差和收缩变形值，但对泵送流态混凝土的养护，通常仍采用过去流动性及预制混凝土的养护要求，这是目前设计和施工单位容易忽视的一个关键因素。混凝土表面的相对湿度关系到混凝土表面蒸发速度或失水程度，当混凝土刚开始失水时，首先失去的是较大孔径中的毛细孔隙水，相应的收缩值较小，图 3.16 表示固体水泥浆的干燥收缩量与失水率的关系。当失水率从 0 增加到 17%（相应的相对湿度从 100% 降至 40% 左右）

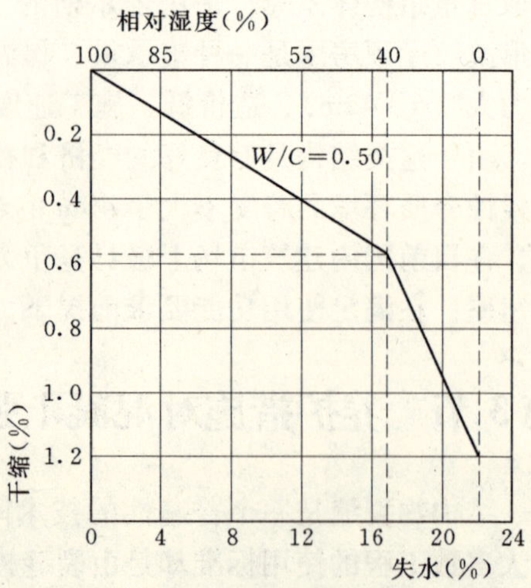

图 3.16 干燥收缩量与失水率的比例关系

时，收缩量约为0.6%。如失水量继续增加，则收缩量迅速增加（相应于图3.16中陡然下降折线段），因为这一阶段的收缩多为胶体孔隙水散失所致[55]。这就是工程实践中当某些部位混凝土养护不当时，发生大面积干缩龟裂裂缝的主要原因。美国ACI305委员会1991年发表的《炎热气候下的混凝土施工》中指出，混凝土入模温度高、环境气温高、风速大、环境相对湿度低和阳光照射引起混凝土表面水分蒸发快是产生混凝土早期干缩裂缝的原因，混凝土早期干缩开裂的临界相对湿度见表3.3。

表3.3　　混凝土早期干缩开裂的临界相对湿度

混凝土温度（℃）	40.6	37.8	35.0	32.2	29.4	26.7	23.9
相对湿度（%）	90	80	70	60	50	40	30

2. 施工阶段养护不充分对混凝土强度的影响

混凝土胶结料水化作用所需的水分，在浇筑成型前由拌合用水提供，浇筑成型后，则由潮湿环境保持水分供给。目前我国对浇筑成型后的混凝土普遍采用湿润养护，即自然养护方法养护。施工验收规范[30]第4.5.1条规定："混凝土浇筑完毕后，应在12h以内加以覆盖和浇水。"但工程实践中施工单位常常为抢工期，而不愿意覆盖，浇水也因后续工序的影响而时断时续。关于潮湿养护对混凝土强度的影响文献中有两个典型的图示曲线，见图3.17（*a*）、（*b*）。根据日本土木工程手册（土木学会）介绍，混凝土浇筑完后，如未及时浇水养护，在水分不足的情况下，混凝土表面干燥，其强度也受影响，见图3.17（*a*）。图3.17（*a*）的试验条件为[21]：水灰比0.50，坍落度90mm，水泥用量330kg/m³。从图3.17（*a*）可以看出，刚浇筑后就暴露在大气中的试件，其6个月龄期的抗压强度，仅为同龄期湿养抗压强度的40%，而当混凝土潮湿养护若干天后再在空气中干燥，强度会暂时有所增加（约增加20%~40%），但最终强度不会高于潮湿养护的强度。国内也进行过类似的试验，南京电力建设公司和北京第六建筑工程公司承当的《不同湿养龄期对混凝土性能影响的试验》课题的试验结果见表3.4[21]。而刊载于《建筑材料》教科书上的图3.17（*b*）则表明，混凝土强度与保持潮湿时间成线性递增关系，保持潮湿时间越长，强度越高。从图3.17（*b*）还可以看出，保持潮湿7d试件的强度仅为保持潮湿28d试件强度的90%左右。施工验收规范[30]第4.5.1条规定："对于采用硅酸盐水泥、普通硅酸盐水泥或矿渣硅酸盐水泥拌制的混凝土，浇水养护时间不得少于7d"。该规范第4.6.5条规定："评定结构构件的混凝土强度是采用在温度20±3℃、相对湿度为90%以上的环境中或水中的标准条件下，养护至28d时，按标准试验方法测得的混凝土立方体抗压强度。"由此可判断：如果图3.17（*b*）中的混凝土强度与保持潮湿时间的关系成立，则工程结构构件中的混凝土实际强度（通常为湿养7d左右）要普遍比标养（湿养28d）的强度低10%左右，果真如此，那么实际工程中岂不存在太多安全隐患？相对而言，作者以为，图3.17（*a*）结论较可信。表3.5也证实了这一结论。

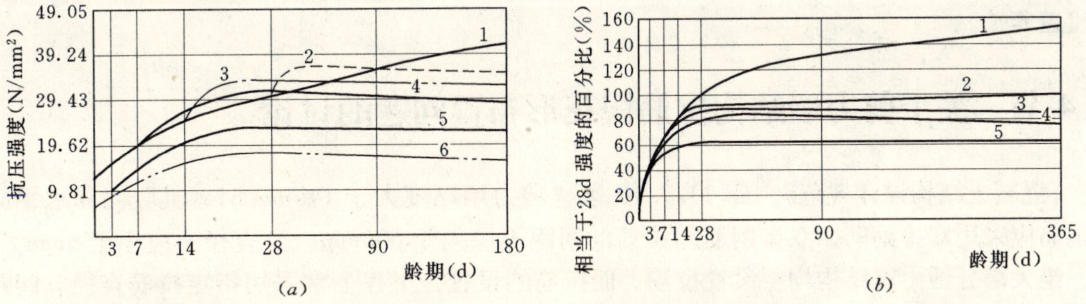

1—长期保持潮湿养护；2—28d后在大气中；3—14d后在大气中；4—7d后在大气中；5—3d后在大气中；6—长期置于实验室大气中（湿度50%）

1—长期保持潮湿养护；2—保持潮湿14d；3—保持潮湿7d；4—保持潮湿3d；5—保持潮湿1d

图3.17　不同湿润养护龄期对混凝土强度的影响

由表3.4可见，对于早期强度比较低的矿渣水泥，潮湿养护3d后再在空气中干燥，其强度已基本可达到设计要求。试验结果还表明，当混凝土在空气中干燥一段时间后再恢复浇水，其强度会有所恢复，当中断浇水的时间小于24h时，其强度可得到完全恢复[18]。对照图3.16和图3.17（*a*）、表3.4可知，混凝土浇筑完毕后，如果没有及时覆盖和浇水，或浇水时断时续，但只要达到3d左右的浇水时间，虽然其强度比湿养28d强度略低，但由于混凝土配合比设计时，其强度一般均要增大10%以上的富裕量，即所谓的"富配比"，再加上28d以后混凝土强度还有一定的增长幅度，所以实际工程中，即使浇水不充分，混凝土强度通常均可达到设计要求。但混凝土表面干燥失水后，混凝土收缩量急剧增加，且恢复浇水后，其收缩变形大部分不可恢复。这就是工程实践中，混凝土早期干缩开裂部位混凝土强度能达到设计要求，而裂缝却逐渐发展的主要原因。可见混凝土的潮湿养护及其表面的保湿覆盖等措施，对保持混凝土表面的相对湿度、防止混凝土早期干缩开裂的效果较显著。

表3.4　　混凝土不同湿养龄期与湿养28d强度对比

试验批号	水灰比	湿养28d强度（%）	不同湿养时间后的28d龄期混凝土达到的强度（%）					备注
			湿养1d	湿养3d	湿养5d	湿养7d	湿养14d	
北京六建	0.69~0.78	100	85.3	105.7	109.5	108.3	111.1	矿渣325号水泥，湿养温度22~27℃
	0.53~0.58	100	88.4	99.8	108.1	108.9	110.0	
	0.43	100	88.6	98.6	105.6	105.6	109.5	
南京电力	0.65~0.75	100	94.7	101.5		109.6	108.6	矿渣425号水泥，湿养温度10~35℃
	0.65~0.75	100	85.9	99.0		104.3	109.0	
	0.65~0.75	100	79.9	92.8		99.1	104.2	

表3.5　　某部办公楼基础和地下室不同养护条件下的混凝土强度（MPa）

部位	设计强度等级	标养28d（抗压强度/达到设计强度的百分比）（%）	7d同条件达到设计强度的百分比（%）	同条件（600℃·d）	
				天数（d）	抗压强度/达到设计强度的百分比（%）
基础底板及桩帽、承台1段	C30 P6	52.1/174、44.8/149、46.2/154、47.1/157、50.2/167、45.1/150、42.1/120、49.8/166、44.8/149、48.9/163	92、90、95、90、89、95、86、90、92、91	26	41.5/138

续表

部位	设计强度等级	标养28d（抗压强度/达到设计强度的百分比）（%）	7d同条件达到设计强度的百分比（%）		同条件（600℃·d）	
					天数（d）	抗压强度/达到设计强度的百分比（%）
基础底板及桩帽、承台2段	C30 P6	43.4/145、39/130、39/130、40.7/136、40.1/134、45.4/151、40.1/134	91、86、92、88、96、90、89		27	39.9/133、42.4/141
地下二层柱1段	C45	52.1/116	86		27	56.7/126
地下二层柱2段	C45	52.1/116	88			
地下二层内墙1段	C45	54.7/122、46.9/117	90、86			
地下二层墙体1段加强带	C50	57.4/115	91		29	52.3/105
地下二层外墙2段	C40	44.4/111	83			
地下二层外墙墙体加强带7~6轴	C45	51.9/115	76			
地下二层内墙2段	C45	59.7/133	92			
地下二层内墙2段加强带	C50	56.2/112	89		31	63.2/126
地下二层顶板1段	C30	41.7/139、51.2/171	90、99	14d：102	34	46.4/155
地下二层顶板1段加强带	C35	46.6/133	92			
地下二层顶板2段	C30	52.9/176、40.2/134	102、89	14d：105	34	37.7/126
地下二层顶板2段加强带	C35	47.3/135	87			
地下1层柱1段	C45	58.2/130	88			
地下1层柱2段	C45	52.2/116	75		36	44.1/98
地下1层外墙1段	C40P6	56.5/141	87			
地下1层外墙墙体加强带	C45P6	52.3/116	84			
地下1层内墙1段	C45	51.9/115	95、88			
地下1层内墙体加强带1段	C50	60.3/121	91		60	53.2/106
地下1层外墙2段	C40P6	57.4/137	83			
地下1层外墙墙体加强带2段	C45P6	52.2/116	76			
地下1层内墙2段	C45	54.7/122	90			
地下1层内墙加强带7~6轴	C50	61.6/123	85			

续表

部位	设计强度等级	标养28d（抗压强度/达到设计强度的百分比）（%）	7d同条件达到设计强度的百分比（%）		同条件（600℃·d）	
					天数（d）	抗压强度/达到设计强度的百分比（%）
地下1层顶板1段	C30	37.4/125、42.9/143、43.9/146、40.3/134	89、89、90、91	14d：105		
地下1层顶板1段加强带	C35	40.9/117	84			
地下1层顶板2段	C30	41.0/134、40.5/135、44.1/147、39.6/132	90、91、90、91	14d：102		

注 表中混凝土强度均为边长150mm立方体试件的实际抗压强度，未考虑其他系数。

3.2 小结

钢筋混凝土结构裂缝是不可避免而又可以尽量减轻和控制的灾害性缺陷。黑格尔说："规律就是现象的同一"。裂缝问题虽然成因众多、形态各异、影响因素错综复杂，但经仔细分析后不难发现其中的规律性是明显的。近年来一些工程中，随着我国泵送流态混凝土的施工工艺的逐步推广，基础底板、地下室外墙及现浇楼板出现早期收缩裂缝的比例有较大幅度的增加，其主要原因是泵送流态混凝土由于流动性及和易性的要求，坍落度增加、水灰比增大、水泥标号提高、水泥用量增加、骨料粒径减小、外加剂增多等诸多因素的变化，导致混凝土的收缩及水化热作用都比以往的低流动性混凝土成倍增加，因而构件内的收缩拉应力也相应增大，致使收缩拉应力达到或超过混凝土凝结硬化过程那一刻的极限拉应力的几率大大增加，构件开裂的几率也随之增加。美国工程技术实验所（ACTL）在一份报告中指出：混凝土结构裂缝问题是由混凝土的水泥用量太多，粗骨料用量太少和养护不当造成的。大量的工程实践表明，混凝土结构裂缝是由混凝土材料、施工、设计、管理等综合因素造成的，现有的理论计算公式仅局限于某一方面因素的阐述，还难以全面考虑这些综合因素的影响，所以实际工程中常需采取综合治理措施方能见效。工程实践表明，混凝土的潮湿养护及其表面的保湿覆盖等措施，对保持混凝土表面的相对湿度、防止混凝土早期干缩开裂的效果十分显著，在实际工程中应积极提倡保湿覆盖养护。

第4节　关于剪力墙结构拉筋梅花形布置问题的讨论

《混凝土结构设计规范》[9]第11.7.10条"剪力墙厚度大于140mm时，其竖向和水平向分布钢筋应采用双排钢筋，双排钢筋间拉筋的间距不应大于600mm，且直径不应小于6mm。"因此，绝大部分剪力墙结构均要设置拉筋，而拉筋的设置，工程上常采用指定拉筋直径、间距和梅花形布置来表达，如"拉筋ϕ8间距400mm梅花形布置"或"拉筋ϕ6间距400mm梅花形布置"等。至于"梅花形"是什么含义，一般的规范和图集均没有涉及，只有人防规范和相应的图集FG01~03（第136页）中有一个示意图，即图3.18（*a*）的配筋方式，而实际工程中由于剪力墙竖向和水平向分布钢筋的间距的不同，可能出现图3.18中16种配置方式，而其中图

(*b*)、(*f*)、(*g*)、(*k*)、(*m*)、(*n*) 中出现有的水平筋连一根拉筋都没有的情况。这种情况，易产生水平钢筋受力不均匀的状况，是否符合规范的要求，有待进一步的探讨。作者主张尽可能采用图 3.18 中（*a*）、(*d*)、(*j*)、(*p*)、(*q*)、(*r*) 的做法，甚至是图 3.18（*s*）也可以作为一种可选方案。根据作者在实际工程中与施工方的接触，“梅花形布置”的说法容易引起歧义，而且不同的理解之间钢筋用量相差很大，设计时应予明确。

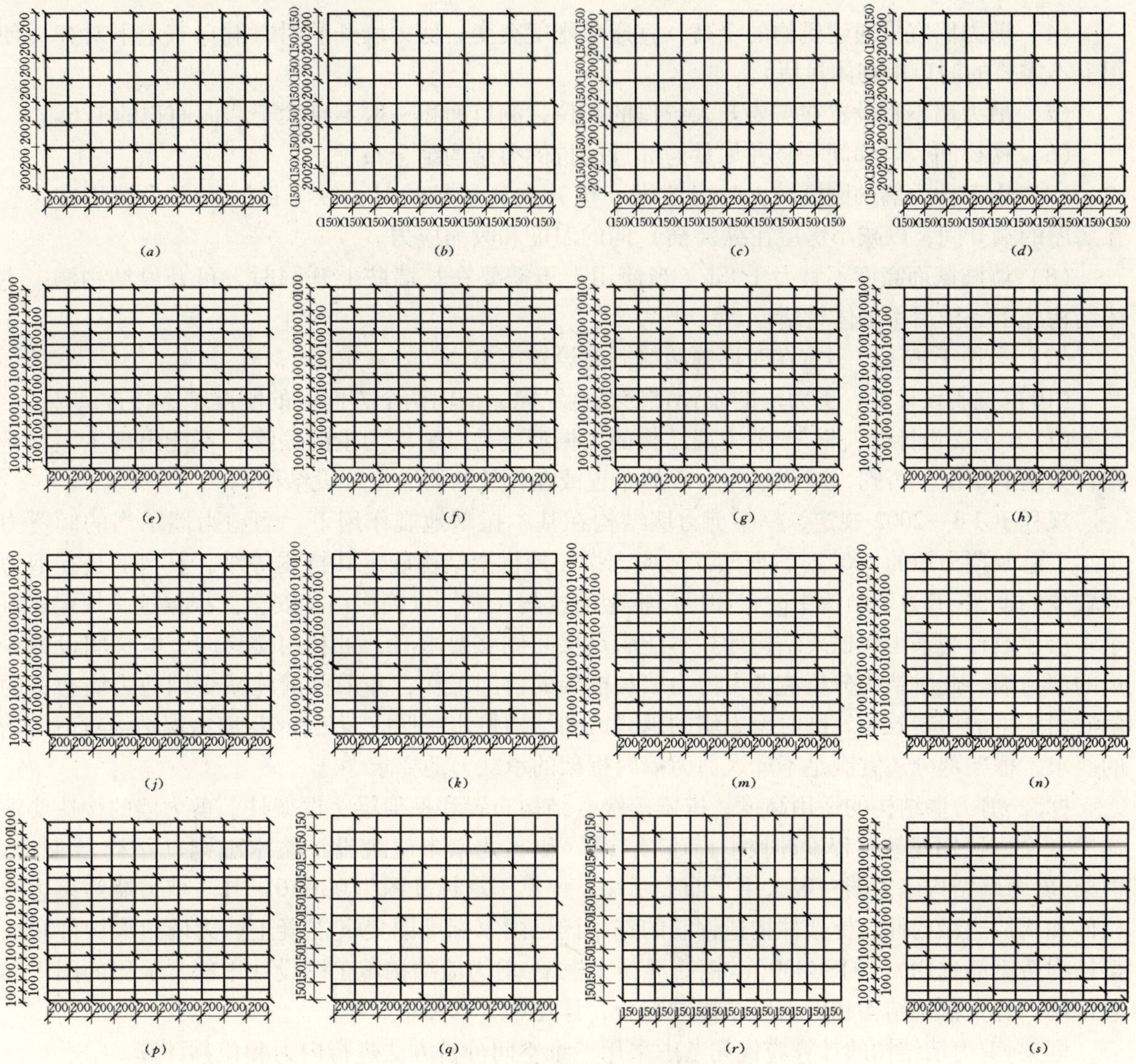

图 3.18 剪力墙拉筋布置图

（*a*）拉筋间距 400×400，水平筋间距 200；（*b*）拉筋间距 600×600，水平筋间距 200；（*c*）拉筋间距 600×600，水平筋间距 200（拉筋间距 600×450，水平筋间距 150，拉筋间距 450×450，水平筋间距 150）；（*d*）拉筋间距 600×600，水平筋间距 200（拉筋间距 600×450，水平筋间距 150，拉筋间距 450×450，水平筋间距 150）；（*e*）拉筋间距 400×200，水平筋间距 100；（*f*）拉筋间距 400×300，水平筋间距 100；（*g*）拉筋间距 400×400，水平筋间距 100；（*h*）拉筋间距 600×600，水平筋间距 100；（*j*）拉筋间距 600×300，水平筋间距 100；（*k*）拉筋间距 600×600，水平筋间距 100；（*m*）拉筋间距 600×600，水平筋间距 100；（*n*）拉筋间距 600×600，水平筋间距 100；（*p*）拉筋间距 800×400，水平筋间距 100；（*q*）拉筋间距 800×600，水平筋间距 150；（*r*）拉筋间距 600×600，水平筋间距 150；（*s*）拉筋间距 1000×500，水平筋间距 100

第4章 框架-剪力墙结构

第1节 框架-剪力墙结构施工图设计深度要求及工程示例

1.1 框架-剪力墙结构施工图设计深度要求

框架-剪力墙结构是多、高层建筑中最为广泛应用的一种体系之一。框架-剪力墙结构是由两个变形性能不同的抗侧力单元共同工作、共同抵抗水平荷载的双重抗侧力体系[5]。在水平荷载作用下，框架结构呈现剪切型变形，剪力墙结构呈现弯曲型变形，当楼板水平刚度足够使框架和剪力墙两者之间变形协调时，框架-剪力墙结构整体结构呈现弯剪型变形。框架-剪力墙结构正常的协同工作原理是：在底部，剪力墙分担的剪力大，框架分担的剪力小，所以在底部是剪力墙“帮”框架，而在上部框架分担的剪力逐渐加大，剪力墙分担的剪力逐渐减小，甚至可能出现负剪力，所以在上部是框架“协助”剪力墙，故文献［15］指出：“建筑高度较高的框剪结构，建筑上部1/3范围的结构，其剪力墙的抗震等级可适当降低。”由于地震作用是惯性作用，与结构的自振周期等动力特性有关。随着结构刚度的增大，其地震作用也随之加大。反之，较柔的结构，其地震作用也较小。所以，在抗震设计理论发展的早期，一般认为框架的变形性能好，剪力墙的变形性能差。而实际上，历次的震害调查表明，框架的震害比较大，设置了剪力墙的结构震害小。合理设置剪力墙、增大结构的刚度，是避免钢筋混凝土结构震害的重要途径之一。因此，对于抗侧力刚度较弱的框架结构，北京市技术细则[15]建议：在8度设防区，超过5层的一般民用建筑，宜适当设置剪力墙。

框架-剪力墙结构设计的关键是剪力墙的数量和布置，结构工程师应当尽早参与建筑方案的初步设计。剪力墙的数量不必太多，以满足规范的侧移限制为好。剪力墙的数量是否恰当可以通过计算剪力墙分配到的总剪力的多少来检验，一般说来分配到的总剪力以50% ~85% 之间较好。在我国《高层建筑混凝土结构技术规程》（JGJ 3—2002）中规定：框架-剪力墙结构中，框架承当的层剪力至少为基底剪力的20%，因此，当剪力墙分配到的剪力过大（超过90%），框架需要调整的内力就多，说明框架太弱；反之，剪力墙的剪力分配比例过小，则框架部分的延性要求要提高，会导致用钢量的上升。框架-剪力墙结构中剪力墙的布置应按“均匀、对称、分散、周边”的基本原则考虑，在两个主轴方向上均应布置剪力墙，并应设计成纵、横双向刚接框架体系。横向剪力墙与纵向剪力墙宜组成L形、T形或U形的平面布局，以增大剪力墙空间刚度。剪力墙的布置具体来说一般应符合下列要求[26]：

（1）剪力墙以均匀布置在建筑物的周边附近、楼电梯间、平面形状变化及恒载较大的部位，且剪力墙的间距宜符合规程JGJ 3—2002表8.18的要求。

（2）平面形状凹凸较大时，宜在凸出部分的端部附近布置剪力墙。

（3）单片剪力墙底部承当的水平剪力不宜超过结构底部总水平剪力的40%。

（4）剪力墙宜贯通建筑物的全高，宜避免刚度突变；剪力墙开洞时，洞口宜上下对齐（使用上不需要的洞口用砌体封堵）。

（5）剪力墙不宜设置在需要开大洞口的部位，洞口面积一般不宜大于墙面面积的1/6。

（6）楼梯间、电梯间等竖井尽量与邻近的抗侧力结构结合布置。

（7）由于剪力墙的刚度较大，房屋纵（横）向区段较长时，纵（横）向剪力墙不宜布置在房屋的端开间，以减小房屋在纵（横）向的温度和收缩应力。

（8）墙肢截面高度不宜大于8m。当使用上不需要在长墙肢上开洞时，可开设结构洞，主体结构施工完毕后用砌体封堵。

（9）为便于施工，不宜在变形缝两侧同时设置剪力墙。

（10）抗震设计时，剪力墙的布置宜使结构纵向、横向两个方向上的刚度基本接近。

（11）抗震设计时，框架-剪力墙结构的主振型应是以平动为主的振型，不能出现主振型是扭转为主的情况。否则，应调整剪力墙的布置或在较长的墙肢上开设结构洞。

规程JGJ 3—2002规定，框架剪力墙结构在基本振型地震作用下，当剪力墙承当的倾覆力矩小于总倾覆力矩的50%时，框架部分应当按照纯框架结构确定其抗震等级，其目的是在剪力墙较少的框架-剪力墙结构中改善和提高框架的抗震性能，以确保结构安全。根据这一规定，对于多层建筑，当采用纯框架结构计算不能满足层间侧移要求时，可利用楼梯间、电梯间设置少量的剪力墙，此时结构分析应考虑剪力墙与框架的协同工作，并采取措施减少因剪力墙布置的偏心而产生的扭转效应，同时剪力墙的承载力和结构整体变形应满足框架-剪力墙结构对剪力墙的要求，框架部分还宜满足不计入剪力墙时框架的承载力的要求[15]。

框架-剪力墙结构的适用高度、抗震等级、结构布置和框架梁、框架柱、剪力墙的构造要求详见《全国民用建筑工程设计技术措施/结构》和《北京市建筑设计技术细则（结构专业）》。框架-剪力墙结构施工图一般采用平面表示法，详见国家标准图集03G101—1。剪力墙约束边缘构件和构造边缘构件、框架柱构造钢筋的选用详见国家标准图集《混凝土剪力墙边缘构件和框架柱构造钢筋选用》（04SG330）。钢筋混凝土框架-剪力墙结构施工图设计中经常采用的图集和总说明内容是框架结构和剪力墙结构的综合，详见第2章和第3章。

框架-剪力墙结构的计算应优先考虑采用三维空间分析方法进行内力和位移计算。

框架-剪力墙结构中当剪力墙部分承受的地震倾覆力矩小于总倾覆力矩的40%时，尚应按不设剪力墙的纯框架结构进行补充计算，并按两者之中最不利的情况进行设计[26]。

1.2 框架-剪力墙结构施工图示例

本工程为两层食堂，抗震设防烈度8度（0.2g）。由于二层餐厅空间较大，采用纯框架结构层间位移满足不了规范的要求，故采用框架-剪力墙结构（见图4.1～图4.9）。

框架剪力墙结构设计总说明

一、概况

1. 本工程按抗震设防烈度 8度(0.20g)设计，设计地震分组为第一组，场地土为中软场地土，建筑场地类别为Ⅲ类，建筑抗震重要性为丙类，建筑物合理使用年限为50年。活荷载取值见表1。环境类别：基础及±0.0以下柱，墙及基础均为"二b"，其余部位为"一"类。结构混凝土耐久性的基本要求见下表2。

表1　基本风压、雪压及楼面使用活荷载

基本风压 (kN/m²)	地面粗糙度	基本雪压 (kN/m²)	楼(屋)面使用活荷载 (kN/m²)						
			上人屋面	不上人屋面	楼梯(消防)	卧,厨	阳台	餐厅	办公
0.45	C	0.40	2.0	0.50	3.5	2.0	2.5	2.5	2.0

表2　混凝土耐久性基本要求

环境类别		最大水灰比	最小水泥用量(kg/m³)	最低混凝土强度等级	最大氯离子含量(%)	最大碱含量(kg/m³)
一		0.65	225	C20	1.0	不限制
二	a	0.60	250	C25	0.3	3.0
二	b	0.55	275	C30	0.2	3.0
三		0.50	300	C30	0.1	3.0

注 1.当使用非碱性骨料时，对混凝土的碱含量可不作限制，氯离子含量系指其占水泥用量的百分率。
2.当有工程经验时，处于一类和二类环境中的最低混凝土强度等级可降低一个等级。
3.当混凝土中加入活性掺合料或能提高耐久性的外加剂时，可适当降低最小水泥用量。
4.预应力构件混凝土的最大氯离子含量为0.06%，最小水泥用量为300kg/m³，最低混凝土强度等级为表中等级相应提高二级；素混凝土构件最低水泥用量为表中数值减 25kg/m³。

2. 本工程依据的主要设计规范：
《混凝土结构设计规范》GB 50010-2002
《建筑抗震设计规范》GB50011-2001
《北京地区建筑地基基础勘察设计规范》DBJ01-501-92
《建筑地基基础设计规范》GB50007-2002
《高层建筑箱形与筏形基础技术规程》JGJ6-99
《建筑结构荷载规范》GB 50009-2001
及其他现行国家规程，规范。

3. 本工程主楼为现浇钢筋混凝土框架剪力墙结构，剪力墙抗震等级为一级，框架为二级。
4. 单位：标高为米，其余为毫米。各种材料必须满足其相应的规范和标准的要求。
5. 室内 ±0 相当于绝对标高见建施。本说明与施工图不符者，以施工图为准。

二、基础工程

1. 根据x x 地质工程勘察院提供的岩土工程勘察报告(2003-247号)，基础采用天然地基，基底落在砂质粉土，黏质粉土层 ② 层上，地基承载力特征值 f_{ak}=160kPa 地基基础设计等级为丙级。
2. 基槽开挖应尽量避免对槽底地基土的扰动。
3. 基槽挖到设计标高后，请通知甲方、勘察、设计单位、共同验槽。
4. 主体工程基坑应及时用 2:8灰土回填，分层夯实，以防雨水浸泡，并采取有效的排水措施。灰土范围见建施剖面图。肥槽及室内地坪垫层压实填土压实系数不小于0.94。
5. 后砌轻隔墙基础做法：自地面下浇C15素混凝土500x400 做法见右图。轻隔墙位于地下室底板上的，可在底板上直接砌墙。

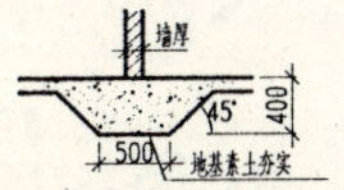

6. 为预防混凝土工程碱集料反应的不利影响，本工程基础及±0.0以下各类构件混凝土配合比中的碱含量应符合表2及其他有关规定。
7. 基槽开挖和基础施工过程中，施工单位应采取可靠措施，确保基坑及临近建筑物和构筑物的安全及施工安全。

三、主体工程

1. 材料：钢筋：Φ为HPB235级钢筋，Φ为HRB335级钢筋，Φ为HRB400级钢筋，焊条及焊接要求详见《钢筋焊接及验收规程》(JGJ18-2003)；混凝土：基础垫层C15，主楼基础底板C35，柱、墙、楼板、梁的混凝土强度等级见表3。

表3　构件混凝土等级表

	基础	1~2层	屋面以上
标高	±0.0以下	±0.0~9.00m	9.0m以上
柱,剪力墙	C30	C30	C25
梁,板,楼梯	独立柱基,JL,DL均为C30	C25	C25

2. 纵向受力钢筋的混凝土保护层最小厚度根据构件的环境类别由04G101-3第25页查取。本工程环境类别为：±0.0以下外墙及基础底板"二b"，雨篷"二a"，其余部位"一"类。
3. 钢筋锚固长度 L_{ae}详见表4，受拉钢筋搭接长度L_{le}详见04G101-第26页。
4. 钢筋混凝土板中，凡板号相同者表示跨中钢筋直径、间距、板厚相同，支座钢筋号相同者表示支座钢筋直径、间距、伸出梁边的距离相同。
5. 板内未注明的分布筋为Φ6@180，支座连系筋为Φ6@200。
6. 板跨中受力钢筋伸入支座长度 ≥150，且伸至梁中心线(梁>400宽者除外)，HPB235级钢筋另加弯钩；与梁或剪力墙整浇的板支座 构造钢筋伸入支座长度为L_a，另加直钩，直钩长度为板厚减10~15。
7. 板上有轻隔墙时，轻隔墙下的板中一律增加 2Φ14(跨度≤4000)，或 2Φ16(跨度≤6000)，伸入支座≥15d，具体位置见建施。
8. 所有现浇板，墙上的孔洞一律预留，不得后凿。留洞位置、做法详见建筑及设备图。遇边长或直径≤300的洞口时，钢筋绕过不得切断，>300时，洞口加筋见施工图，图中未表示时，请及时通知设计作相应的处理。
9. 除注明者外，现浇板跨中板底钢筋绑扎时，沿短跨方向的钢筋置于下侧。
10. 应采取可靠措施保证现浇混凝土的钢筋位置，基础底板、楼板均用钢筋马凳支撑；所有悬挑构件(悬挑板、悬挑梁)施工时必须切实保证施工质量，钢筋位置必须准确，悬臂梁、板支撑必须待混凝土强度达到100%时方可拆除，并需保持三层连续支撑。
11. 次梁跨中受力钢筋在支座处搭接，支座钢筋在跨中搭接，搭接长度为 L_l，钢筋伸入端支座长度及其他构造做法见03G101-1。
12. 基础底板、基础地梁底部受力钢筋在跨中搭接，顶部钢筋在支座处搭接，搭接长度为 L_l。其构造做法见04G101-3。
13. 为保证结构的整体性，必须在每个施工环节确保施工质量，墙、梁、板钢筋(含箍筋)应调直，模板不得漏浆，混凝土应振捣密实。
14. 剪力墙及框架抗震构造做法见03G329-1及03G101-1，两者不一致时，以03G329-1为准。
15. 剪力墙及框架梁、柱平面整体表示法规则及构造详图见图集03G101-1。梁内附加箍筋、吊筋、梁侧面纵向抗扭腰筋及悬挑端上部纵筋下弯构造(除注明者外)均见图集 03G101-1。除注明者外，梁宽>300时，为4肢箍。一层柱下端箍筋加密区高度为1/3净高。
16. 当隔墙门窗及设备洞口宽度大于 400时，须放预制过梁，应根据洞口宽度按"京92G21"过梁图集选相应型号的预制过梁(≥2级荷载)。当无法放预制过梁时改现浇，其断面、配筋不变。
17. 框架柱及剪力墙暗柱和端柱纵筋(d≥16时)应采用焊接或机械接头，接头位置见03G101-1，任何情况下同一断面钢筋接头截面面积不大于钢筋总面积的50%。
18. 剪力墙墙号相同，表示墙水平，竖向分布筋相同。墙体钢筋网片除注明者外，均为水平筋在外侧，竖筋在内侧。剪力墙内预埋电管不允许双排水平排列，做法见图2。剪力墙墙内主筋与过梁钢筋的排法见图3。剪力墙的分布钢筋接头做法详见图集03G101-1第48页。
19. 剪力墙洞口上下层平面位置局部错位或洞口大小不同的，其错位暗柱主筋应向上延伸和(或)下插至上(下)一层顶板。
20. 当纵横向框架梁高度相同时，横向梁顶梁底钢筋，均在纵向梁顶梁底钢筋之上。
21. 现浇混凝土构件上预埋铁件、预埋套管及预留孔洞位置、做法除图中注明者外，见建筑、设备图。

四、其他要求

1. 电线管走结构层时，管外径不得大于板厚的1/3(交叉点不受此限制)，避免三根管在同一点布管应分散设置(管与管间距不得小于300)，严禁重叠。对板中电管高度大于板厚2/3且无交叉，负筋的部位按右上图配筋：

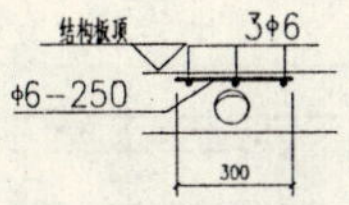

2. 配电盘出线之电线埋管须分散布置埋设，不得集中在一起，也不得穿梁，管与管间距不小于150。
3. 施工中各专业、工种应密切协作配合，防止配合不当，造成损失。
4. 不规则梁板以及楼梯梁板配筋长度须放大样确定，梁下挂板做法见下图。

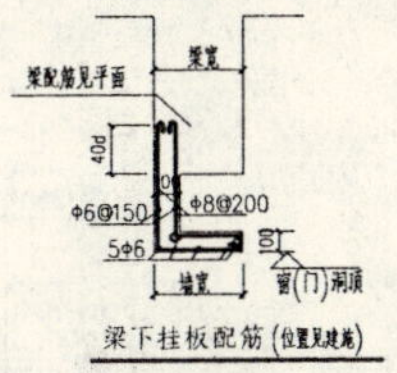

梁下挂板配筋(位置见建施)

5. 外露铁件应采取刷防锈漆两道或其他防腐措施。
6. 回填土要求一般回填土的压实系数不得小于 0.94，灰土的压实系数不得小于 0.95。黏土拌和的3:7灰土干容重不得小于 14.5kN/m³，2:8灰土干容重不得小于15.0kN/m³
7. 大跨度梁，板应按照施工验收规范的要求，预先起拱≥2L/1000。
8. 框架后砌非承重墙构造做法见"京94SJ19"图集并沿墙每隔3米设构造柱，断面为240X墙厚，配4Φ12 箍Φ6@200 上，下伸各入梁板内 35d。并按要求设与墙体拉接筋。
9. 本工程设计中未考虑冬，雨季施工及特殊条件等的施工问题，施工单位应根据有关施工及验收规范执行。
10. 本说明与施工图不符者，以施工图为准。
11. 拆除原建筑墙体及其他构件前，施工单位应先做好相关部位的支撑，确保原建筑物的安全
12. 除以上要求外，其他均应严格按照国家颁布的规定、规程的要求进行施工及验收。
13. 600x600屋顶人孔平面位置见建施，配筋见下图。

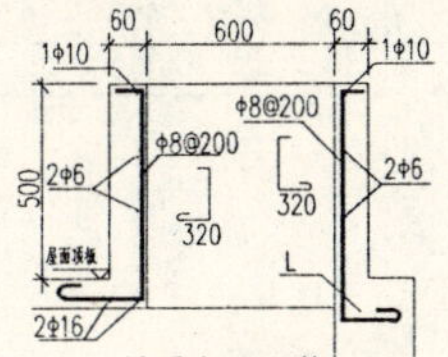

屋顶人孔配筋

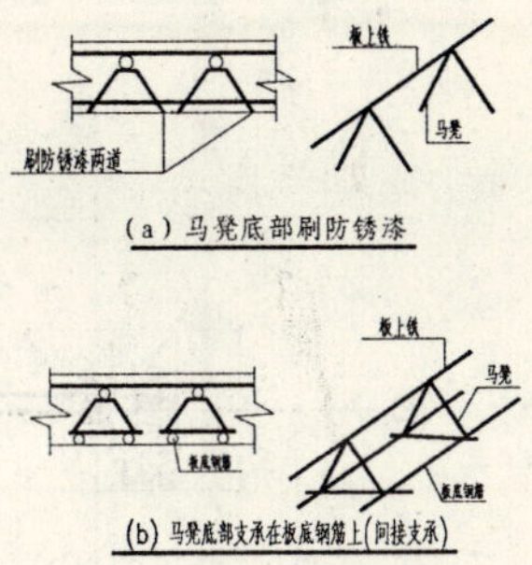

(a) 马凳底部刷防锈漆
(b) 马凳底部支承在板底钢筋上(间接支承)
图1 马凳做法

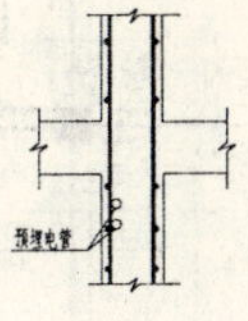

图2

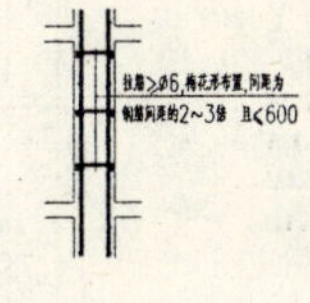

墙拉筋做法

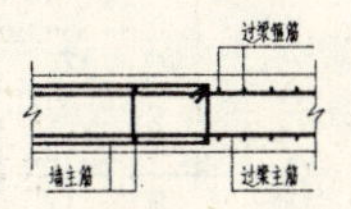

图3

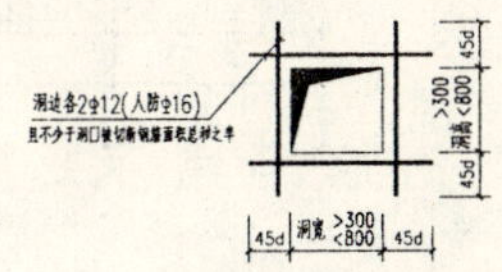

图4 混凝土墙洞口加筋

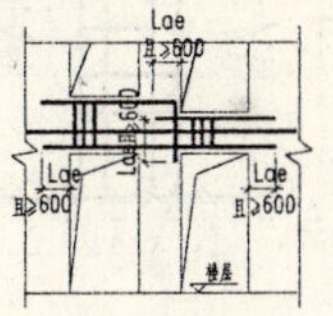

门窗洞过梁配筋示意

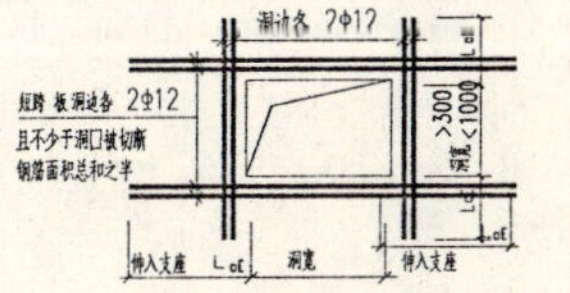

图5 板洞口加筋

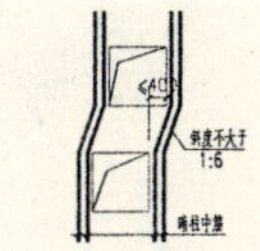

上下洞口不对齐相差<400时暗柱纵筋做法

和谐建筑设计院		审定人		建筑专业负责人		电气专业负责人		工号	
		审核人		结构专业负责人				房号	
图名	结构设计总说明	工程总负责人		给排水专业负责人		设计人		图别号	结施1
				暖通专业负责人		制图人		日期	

图4.1　框架-剪力墙结构设计总说明

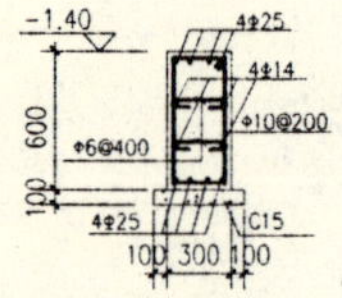

DL1

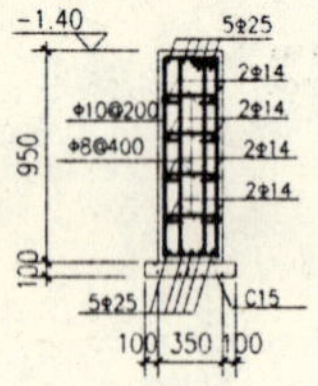

DL2

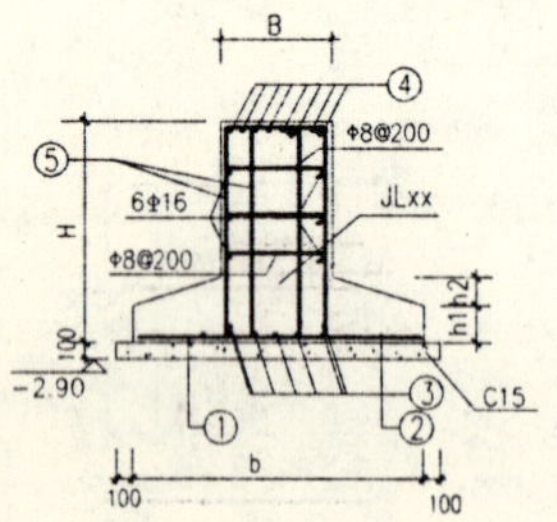

混凝土条基基础梁 (JL) 配筋示意 (用于表1~2)

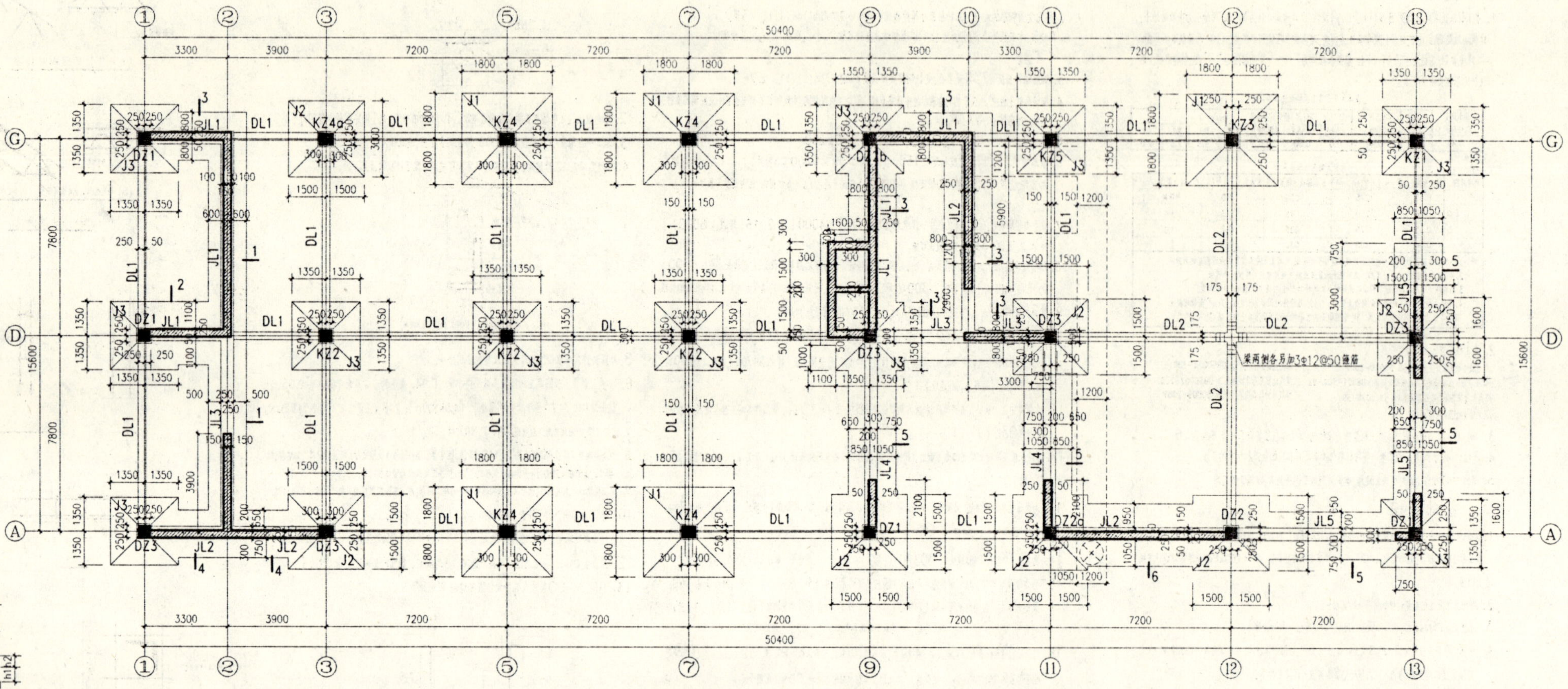

基础平面图

表1 混凝土条基配筋表

剖面号	基底标高	基础宽度 b	h1	h2	墙厚或梁宽 b	配筋 ①	配筋 ②
1	-2.90	1500	300	0	500	⌀12@150	⌀10@200
2	-2.90	2400	300	150	500	⌀12@120	⌀10@200
3	-2.90	1900	300	150	500	⌀12@150	⌀10@200
4	-2.90	1900	300	100	500	⌀12@140	⌀10@200
5	-2.90	1900	300	100	500	⌀12@150	⌀10@200
6	-2.90	2400	300	250	500	⌀14@130	⌀10@200

表2 基础梁配筋表

基础梁号	基础梁断面 (BxH)	纵筋 ③	纵筋 ④	箍筋 ⑤
JL1	500x750	5⌀25	5⌀25	⌀10@150
JL2	500x800	5⌀25	5⌀25	⌀10@150
JL3	500x800	6⌀25	6⌀25	⌀12@150
JL4	500x850	7⌀25	7⌀25	⌀12@150
JL5	500x900	8⌀25	8⌀25	⌀12@130

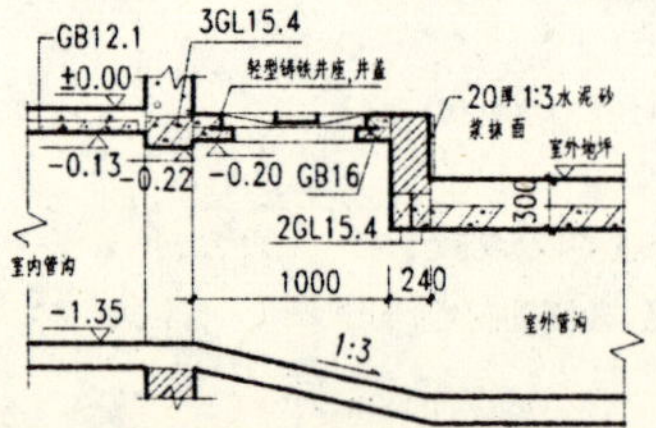

管沟出入口处做法

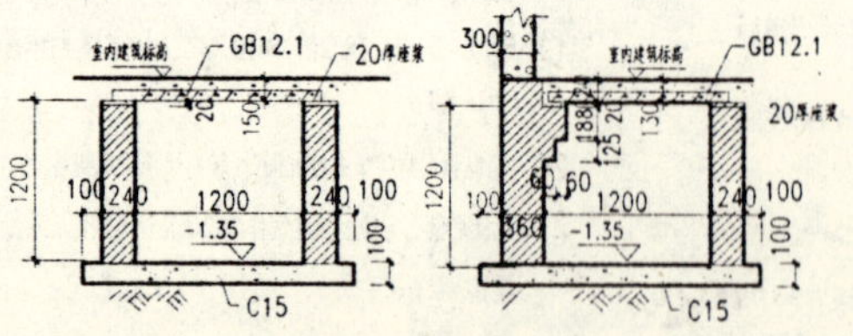

管沟断面

说明：

1. 基础及地梁(JL)、(DL)，混凝土强度等级为C30，垫层混凝土强度等级为C15。
2. 除注明者外，柱和基础梁定位均为轴线居中。墙、柱配筋及墙洞口定位见结施3。
3. 轻型铸铁井座，井盖购现货。
4. 未注明的管沟做法参考京92G15图集，转角处过梁为京92G21图集中的荷载二级矩形过梁，预制过梁不能放置时，改为现浇，配筋断面不变。沟盖板用一级荷载，见京92G15图集。带人孔的沟盖板见京92G15图集。管沟用MU10蒸压灰砂转，M5水泥砂浆砌筑。
5. 本工程管沟根据实际情况按本图及京92G15图集选用。
6. 其余说明见结施1。

和谐建筑设计院		审定人		建筑专业负责人		电气专业负责人		工号	
		审核人		结构专业负责人				房号	
图名	基础平面图	工程总负责人		给排水专业负责人		设计人		图别号	结施2
				暖通专业负责人		制图人		日期	

图4.2 框架-剪力墙结构基础平面图

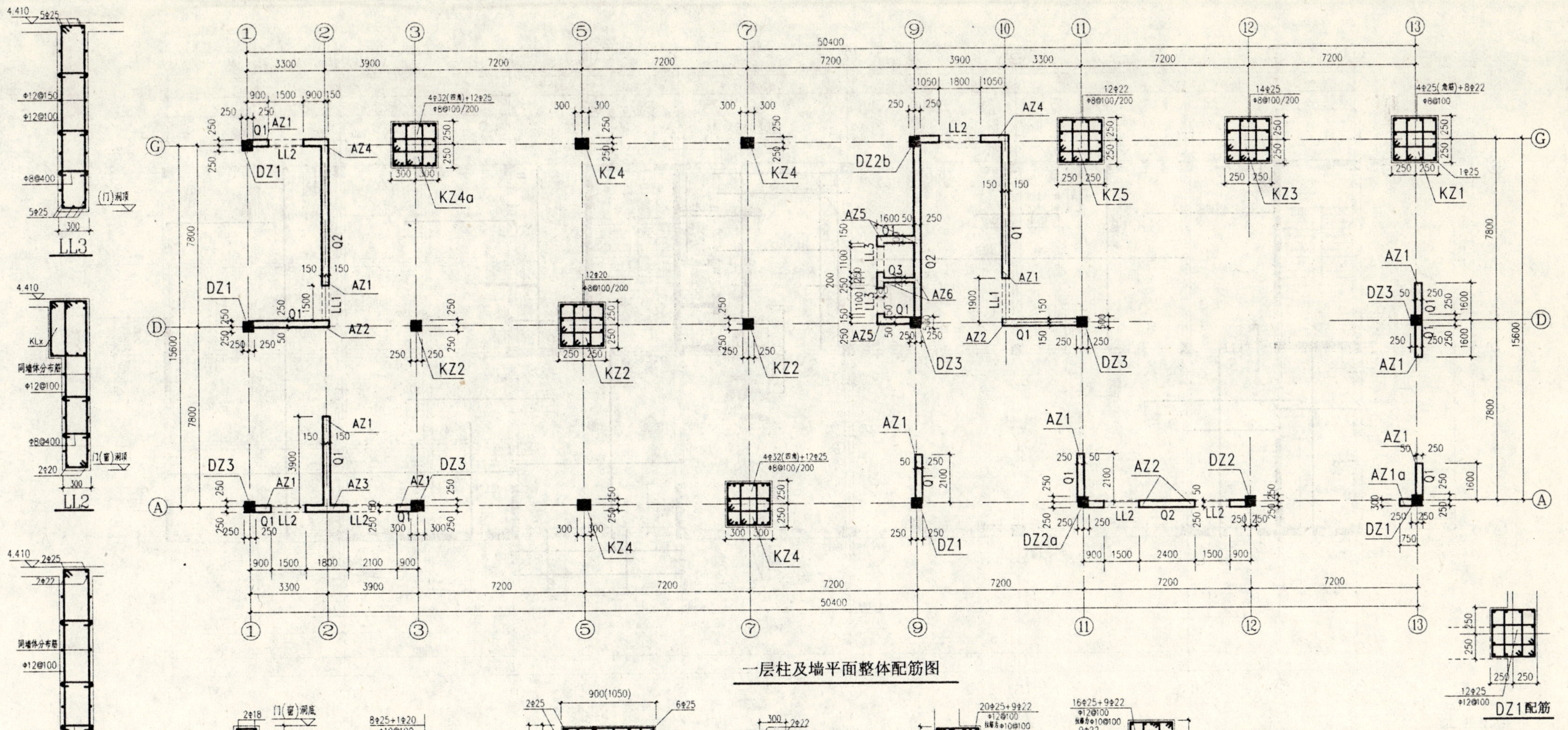

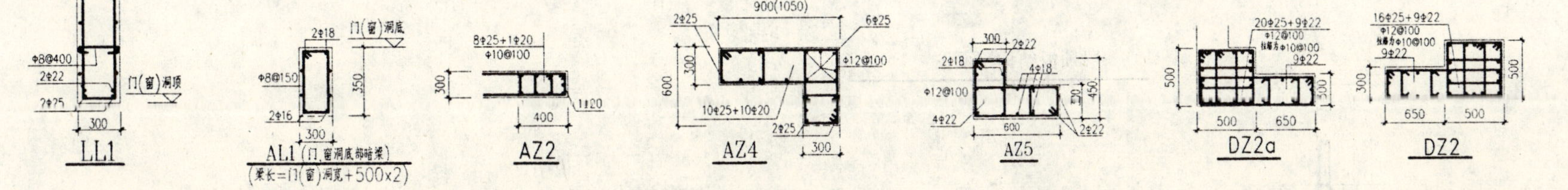

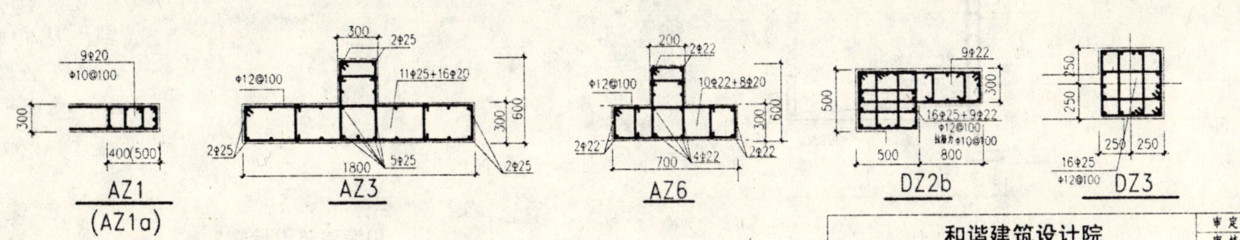

剪力墙身配筋表

编号	所在楼层号	墙 厚	水平分布筋	垂直分布筋	拉筋
Q1	1	300	Φ12@150	Φ12@200	Φ8@400
	2	300	Φ12@200	Φ12@200	Φ8@400
Q2	1	300	Φ12@150	Φ12@150	Φ8@300
	2	300	Φ12@150	Φ12@150	Φ8@300
Q3	1	200	Φ10@150	Φ10@200	Φ8@400
	2	200	Φ10@200	Φ10@200	Φ8@400

说明：

1. 材料：梁板混凝土等级为C25，柱及混凝土墙的混凝土等级为C30。
2. 框架抗震等级为二级，剪力墙抗震等级为一级，其要求见国家标准图集03G101-1及03G329-1，两者不一致时，以03G101-1为准。
3. KZx，DZx在基础拉梁DL至±0段箍筋间距100。
4. 除注明者外，柱均为500x500，墙厚均为300，柱、墙均居轴线中。
5. 门窗洞部位洞底标高以下～基础梁顶均配Φ10@200双层双向，并在门窗洞部位洞底标高处配置AL1。
6. 剪力墙留洞(<800x800)位置见建筑及设备图，洞口加筋见结施1。

和谐建筑设计院	审 定 人		建筑专业负责人		电气专业负责人	工 号	
	审 核 人		结构专业负责人			房 号	
图 名　一层柱及墙配筋平面及详图	工程总负责人		给排水专业负责人		设 计 人	图别号	结施 3
			暖通专业负责人		制 图 人	日 期	

图4.3　框架-剪力墙结构一层柱及墙配筋平面及详图

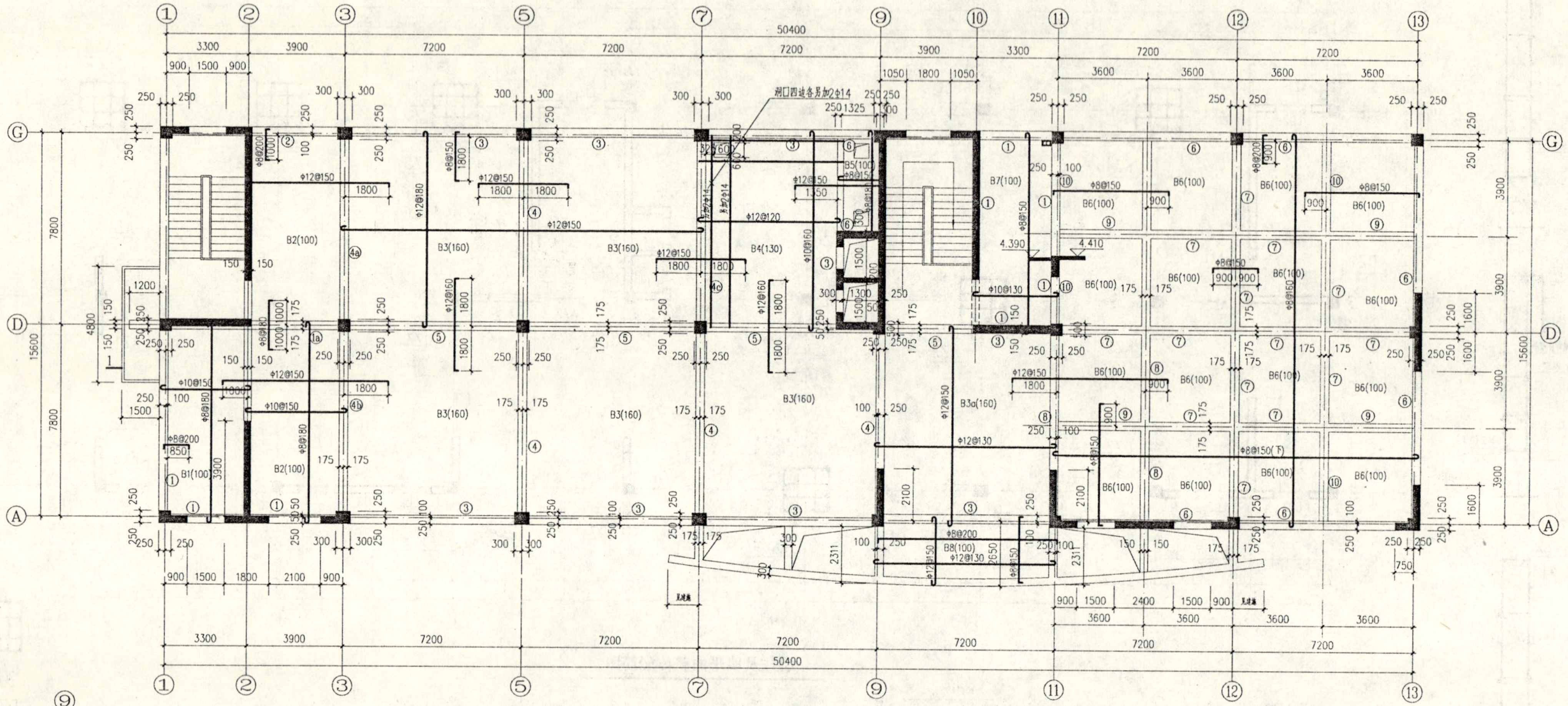

一层顶板结构平面图

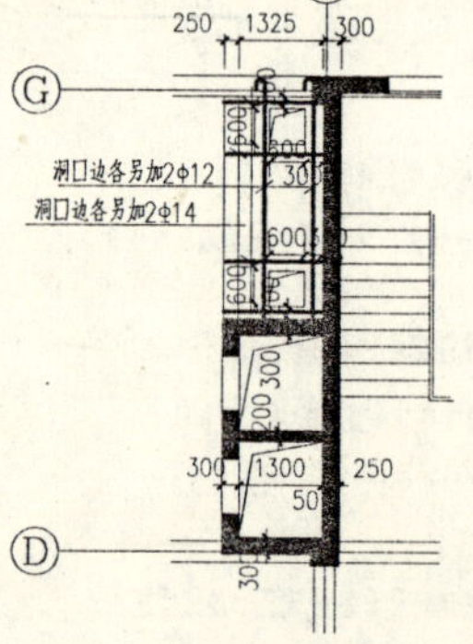

板局部留洞位置及加筋(1~2层均同)

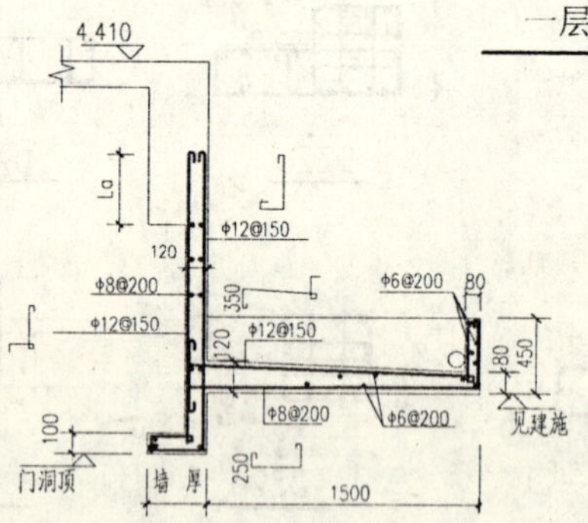

雨篷剖面(剖面1)

说明:

1. 梁板混凝土为C25，Φ表示HRB335级钢，φ表示HPB235级钢.
2. 板上留洞大小及位置见设备图及建筑图，轻隔墙下板底加筋见结施1.
3. 未标注的板厚为100，板顶标高除B7为4.39、B8为3.70外，其余均为4.41m.
4. 跨度>3.5m的板支模板时起拱应>2L/1000，其余要求见结施1.

和谐建筑设计院		审定人	建筑专业负责人	电气专业负责人	工号	
		审核人	结构专业负责人		序号	
图名	一层顶板结构平面及详图	工程总负责人	给排水专业负责人	设计人	图别号	结施4
			暖通专业负责人	校对人	日期	

图4.4　框架-剪力墙结构一层顶板结构平面及详图

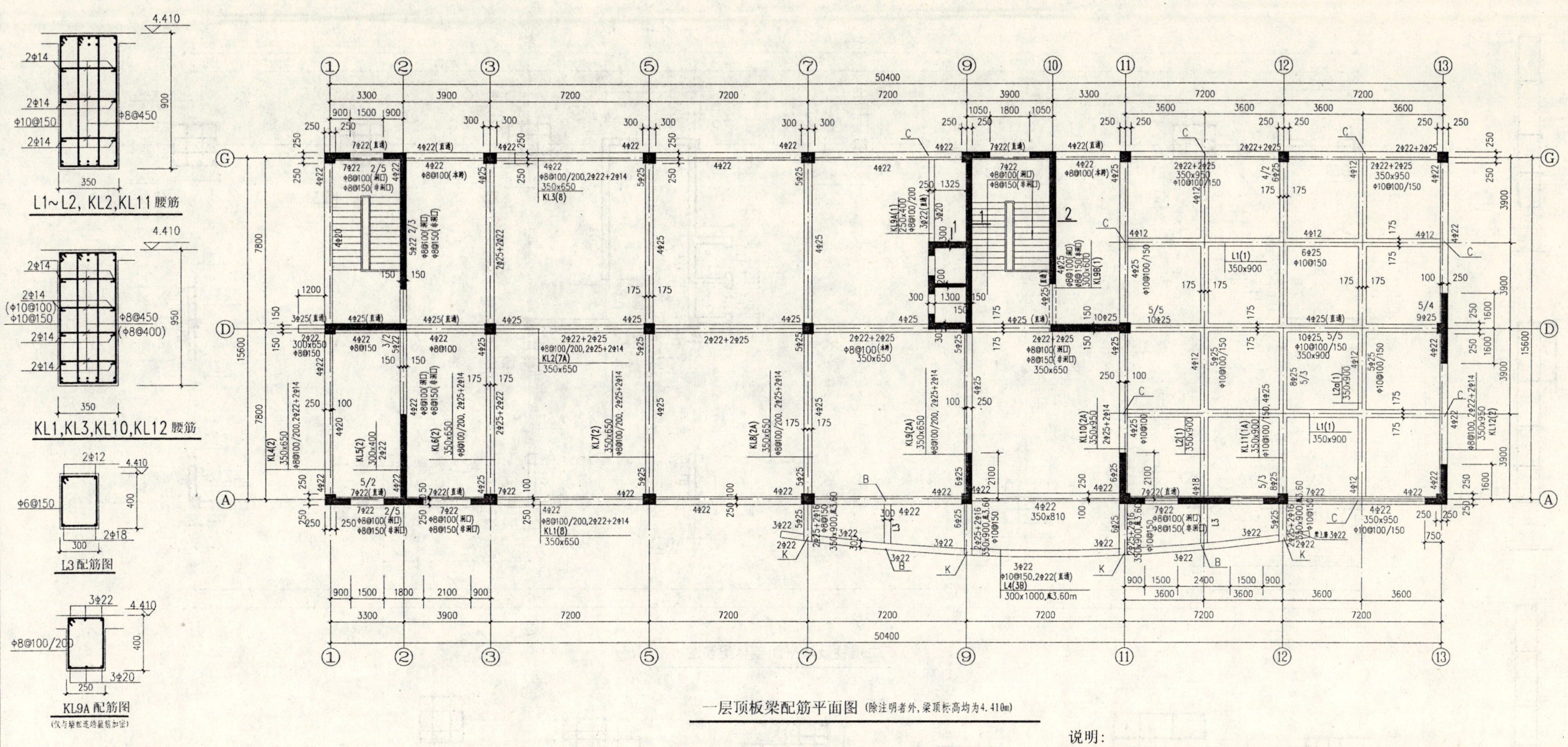

主次梁相交处附加筋表（1层顶板梁）

简图	附加筋序号	配筋 ①	配筋 ②	备注
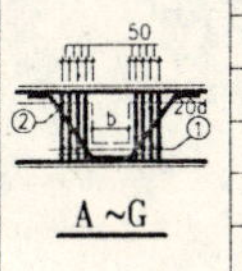 A~G	A	每侧各另加3ϕ10		1.②号筋弯起角度：当梁高≤800为45°，否则为 60°。 2. H~L中②号筋为梁上皮筋下弯而成。 3. 附加箍筋肢数同所在梁箍筋。
	B	8ϕ10	2Φ18	
	C	8ϕ10	3Φ18	
	D	8ϕ10	3Φ20	
	E	8ϕ10	2Φ22	
	F	8ϕ10	3Φ22	
	G	10ϕ12	4Φ25	
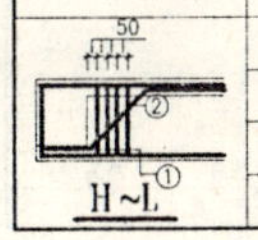 H~L	H	3ϕ8	2Φ16	
	J	4ϕ10	1Φ16	
	K	4ϕ10	1Φ25	
	L	4ϕ10	2Φ25	

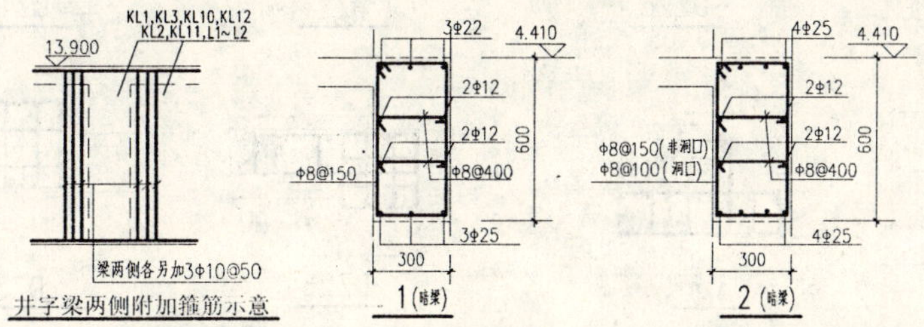

说明:

1. 梁板混凝土为C25。Φ表示HRB335级钢 ϕ表示HPR235级钢。钢筋焊接要求见钢筋焊接及验收规程(JGJ18-96)。
2. 框架抗震等级为二级，其构造要求见图集03G101-1及03G329-1。除注明者外，梁宽b>300mm时，梁箍筋为4肢箍。
3. 除注明者外，梁底筋净距≥25，上筋(负筋)净距≥30，单排排不下时，可分两排，但第二排筋根数≥2根。梁高不等时钢筋构造见03G101-1页61。
4. 陶粒混凝土砌块密度≤7.50kN/m^3，强度等级≥2.0MPa，砂浆等级M5，配筋带混凝土C20。填充墙拉结筋参见"京94SJ19"。
5. 跨度>4m的梁支模板时，起拱应>2L/1000。其余要求见结施 1。

和谐建筑设计院		审定人		建筑专业负责人		电气专业负责人		工号
		审核人		结构专业负责人				序号
图名	一层顶板梁配筋平面及详图	工程总负责人		给排水专业负责人		设计人		图别号 结施 5
				暖通专业负责人		制图人		日期

图4.5 框架-剪力墙结构一层顶板梁配筋平面及详图

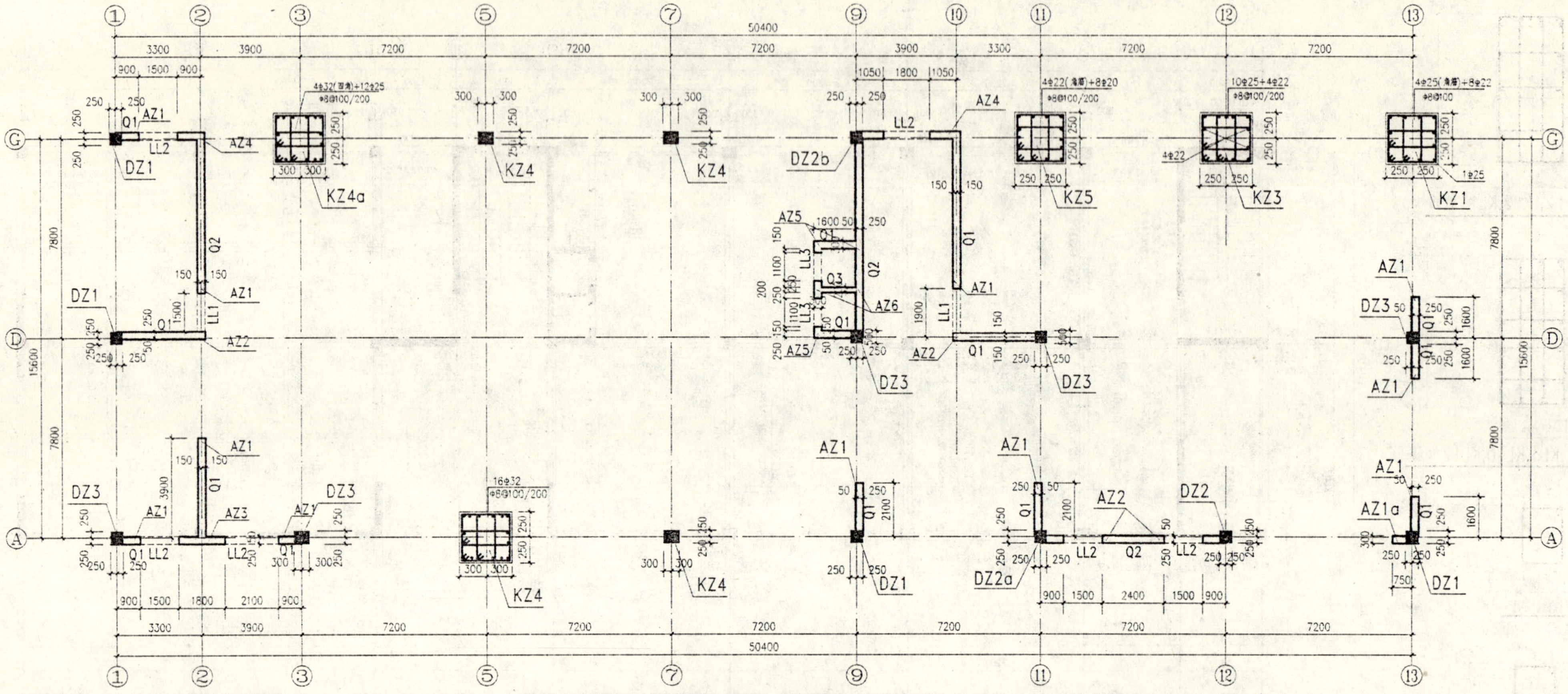

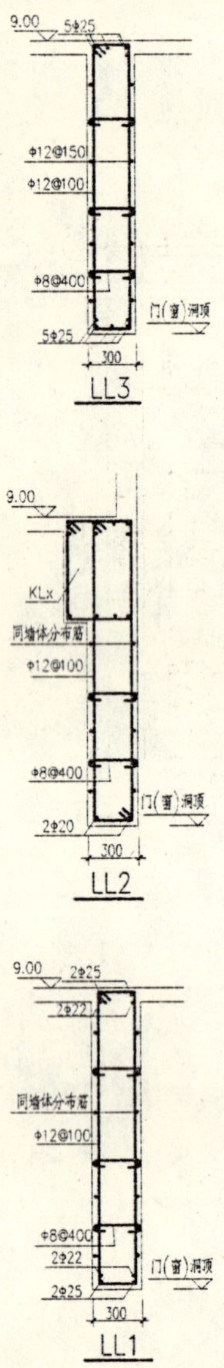

二层柱及墙平面整体配筋图

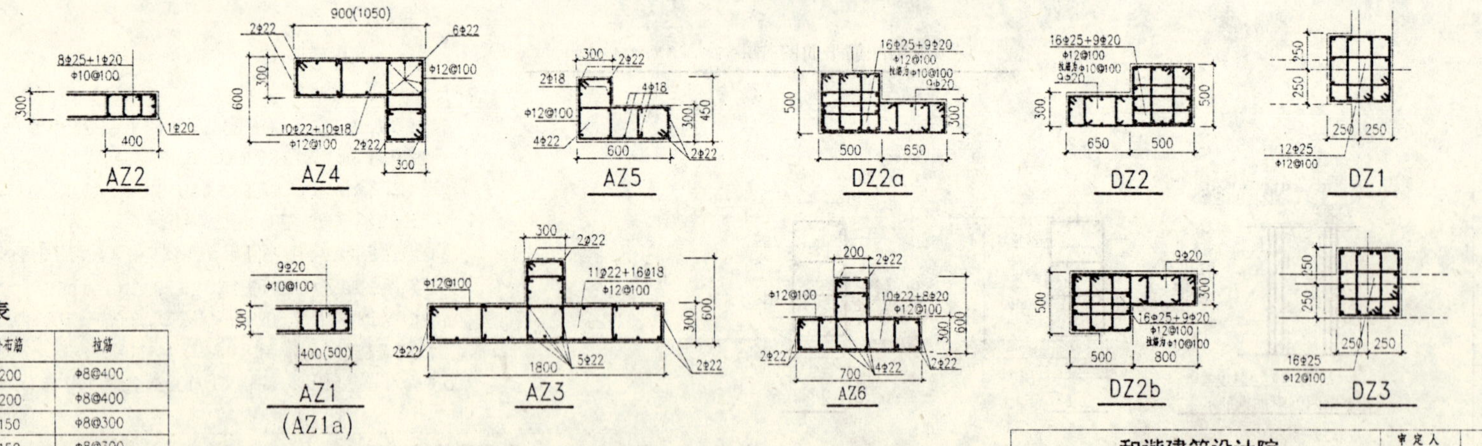

说明:

1. 材料: 梁板混凝土等级为C25, 柱及混凝土墙均混凝土等级为C30。
2. 框架抗震等级为二级, 剪力墙抗震等级为一级, 其要求见国家标准图集03G101-1。及03G329-1, 两者不一致时, 以03G101-1为准。
3. 剪力墙留洞(<800x800)位置见建筑及设备图，洞口加筋见结施1。
4. 除注明者外, 柱均为500x500，墙厚均为300，柱、墙均居轴线中。
5. ①~③, ⑪~⑬ 轴柱KZ、DZ均伸至女儿墙顶11.10m，配筋柱纵筋同二层, 箍筋均为ф10@150。

剪力墙墙身配筋表

编号	所在楼层号	墙厚	水平分布筋	垂直分布筋	拉筋
Q1	1	300	ф12@150	ф12@200	ф8@400
	2	300	ф12@200	ф12@200	ф8@400
Q2	1	300	ф12@150	ф12@150	ф8@300
	2	300	ф12@150	ф12@150	ф8@300
Q3	1	200	ф10@150	ф10@200	ф8@400
	2	200	ф10@200	ф10@200	ф8@400

和谐建筑设计院		审定人		建筑专业负责人		电气专业负责人		工号	
		审核人		结构专业负责人				房号	
图名	二层柱及墙配筋平面及详图	工程总负责人		给排水专业负责人		设计人		图别号	结施6
				暖通专业负责人		制图人		日期	

图4.6 框架-剪力墙结构二层柱及墙配筋平面及详图

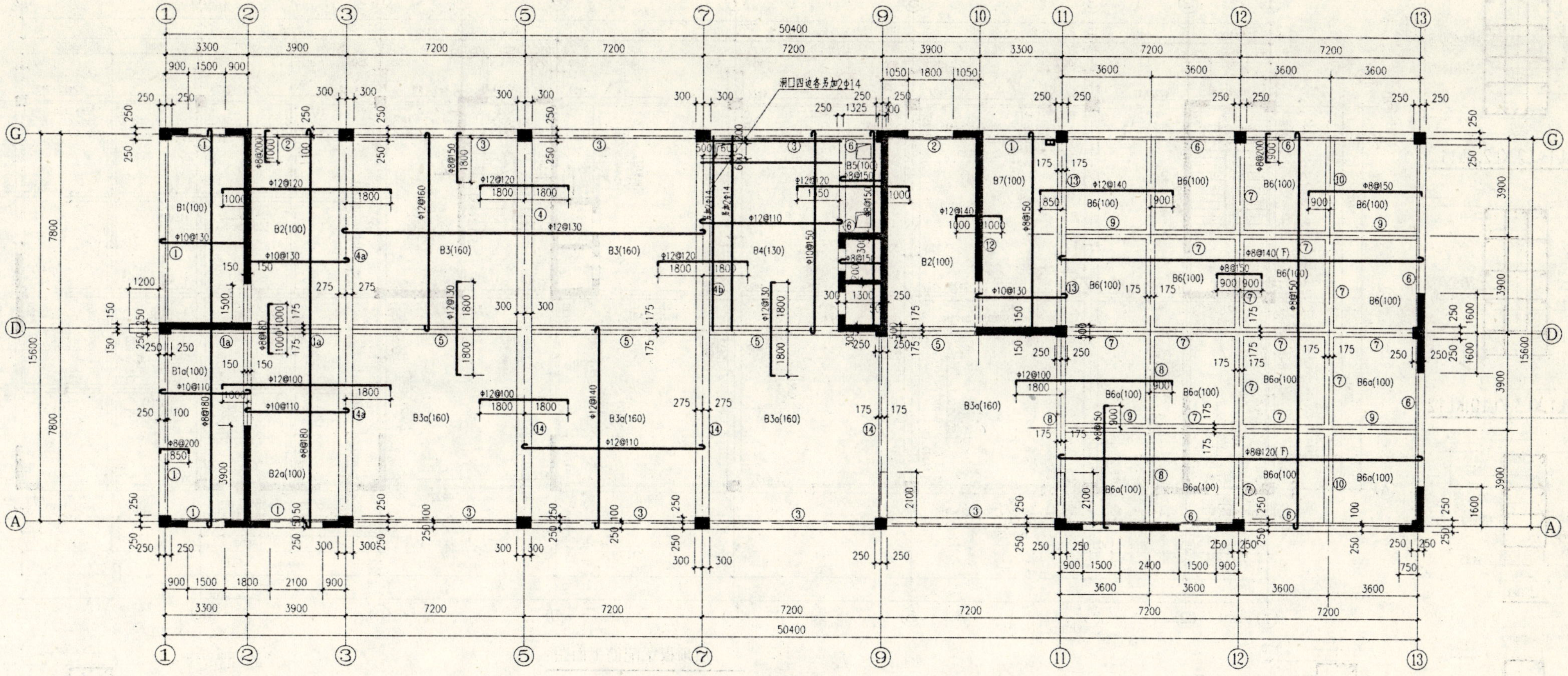

二层顶板结构平面图

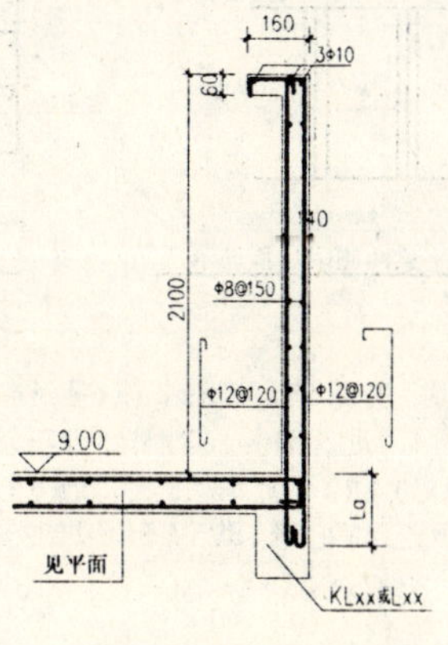

女儿墙配筋（位置见建施）

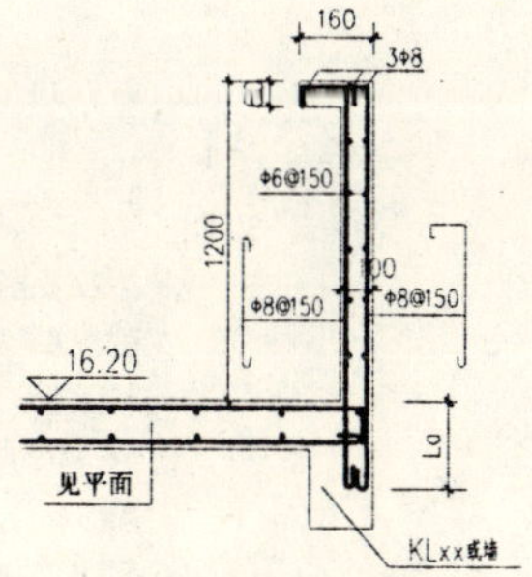

女儿墙配筋（位置见建施）

说明:

1. 梁板混凝土为C25，ф表示HRB335级钢、φ表示HPB235级钢.
2. 板上留洞大小及位置见设备图及建筑图，轻隔墙下板底加筋见结施 1.
3. 未标注的板厚为100，板顶标高均为 9.00.
4. 根据混凝土结构设计规范，在板上表面未配负筋区域增配φ6@150，双向温度构造负筋网，温度筋与支座负筋的搭接长度为250.
5. 钢筋混凝土女儿墙每隔10m~12m设一道伸缩缝，缝宽据外装修做法现场商定.
6. 跨度>3.5m的板支模起拱应>2L/1000，其余要求见结施 1.

和谐建筑设计院		审 定 人		建筑专业负责人		电气专业负责人		工 号	
		审 核 人		结构专业负责人				房 号	
图 名	二层顶板结构平面及详图	工程总负责人		给排水专业负责人		设 计 人		图别号	结施 7
				暖通专业负责人		制 图 人		日 期	

图4.7 框架-剪力墙结构二层顶板结构平面及详图

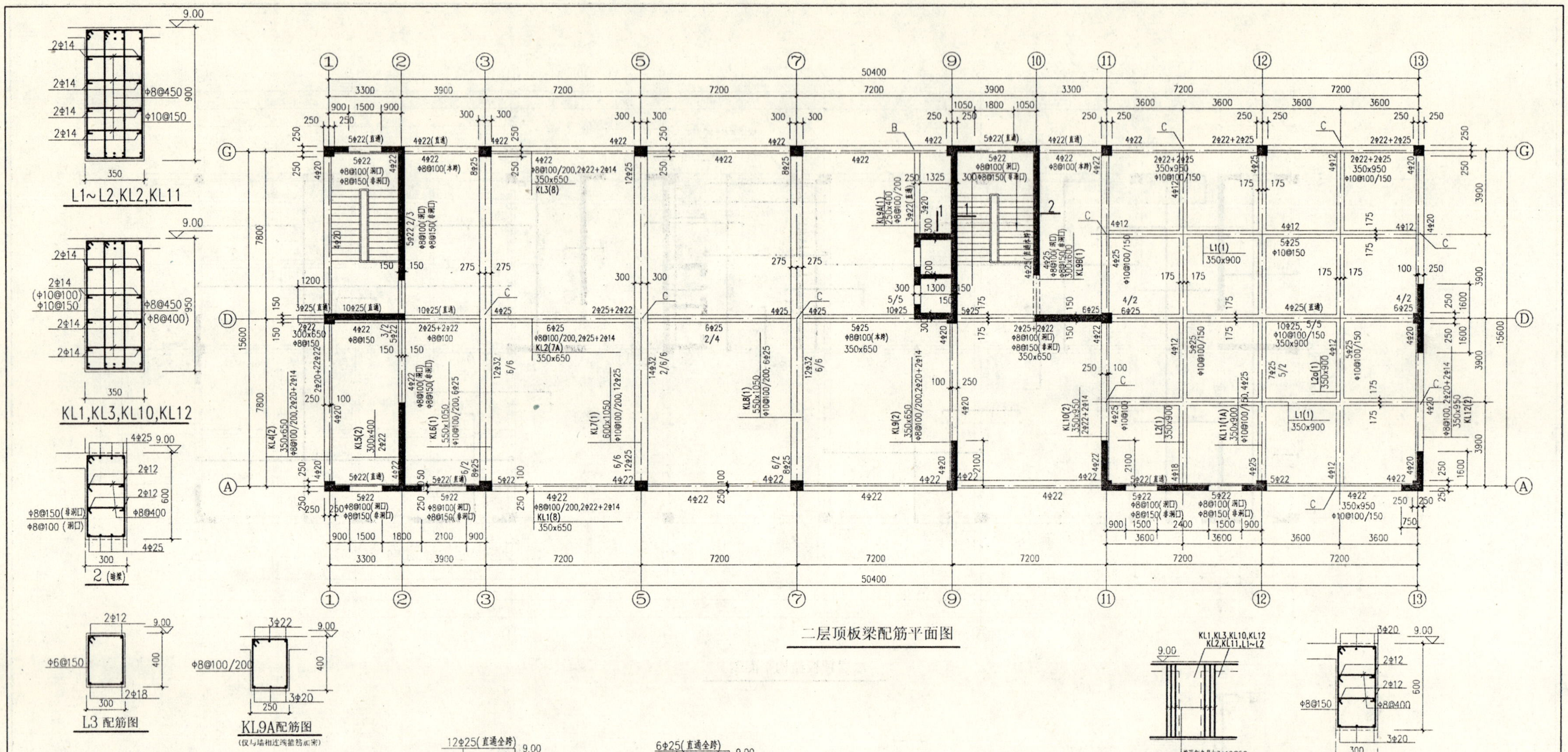

主次梁相交处附加筋表

简图	附加筋序号	配筋 ①	配筋 ②	备注
A~G	A	每侧各另加3φ10		1. ②号筋弯起角度：当梁高≤800为45°，否则为60°。 2. H~L中②号筋为梁上皮筋下弯而成。 3. 附加箍筋肢数同所在梁箍筋。
	B	8φ10	2Φ18	
	C	8φ10	3Φ18	
	D	8φ10	3Φ20	
	E	8φ10	2Φ22	
	F	8φ10	3Φ22	
	G	10φ12	4Φ25	
H~L	H	3φ8	2Φ16	
	J	4φ10	1Φ16	
	K	4φ10	1Φ25	
	L	4φ10	2Φ25	

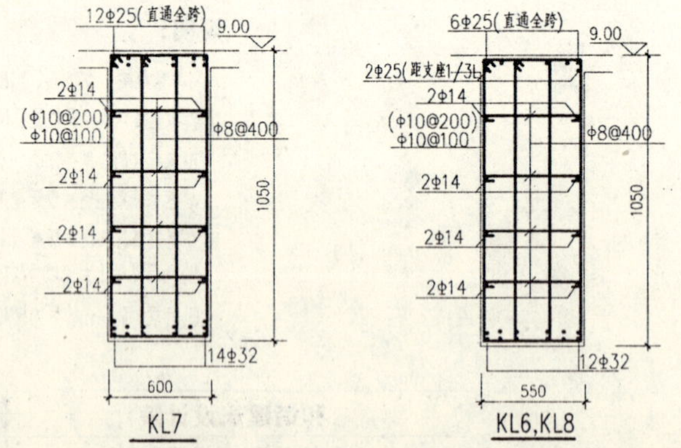

说明：

1. 梁板混凝土为C25。Φ示HRB335级钢、φ示HPB235级钢。钢筋焊接要求见《钢筋焊接及验收规程》(JGJ18-2003)。
2. 框架抗震等级为二级，其构造要求见图集03G101-1及03G329-1。除注明者外，梁宽b>300mm时，梁箍筋为4肢箍。
   除注明者外，梁底筋净距≥25，上筋(负筋)净距≥30，单排排不下时，可分两排，但第二排筋根数≥2根。梁高不等时钢筋构造见03G101-1页61。
3. 陶粒混凝土砌块密度<7.50kN/m³，强度等级≥2.0MPa，砂浆等级M5，配筋带混凝土C20。填充墙拉结筋参见京94SJ19图集。
4. 跨度>4m的梁支模板时起拱应>2L/1000。本层KLx构造要求均同WKLx。KL6~KL8纵筋应采用机械连接。
5. 梁顶标高除注明者外均为9.00m。其余要求见结施1。

和谐建筑设计院		审定人		建筑专业负责人		电气专业负责人		工号	
		审核人		结构专业负责人				房号	
图名	二层顶板梁配筋平面及详图	工程总负责人		给排水专业负责人		设计人		图别号	结施 8
				暖通专业负责人		制图人		日期	

图4.8 框架-剪力墙结构二层顶板梁配筋平面及详图

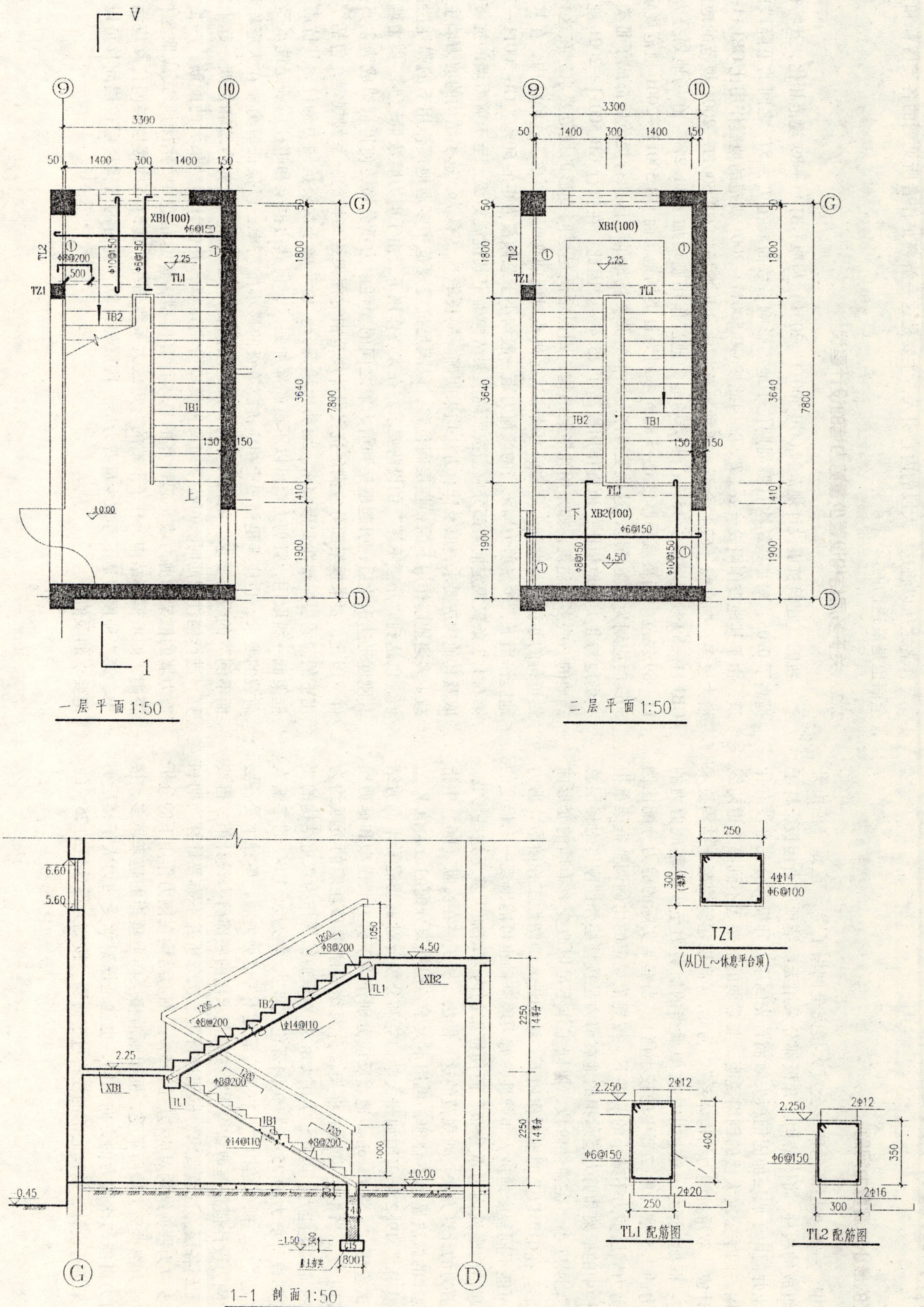

说明:

1. 图中尺寸和标高均为建筑尺寸和标高,结构尺寸和标高须减去相应的面层做法。
2. 未标注的分布筋为Φ6@150,支座连系筋为Φ6@200。
3. 不规则板和梁须先放大样后下料。其余要求见结施1。

和谐建筑设计院		审定人		建筑专业负责人		电气专业负责人		工号	
		审核人		结构专业负责人				房号	
图名	楼梯结构图	工程总负责人		给排水专业负责人		设计人		图别号	结施 9
				暖通专业负责人		制图人		日期	

图4.9 框架-剪力墙结构楼梯结构图

第2节 框架-剪力墙结构设计的若干问题

2.1 关于框剪结构中框架承受的最小地震剪力问题

1964年美国阿拉斯加地震中，一栋6层高的四季公寓大楼完全倒塌了[65]。这是一栋由升板结构和两个钢筋混凝土井筒组成的板柱-筒体结构，升板部分采用无黏结预应力楼板，柱子是型钢柱。地震时，钢筋混凝土井筒由于底层加固钢板失效而首先倒塌，升板部分几乎没有什么抵抗水平力的能力而随之倒塌。四季公寓大楼的倒塌说明，非常弱的框架起不到第二道防线的作用。因此，框剪结构因设计成“双重抗侧力结构体系”。为此，《高层建筑混凝土结构技术规程》（JGJ 3—2002）中规定：框架-剪力墙结构中，框架承当的层剪力至少为基底剪力的20%，或者框架计算最大层剪力的1.5倍（取二者中的较小值）。当框架实际的剪力分配比例达不到规范规定值时，应当在剪力墙层剪力不减小的前提下，按规范规定的比例调整框架承担的地震剪力。这是因为框剪结构中的框架和剪力墙承担的地震剪力是按楼层弹性刚度对楼层总地震剪力进行分配的，由于框架刚度小，在弹性阶段，协同工作不足以改变剪力墙的变形曲线，结构整体仍呈现弯曲型变形。在中等以上的地震作用下，结构进入弹塑性工作阶段，剪力墙底部和各层剪力墙的连梁都可能不同程度地进入非弹性，剪力墙基础也可能出现一定程度的相对转动，这些因素都可能引起结构塑性内力重分布，而使框架的内力增加。基于这些考虑，规范给出了增大框架承当的层剪力的计算方法。对规范的这一做法，胡庆昌在文献［66］中指出：“这种忽视各层剪力分布规律的做法显然不合理，再用不大于各层框架分配的最大值 $V_{f,\max}$ 的1.5倍进行双控，更使概念模糊。”1982年美国加州大学伯克利分校曾对钢筋混凝土框剪结构抗震性能进行一系列分析和试验研究，将Pacoima地震反应分别作用于剪力墙模型和框剪模型进行对比试验。试验结果表明[66]，当框剪模型的框架部分对结构刚度和耗能的贡献约为25%时，框剪结构表现出很好的抗倒塌能力。因此，美国UBC97对框剪结构作为双重结构的要求是：“框架至少应能承担底部设计剪力的25%。”美国哥伦比亚大学教授、UBC的参编人Dr. S. K. Ghosh对该条文的解释是[66]：“框剪结构中，框架应满足不考虑剪力墙，单独承受各层侧力设计值的25%进行设计。侧力设计值是框剪结构体系按规范求出的底部剪力设计值，再按规范规定的方法沿建筑高度分配到各层。规范要求对框架进行第二次分析并不需要计算周期和底部剪力。框架每层的侧力至少应为框剪结构对应楼层的25%。框剪结构在侧力作用下的分析表明，邻近底部几乎全部楼层剪力都被剪力墙所承受，框架则沿楼层向上负担的越来越多，接近高层建筑顶部，剪力墙的剪力可能与作用力的方向相同，也就是框架承受的力大于楼层剪力。假如框架柱按以上分析结果进行设计，结构底部的柱将过于薄弱。按侧力设计值的25%的要求是为了保证底部柱有足够的强度和刚度。按侧力设计值的25%进行二次分析，主要对下部各层框架柱的设计起控制作用。”

作者之所以将这一大段的内容引入，主要是这一解释是作者所见到的各类解释和说明中最全面也是最透彻的。

2.2 关于多层结构设置少量剪力墙的设计建议

新的《建筑抗震设计规范》（GB 50011—2001）与原GBJ 11—89规范相比，其特征周期 T_g 提高了0.05，对那些结构自振周期位于地震影响系数曲线在 $T_g \sim 5T_g$ 之间的下降段的多层建筑，由于其地震作用 $\alpha = \alpha_{\max} T_g / T$，因此按GB 50011—2001规范的地震作用比GBJ 11—89规范增大较多，据文献［67］介绍，两种规范相比，Ⅱ类场地GB 50011—2001规范的地震作用比GBJ 11—89规范增加了15%；Ⅲ类场地的地震作用则增加了11.2%。在场地划分方面，GBJ 11—89规范中当覆盖层厚度 $d_{ov}>80\text{m}$ 才划为Ⅲ类场地，而GB 50011—2001规范规定当 $d_{ov}>50\text{m}$ 时应划为Ⅲ类场地，这就使得许多原本为Ⅱ类场地的地区执行规范后都成了Ⅲ类场地。Ⅲ类场地与Ⅱ类场地相比，地震作用提高了25.4%。因此，在执行GB 50011—2001规范，北京等地的一些多层建筑，如采用纯框架结构，则很难满足层间变形的规范要求。在这种情况下，最可行的办法就是设置少量的剪力墙来满足规范对层间变形的要求。这种结构，在基本振型的地震作用下，少量剪力墙承当的倾覆力矩一般均小于总倾覆力矩的50%，GB 50011—2001规范第6.1.3条仅规定框架部分应当按照纯框架结构确定其抗震等级，至于剪力墙的抗震等级的选取及其他构造要求，以及计算方法均未明确。柯长华[67]等认为，这类结构的剪力墙主要是为了减少多遇地震作用下的弹性层间位移，以满足抗震规范中多遇地震作用下的弹性层间位移限值，以达到“小震不坏”的设防要求。在大震作用下，由于剪力墙数量较少，剪力墙墙体开裂其刚度迅速退化后，引起框架和剪力墙之间的塑性内力重分布，使得框架成为主要抗侧力构件。因此，要求框架部分应满足抗震设计规范中对框架纯结构的一系列规定，包括罕遇地震作用下的薄弱层弹塑性变形要求。而剪力墙部分，由于属于次要抗侧力构件，其抗震等级可比框架低一级取用，且剪力墙可以不设底部加强区，但其边框梁和暗柱应满足能承受本层竖向荷载的要求，也应满足框架梁相应抗震等级的最小配筋率，以保证剪力墙在大震作用下“裂而不倒”的设防要求。结构计算时，确定层间变形时应将少量剪力墙和框架一起上机整体计算。进行构件配筋时，可按下列两种模型分别计算，并按计算结果大的配筋：一是考虑少量剪力墙的框架和剪力墙一起计算的整体计算模型，但总信息中的结构形式应取为框架结构，否则，如填框剪结构，柱子下端的弯矩放大系数偏小。此时结构楼层层间位移应满足规范要求。第二种模型是不考虑少量剪力墙，按框架计算，此时的结构楼层位层间移可以不满足规范要求的限值。

附录　按极限平衡法计算四边支承塑性板

四边支承正交异性板在任意支座条件下的计算简图如附图1所示。

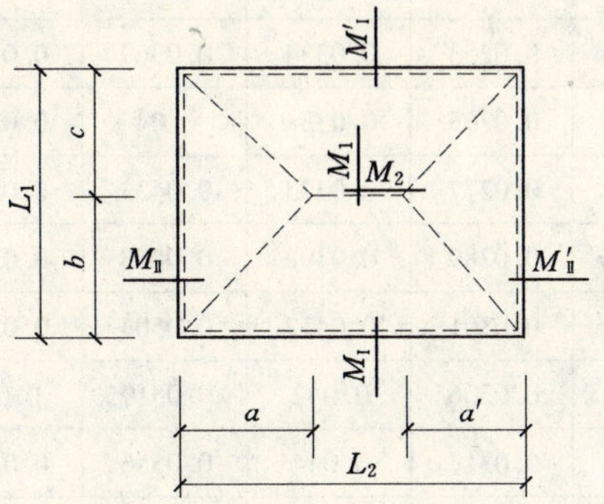

附图1　四边支承正交异性板在任意支座条件下的计算简图

图中

$$a=\frac{L_1\gamma}{2},\ a'=\frac{L_1\gamma'}{2},\ b=\frac{L_1K}{2},\ c=\frac{L_1(2-K)}{2}$$

$$\frac{L_2}{L_1}=\lambda,\ \frac{M_2}{M_1}=\alpha,\ \frac{M_{\mathrm{I}}}{M_1}=\beta_1,\ \frac{M'_{\mathrm{I}}}{M_1}=\beta'_1$$

$$\frac{M_{\mathrm{II}}}{M_2}=\beta_2,\ \frac{M'_{\mathrm{II}}}{M_2}=\beta'_2,\ \sqrt{\frac{1+\beta_1}{1+\beta'_1}}=S$$

$$\sqrt{\frac{1+\beta_2}{1+\beta'_2}}=W,\ \frac{1+\beta_2}{1+\beta_1}=\rho,\ \frac{\alpha\rho S^2(1+W)^2}{\lambda^2W^2(1+S)^2}=\eta$$

$$K=\frac{2S}{1+S},\ \gamma'=\frac{\gamma}{W},\ \gamma=\frac{2\lambda W\eta}{1+W}\left(\sqrt{1+\frac{3}{\eta}}-1\right)$$

$$M_1=\frac{\gamma^2}{24\alpha(1+\beta_2)}q_cL_1^2=\xi q_cL_1^2$$

$$M_2=\alpha M_1,\ M_{\mathrm{I}}=\beta_1M_1,\ M_{\mathrm{II}}=\beta_2M_2$$

$$M'_{\mathrm{I}}=\beta'_1M_1,\ M'_{\mathrm{II}}=\beta'_2M_2,\ \xi=\frac{\gamma^2}{24\alpha(1+\beta_2)}$$

式中：M_1、M_2、M_{I}、M_{II}、M'_{I}、M'_{II}分别为各塑性铰线上单位长度的极限内力矩；γ、γ'、K分别为各塑性铰线位置的参变数；L_1、L_2分别为板在短跨方向及长跨方向的计算跨度。

附表1　　塑性板的系数ξ（$\beta_1=\beta_2=\beta'_1=\beta'_2=2$）

λ	α		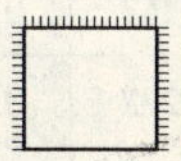	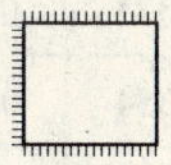	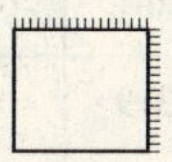	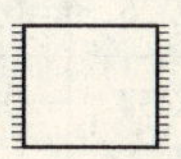	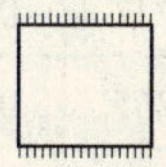	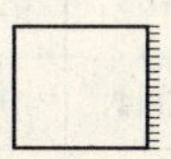	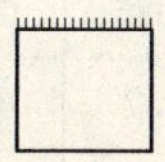	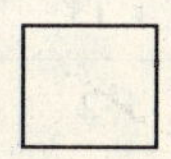
1	1	0.0139	0.0173	0.0173	0.0223	0.0216	0.0216	0.0294	0.0294	0.0417
1.05	0.9	0.0153	0.0194	0.0187	0.0246	0.0248	0.023	0.0332	0.0318	0.0459
1.1	0.85	0.0164	0.021	0.0198	0.0263	0.0273	0.024	0.0361	0.0335	0.0491
1.15	0.75	0.0179	0.0234	0.0213	0.0288	0.0311	0.0254	0.0405	0.0358	0.0537
1.2	0.7	0.019	0.0251	0.0223	0.0306	0.0341	0.0263	0.0437	0.0375	0.057
1.25	0.65	0.0201	0.0269	0.0233	0.0323	0.0371	0.0272	0.047	0.0391	0.0603
1.3	0.6	0.0212	0.0287	0.0244	0.0341	0.0404	0.0281	0.0504	0.0407	0.0636
1.35	0.55	0.0223	0.0306	0.0254	0.0359	0.0438	0.0289	0.0539	0.0423	0.067
1.4	0.5	0.0234	0.0325	0.0264	0.0377	0.0473	0.0298	0.0575	0.0438	0.0703
1.45	0.5	0.0239	0.0333	0.0268	0.0384	0.0488	0.0301	0.059	0.0445	0.0717
1.5	0.45	0.025	0.0352	0.0278	0.0402	0.0525	0.031	0.0626	0.046	0.075
1.55	0.4	0.0261	0.0372	0.0288	0.042	0.0564	0.0318	0.0664	0.0475	0.0784
1.6	0.4	0.0265	0.0378	0.0291	0.0426	0.0578	0.032	0.0677	0.048	0.0795
1.65	0.35	0.0276	0.0399	0.0301	0.0444	0.0619	0.0328	0.0715	0.0495	0.0829
1.7	0.35	0.028	0.0405	0.0304	0.0449	0.0632	0.0331	0.0727	0.05	0.0839
1.75	0.35	0.0283	0.041	0.0307	0.0454	0.0644	0.0333	0.0738	0.0504	0.0848
1.8	0.35	0.0286	0.0416	0.0309	0.0459	0.0655	0.0335	0.0749	0.0508	0.0857
1.85	0.3	0.0297	0.0436	0.0318	0.0477	0.0697	0.0342	0.0787	0.0522	0.089
1.9	0.3	0.0299	0.0441	0.0321	0.0481	0.0708	0.0344	0.0796	0.0525	0.0897
1.95	0.25	0.031	0.0461	0.033	0.0499	0.0753	0.0351	0.0836	0.054	0.0931
2	0.25	0.0313	0.0465	0.0332	0.0502	0.0762	0.0353	0.0845	0.0542	0.0938
2.1	0.2	0.0326	0.0491	0.0343	0.0524	0.0819	0.0362	0.0895	0.056	0.0978
2.2	0.2	0.033	0.0498	0.0346	0.053	0.0835	0.0364	0.0908	0.0564	0.0989
2.3	0.2	0.0333	0.0504	0.0349	0.0535	0.0849	0.0366	0.0921	0.0568	0.0999
2.4	0.2	0.0336	0.051	0.0352	0.054	0.0863	0.0368	0.0933	0.0572	0.1008
2.5	0.15	0.0349	0.0534	0.0362	0.056	0.0918	0.0376	0.098	0.0588	0.1046
2.6	0.15	0.0351	0.0539	0.0364	0.0564	0.0929	0.0377	0.0989	0.0591	0.1053
2.7	0.15	0.0353	0.0543	0.0366	0.0568	0.0939	0.0379	0.0997	0.0593	0.1059
2.8	0.12	0.0361	0.0559	0.0372	0.0581	0.0977	0.0384	0.1029	0.0603	0.1084
2.9	0.1	0.0367	0.0571	0.0377	0.0591	0.1006	0.0387	0.1053	0.0611	0.1102
3	0.1	0.0369	0.0574	0.0379	0.0593	0.1013	0.0388	0.1059	0.0613	0.1107

附表 2　　塑性板的系数 ξ（$\beta_1=\beta_2=\beta'_1=\beta'_2=1.8$）

λ	α		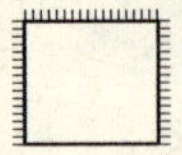	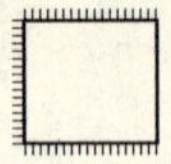	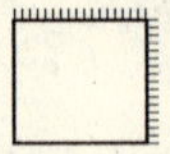	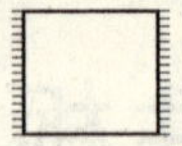	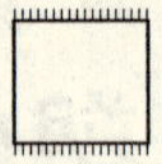	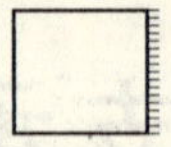		
1	1	0.0149	0.0183	0.0183	0.0233	0.0227	0.0227	0.0302	0.0302	0.0417
1.05	0.9	0.0164	0.0205	0.0198	0.0257	0.0259	0.0242	0.0341	0.0327	0.0459
1.1	0.85	0.0176	0.0222	0.021	0.0275	0.0285	0.0252	0.037	0.0344	0.0491
1.15	0.75	0.0192	0.0247	0.0226	0.0301	0.0324	0.0267	0.0414	0.0369	0.0537
1.2	0.7	0.0204	0.0265	0.0237	0.0319	0.0354	0.0277	0.0446	0.0386	0.057
1.25	0.65	0.0215	0.0284	0.0248	0.0338	0.0385	0.0287	0.0479	0.0404	0.0603
1.3	0.6	0.0227	0.0303	0.0259	0.0356	0.0418	0.0297	0.0513	0.042	0.0636
1.35	0.55	0.0239	0.0322	0.027	0.0375	0.0452	0.0306	0.0548	0.0437	0.067
1.4	0.5	0.0251	0.0342	0.0281	0.0394	0.0488	0.0316	0.0584	0.0454	0.0703
1.45	0.5	0.0256	0.0351	0.0286	0.0401	0.0503	0.0319	0.0599	0.0461	0.0717
1.5	0.45	0.0268	0.037	0.0296	0.042	0.054	0.0328	0.0635	0.0477	0.075
1.55	0.4	0.028	0.0391	0.0307	0.0439	0.0579	0.0337	0.0673	0.0493	0.0784
1.6	0.4	0.0284	0.0398	0.0311	0.0445	0.0593	0.034	0.0685	0.0498	0.0795
1.65	0.35	0.0296	0.0419	0.0321	0.0464	0.0634	0.0349	0.0724	0.0514	0.0829
1.7	0.35	0.0299	0.0425	0.0324	0.0469	0.0646	0.0351	0.0735	0.0519	0.0839
1.75	0.35	0.0303	0.0431	0.0327	0.0475	0.0658	0.0354	0.0746	0.0523	0.0848
1.8	0.35	0.0306	0.0437	0.033	0.048	0.0669	0.0356	0.0757	0.0527	0.0857
1.85	0.3	0.0318	0.0458	0.034	0.0498	0.0711	0.0364	0.0795	0.0542	0.089
1.9	0.3	0.0321	0.0463	0.0342	0.0502	0.0721	0.0366	0.0804	0.0546	0.0897
1.95	0.25	0.0332	0.0484	0.0353	0.0521	0.0765	0.0374	0.0844	0.0561	0.0931
2	0.25	0.0335	0.0488	0.0355	0.0525	0.0775	0.0376	0.0852	0.0564	0.0938
2.1	0.2	0.0349	0.0515	0.0367	0.0547	0.0831	0.0385	0.0901	0.0582	0.0978
2.2	0.2	0.0353	0.0522	0.037	0.0554	0.0846	0.0388	0.0915	0.0587	0.0989
2.3	0.2	0.0357	0.0529	0.0373	0.0559	0.086	0.039	0.0927	0.0592	0.0999
2.4	0.2	0.036	0.0535	0.0376	0.0564	0.0874	0.0393	0.0938	0.0596	0.1008
2.5	0.15	0.0373	0.056	0.0387	0.0585	0.0928	0.0401	0.0985	0.0612	0.1046
2.6	0.15	0.0376	0.0564	0.0389	0.0589	0.0938	0.0403	0.0994	0.0615	0.1053
2.7	0.15	0.0378	0.0569	0.0391	0.0593	0.0948	0.0404	0.1002	0.0618	0.1059
2.8	0.12	0.0387	0.0585	0.0398	0.0607	0.0985	0.041	0.1033	0.0629	0.1084
2.9	0.1	0.0394	0.0598	0.0404	0.0617	0.1013	0.0414	0.1057	0.0637	0.1102
3	0.1	0.0395	0.0601	0.0405	0.0619	0.102	0.0415	0.1063	0.0639	0.1107

附表 3　　塑性板的系数 ξ（$\beta_1=\beta_2=\beta'_1=\beta'_2=1.6$）

λ	α		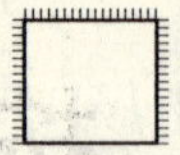		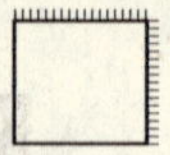	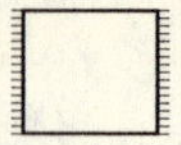	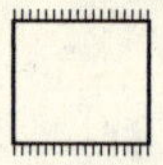	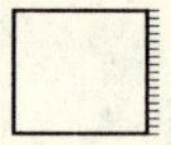		
1	1	0.016	0.0195	0.0195	0.0244	0.0238	0.0238	0.0311	0.0311	0.0417
1.05	0.9	0.0177	0.0218	0.0211	0.0269	0.0272	0.0254	0.0349	0.0336	0.0459
1.1	0.85	0.0189	0.0236	0.0224	0.0288	0.0298	0.0266	0.0379	0.0355	0.0491
1.15	0.75	0.0207	0.0262	0.0241	0.0315	0.0338	0.0282	0.0424	0.0381	0.0537
1.2	0.7	0.0219	0.0281	0.0253	0.0334	0.0369	0.0293	0.0456	0.0399	0.057
1.25	0.65	0.0232	0.0301	0.0265	0.0354	0.04	0.0304	0.0489	0.0417	0.0603
1.3	0.6	0.0245	0.0321	0.0277	0.0373	0.0433	0.0315	0.0523	0.0435	0.0636
1.35	0.55	0.0258	0.0341	0.0289	0.0392	0.0468	0.0325	0.0558	0.0453	0.067
1.4	0.5	0.027	0.0362	0.0301	0.0412	0.0504	0.0336	0.0594	0.047	0.0703
1.45	0.5	0.0276	0.037	0.0306	0.042	0.0519	0.034	0.0609	0.0478	0.0717
1.5	0.45	0.0288	0.0391	0.0317	0.044	0.0556	0.0349	0.0645	0.0495	0.075
1.55	0.4	0.0301	0.0413	0.0329	0.0459	0.0595	0.0359	0.0682	0.0512	0.0784
1.6	0.4	0.0306	0.042	0.0333	0.0466	0.0608	0.0363	0.0694	0.0517	0.0795
1.65	0.35	0.0319	0.0442	0.0344	0.0486	0.0649	0.0372	0.0733	0.0534	0.0829
1.7	0.35	0.0323	0.0448	0.0348	0.0491	0.0661	0.0375	0.0744	0.0539	0.0839
1.75	0.35	0.0326	0.0455	0.0351	0.0497	0.0673	0.0378	0.0755	0.0544	0.0848
1.8	0.35	0.033	0.046	0.0354	0.0502	0.0684	0.038	0.0765	0.0548	0.0857
1.85	0.3	0.0342	0.0482	0.0365	0.0521	0.0725	0.0389	0.0803	0.0564	0.089
1.9	0.3	0.0345	0.0487	0.0367	0.0526	0.0735	0.0391	0.0812	0.0568	0.0897
1.95	0.25	0.0358	0.0509	0.0378	0.0545	0.0779	0.04	0.0851	0.0584	0.0931
2	0.25	0.0361	0.0514	0.0381	0.0549	0.0788	0.0402	0.0859	0.0588	0.0938
2.1	0.2	0.0376	0.0541	0.0394	0.0573	0.0843	0.0413	0.0908	0.0607	0.0978
2.2	0.2	0.038	0.0549	0.0398	0.058	0.0858	0.0416	0.0921	0.0612	0.0989
2.3	0.2	0.0384	0.0556	0.0401	0.0586	0.0872	0.0418	0.0933	0.0617	0.0999
2.4	0.2	0.0388	0.0562	0.0404	0.0591	0.0885	0.0421	0.0945	0.0621	0.1008
2.5	0.15	0.0402	0.0588	0.0416	0.0613	0.0938	0.043	0.099	0.0639	0.1046
2.6	0.15	0.0405	0.0593	0.0418	0.0617	0.0948	0.0432	0.0999	0.0642	0.1053
2.7	0.15	0.0407	0.0597	0.042	0.0621	0.0958	0.0434	0.1007	0.0645	0.1059
2.8	0.12	0.0417	0.0614	0.0428	0.0635	0.0993	0.044	0.1037	0.0657	0.1084
2.9	0.1	0.0424	0.0627	0.0434	0.0646	0.1021	0.0445	0.1061	0.0665	0.1102
3	0.1	0.0426	0.063	0.0436	0.0649	0.1028	0.0446	0.1066	0.0667	0.1107

附表 4　　塑性板的系数 ξ（$\beta_1=\beta_2=\beta'_1=\beta'_2=1.4$）

λ	α		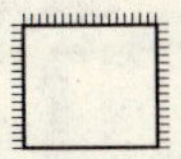	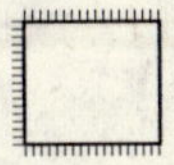	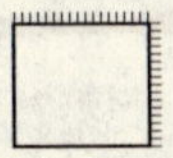	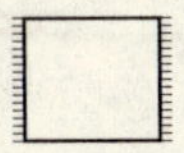		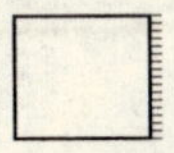	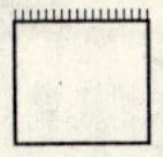	
1	1	0.0174	0.0208	0.0208	0.0256	0.0251	0.0251	0.032	0.032	0.0417
1.05	0.9	0.0191	0.0233	0.0226	0.0283	0.0286	0.0269	0.0359	0.0347	0.0459
1.1	0.85	0.0205	0.0252	0.024	0.0303	0.0313	0.0282	0.0389	0.0366	0.0491
1.15	0.75	0.0224	0.0279	0.0258	0.0331	0.0354	0.0299	0.0434	0.0394	0.0537
1.2	0.7	0.0238	0.03	0.0272	0.0351	0.0385	0.0312	0.0466	0.0413	0.057
1.25	0.65	0.0251	0.032	0.0285	0.0371	0.0417	0.0324	0.05	0.0432	0.0603
1.3	0.6	0.0265	0.0341	0.0298	0.0392	0.045	0.0335	0.0534	0.0451	0.0636
1.35	0.55	0.0279	0.0362	0.0311	0.0412	0.0485	0.0347	0.0568	0.047	0.067
1.4	0.5	0.0293	0.0384	0.0324	0.0433	0.0521	0.0358	0.0604	0.0489	0.0703
1.45	0.5	0.0299	0.0393	0.0329	0.0441	0.0536	0.0363	0.0619	0.0496	0.0717
1.5	0.45	0.0313	0.0415	0.0342	0.0462	0.0573	0.0374	0.0655	0.0515	0.075
1.55	0.4	0.0327	0.0437	0.0354	0.0482	0.0612	0.0385	0.0692	0.0533	0.0784
1.6	0.4	0.0331	0.0445	0.0359	0.0489	0.0625	0.0388	0.0704	0.0539	0.0795
1.65	0.35	0.0345	0.0468	0.0371	0.051	0.0665	0.0399	0.0742	0.0557	0.0829
1.7	0.35	0.0349	0.0474	0.0375	0.0516	0.0677	0.0402	0.0753	0.0562	0.0839
1.75	0.35	0.0353	0.0481	0.0378	0.0522	0.0689	0.0405	0.0764	0.0567	0.0848
1.8	0.35	0.0357	0.0487	0.0382	0.0528	0.07	0.0408	0.0774	0.0572	0.0857
1.85	0.3	0.0371	0.0509	0.0393	0.0548	0.074	0.0418	0.0811	0.0589	0.089
1.9	0.3	0.0374	0.0515	0.0396	0.0552	0.0751	0.042	0.082	0.0593	0.0897
1.95	0.25	0.0388	0.0538	0.0408	0.0573	0.0793	0.043	0.0859	0.061	0.0931
2	0.25	0.0391	0.0543	0.0411	0.0577	0.0802	0.0432	0.0867	0.0614	0.0938
2.1	0.2	0.0408	0.0571	0.0426	0.0602	0.0856	0.0444	0.0915	0.0635	0.0978
2.2	0.2	0.0412	0.0579	0.0429	0.0609	0.0871	0.0448	0.0928	0.064	0.0989
2.3	0.2	0.0416	0.0586	0.0433	0.0615	0.0884	0.0451	0.094	0.0645	0.0999
2.4	0.2	0.042	0.0593	0.0436	0.0621	0.0897	0.0453	0.0951	0.065	0.1008
2.5	0.15	0.0436	0.0619	0.045	0.0644	0.0948	0.0464	0.0996	0.0669	0.1046
2.6	0.15	0.0439	0.0625	0.0452	0.0648	0.0958	0.0466	0.1004	0.0672	0.1053
2.7	0.15	0.0441	0.0629	0.0455	0.0652	0.0968	0.0468	0.1012	0.0676	0.1059
2.8	0.12	0.0452	0.0647	0.0463	0.0667	0.1002	0.0475	0.1042	0.0688	0.1084
2.9	0.1	0.0459	0.066	0.047	0.0678	0.1029	0.048	0.1065	0.0697	0.1102
3	0.1	0.0461	0.0664	0.0471	0.0681	0.1035	0.0481	0.1071	0.0699	0.1107

附表 5　　塑性板的系数 ξ（$\beta_1=\beta_2=\beta'_1=\beta'_2=1.2$）

λ	α		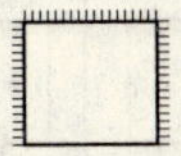	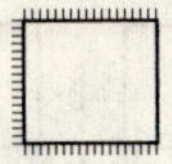	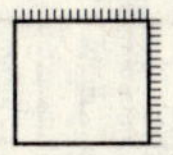	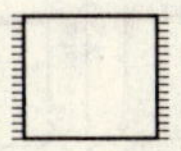			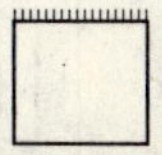	
1	1	0.0189	0.0224	0.0208	0.027	0.0266	0.0266	0.033	0.033	0.0417
1.05	0.9	0.0209	0.025	0.0226	0.0298	0.0301	0.0285	0.037	0.0358	0.0459
1.1	0.85	0.0223	0.027	0.024	0.0319	0.0329	0.0299	0.04	0.0379	0.0491
1.15	0.75	0.0244	0.0299	0.0258	0.0349	0.0371	0.0319	0.0445	0.0408	0.0537
1.2	0.7	0.0259	0.0321	0.0272	0.037	0.0403	0.0332	0.0478	0.0429	0.057
1.25	0.65	0.0274	0.0342	0.0285	0.0391	0.0435	0.0346	0.0511	0.0449	0.0603
1.3	0.6	0.0289	0.0364	0.0298	0.0413	0.0469	0.0359	0.0545	0.0469	0.0636
1.35	0.55	0.0304	0.0387	0.0311	0.0434	0.0504	0.0372	0.058	0.0489	0.067
1.4	0.5	0.032	0.0409	0.0324	0.0456	0.054	0.0384	0.0615	0.0509	0.0703
1.45	0.5	0.0326	0.0419	0.0329	0.0465	0.0555	0.039	0.063	0.0517	0.0717
1.5	0.45	0.0341	0.0442	0.0342	0.0487	0.0591	0.0402	0.0665	0.0537	0.075
1.55	0.4	0.0356	0.0465	0.0354	0.0508	0.063	0.0414	0.0702	0.0556	0.0784
1.6	0.4	0.0361	0.0473	0.0359	0.0516	0.0643	0.0418	0.0714	0.0563	0.0795
1.65	0.35	0.0377	0.0497	0.0371	0.0538	0.0683	0.043	0.0752	0.0582	0.0829
1.7	0.35	0.0381	0.0504	0.0375	0.0544	0.0695	0.0434	0.0763	0.0587	0.0839
1.75	0.35	0.0385	0.0511	0.0378	0.055	0.0706	0.0437	0.0773	0.0593	0.0848
1.8	0.35	0.039	0.0517	0.0382	0.0556	0.0717	0.044	0.0784	0.0598	0.0857
1.85	0.3	0.0404	0.054	0.0393	0.0577	0.0757	0.0451	0.082	0.0616	0.089
1.9	0.3	0.0408	0.0546	0.0396	0.0582	0.0767	0.0454	0.0829	0.0621	0.0897
1.95	0.25	0.0423	0.057	0.0408	0.0604	0.0809	0.0466	0.0867	0.0639	0.0931
2	0.25	0.0426	0.0575	0.0411	0.0608	0.0817	0.0468	0.0875	0.0643	0.0938
2.1	0.2	0.0445	0.0605	0.0426	0.0634	0.087	0.0481	0.0922	0.0665	0.0978
2.2	0.2	0.045	0.0613	0.0429	0.0642	0.0884	0.0485	0.0935	0.0671	0.0989
2.3	0.2	0.0454	0.0621	0.0433	0.0648	0.0897	0.0488	0.0947	0.0677	0.0999
2.4	0.2	0.0458	0.0627	0.0436	0.0654	0.091	0.0492	0.0958	0.0682	0.1008
2.5	0.15	0.0475	0.0655	0.045	0.0678	0.0959	0.0504	0.1001	0.0702	0.1046
2.6	0.15	0.0478	0.066	0.0452	0.0683	0.0969	0.0506	0.101	0.0706	0.1053
2.7	0.15	0.0482	0.0665	0.0455	0.0687	0.0978	0.0508	0.1018	0.071	0.1059
2.8	0.12	0.0493	0.0684	0.0463	0.0703	0.1012	0.0516	0.1047	0.0723	0.1084
2.9	0.1	0.0501	0.0698	0.047	0.0715	0.1037	0.0522	0.1069	0.0733	0.1102
3	0.1	0.0503	0.0701	0.0471	0.0718	0.1044	0.0523	0.1075	0.0735	0.1107

附表 6　　塑性板的系数 ξ（$\beta_1=\beta_2=\beta'_1=\beta'_2=1.0$）

λ	α		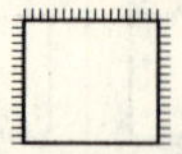	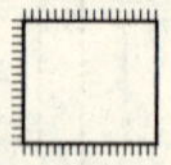		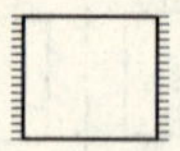			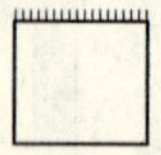	
1	1	0.0208	0.0242	0.0242	0.0286	0.0282	0.0282	0.0341	0.0341	0.0417
1.05	0.9	0.023	0.027	0.0264	0.0315	0.0319	0.0304	0.0381	0.0371	0.0459
1.1	0.85	0.0246	0.0291	0.028	0.0337	0.0348	0.0319	0.0412	0.0393	0.0491
1.15	0.75	0.0269	0.0322	0.0302	0.0369	0.0391	0.0341	0.0457	0.0424	0.0537
1.2	0.7	0.0285	0.0345	0.0318	0.0391	0.0423	0.0356	0.049	0.0446	0.057
1.25	0.65	0.0302	0.0368	0.0334	0.0414	0.0455	0.0371	0.0523	0.0467	0.0603
1.3	0.6	0.0318	0.0391	0.035	0.0437	0.0489	0.0386	0.0557	0.0489	0.0636
1.35	0.55	0.0335	0.0415	0.0366	0.046	0.0524	0.0401	0.0592	0.051	0.067
1.4	0.5	0.0352	0.0439	0.0382	0.0483	0.056	0.0415	0.0627	0.0532	0.0703
1.45	0.5	0.0358	0.0449	0.0388	0.0492	0.0575	0.0421	0.0641	0.054	0.0717
1.5	0.45	0.0375	0.0473	0.0404	0.0515	0.0612	0.0435	0.0677	0.0561	0.075
1.55	0.4	0.0392	0.0497	0.0419	0.0538	0.065	0.0449	0.0713	0.0582	0.0784
1.6	0.4	0.0397	0.0506	0.0424	0.0546	0.0663	0.0453	0.0725	0.0589	0.0795
1.65	0.35	0.0414	0.0531	0.044	0.0569	0.0702	0.0467	0.0762	0.061	0.0829
1.7	0.35	0.0419	0.0538	0.0444	0.0576	0.0713	0.0471	0.0773	0.0616	0.0839
1.75	0.35	0.0424	0.0545	0.0449	0.0582	0.0725	0.0475	0.0784	0.0622	0.0848
1.8	0.35	0.0429	0.0552	0.0453	0.0588	0.0735	0.0478	0.0794	0.0627	0.0857
1.85	0.3	0.0445	0.0576	0.0467	0.061	0.0774	0.0491	0.083	0.0647	0.089
1.9	0.3	0.0449	0.0582	0.0471	0.0616	0.0784	0.0494	0.0839	0.0652	0.0897
1.95	0.25	0.0465	0.0607	0.0486	0.0639	0.0825	0.0507	0.0876	0.0672	0.0931
2	0.25	0.0469	0.0613	0.0489	0.0643	0.0833	0.051	0.0884	0.0676	0.0938
2.1	0.2	0.0489	0.0644	0.0507	0.0671	0.0884	0.0525	0.093	0.07	0.0978
2.2	0.2	0.0495	0.0652	0.0512	0.0679	0.0898	0.053	0.0942	0.0706	0.0989
2.3	0.2	0.05	0.066	0.0516	0.0686	0.0911	0.0533	0.0954	0.0712	0.0999
2.4	0.2	0.0504	0.0667	0.052	0.0692	0.0923	0.0537	0.0965	0.0718	0.1008
2.5	0.15	0.0523	0.0696	0.0537	0.0718	0.0971	0.0551	0.1008	0.074	0.1046
2.6	0.15	0.0526	0.0702	0.054	0.0722	0.0981	0.0553	0.1016	0.0744	0.1053
2.7	0.15	0.053	0.0707	0.0543	0.0727	0.0989	0.0556	0.1024	0.0748	0.1059
2.8	0.12	0.0542	0.0726	0.0553	0.0744	0.1022	0.0565	0.1052	0.0762	0.1084
2.9	0.1	0.0551	0.074	0.0561	0.0756	0.1046	0.0572	0.1074	0.0773	0.1102
3	0.1	0.0553	0.0744	0.0563	0.076	0.1053	0.0573	0.1079	0.0776	0.1107

参 考 文 献

1 天津大学等编. 钢筋混凝土结构（下册）. 北京：中国建筑工业出版社，1980. 12
2 ［俄］A. P. 尔然尼采著，赵超燮等译. 考虑材料塑性的结构计算. 北京：建筑工程出版社，1957：184－185
3 斯图亚特 S. J. 莫易著. 钢结构与混凝土结构塑性设计方法. 北京：中国建筑工业出版社，1986. 12
4 S. 铁摩辛柯著，汪一麟译. 材料力学（高等理论及问题）. 北京：科学出版社，1964
5 高立人，方鄂华，钱稼如. 高层建筑结构概念设计. 北京：中国计划出版社，2005. 11
6 胡庆昌. 建筑结构抗震设计与研究. 北京：中国建筑工业出版社，1999. 9
7 沈聚敏等. 钢筋混凝土有限元与板壳极限分析. 北京：清华大学出版社，1993
8 中国建筑科学研究院主编. 混凝土结构设计. 北京：中国建筑工业出版社，2003
9 中华人民共和国国家标准，混凝土结构设计规范（GB 50010—2002）. 北京：中国建筑工业出版社，2002
10 易伟建等执笔. 钢筋混凝土板的裂缝与变形性能. 混凝土结构研究报告选集（3）. 北京：中国建筑工业出版社，1994
11 徐有邻等. 钢筋在混凝土中锚固和搭接的试验研究. 混凝土结构研究报告集（3）. 北京：中国建筑工业出版社，1994
12 浙江大学土木系等. 简明建筑结构设计手册. 北京：中国建筑工业出版社，1980
13 建筑结构静力计算手册编写组. 建筑结构静力计算手册. 北京：中国建筑工业出版社，1975
14 北京市建筑设计研究院. 结构设计手册（90JG）. 华北地区建筑设计标准化办公室，1990
15 北京市建筑设计研究院主编. 北京市建筑设计技术细则：结构专业. 北京市建筑设计标准化办公室. 2004
16 刘大海等. 高层建筑抗震设计. 北京：中国建筑工业出版社，1993
17 罗邦富等编著. 钢结构设计手册. 第2版. 北京：中国建筑工业出版社，1989
18 王铁梦. 工程结构裂缝控制. 北京：中国建筑工业出版社，1997
19 江见鲸. 混凝土结构工程学. 北京：中国建筑工业出版社，1998
20 陈景栋，周承伦. 建筑工程概预算编制实用手册. 北京：中国计划出版社，1992
21 杨崇永等. 建筑工程施工及验收规范讲座：混凝土结构工程. 第2版. 北京：中国建筑工业出版社，1993
22 军队工程建设造价管理（试用教材），军队工程建设造价管理教材编写委员会，2000
23 北京市建设工程间接费及其他费用定额，北京市城乡建设委员会，1996
24 北京市建设工程概预算定额，建筑工程（第一册），北京市城乡建设委员会，1996
25 建设工程工程量清单计价规范（GB 50500—2003），2003
26 建设部工程质量安全监督与行业发展司，中国建筑标准设计研究所编. 2003 全国民用建筑工程设计技术措施：结构. 中国计划出版社，2003
27 陈锡智，王孙旦. 钢筋混凝土双向板的合理跨厚比. 第十六届全国高层建筑结构学术交流会论文集，2000
28 陈锡智，王孙旦. 钢筋混凝梁的挠度快速计算与跨高比控制. 第十六届全国高层建筑结构学术交流会论文集，2000
29 天津市标准，大开间住宅钢筋混凝土异形柱框轻结构技术规程（DB29—16—98）
30 混凝土结构工程施工及验收规范（GB 50204—92）. 北京：中国建筑工业出版社，1992
31 易大义，蒋叔豪，李有法. 数值方法. 杭州：浙江科学技术出版社，1984
32 武藤清著，腾家禄等译. 结构物动力设计. 北京：中国建筑工业出版社，1984
33 混凝土结构研究报告选集（3）. 北京：中国建筑工业出版社，1994. 470～537
34 中国建设监理协会编写. 建设工程投资控制（全国监理工程师培训考试教材）. 北京：知识产权出版社，2003
35 钢筋混凝土结构设计与构造（85 设计规范背景资料汇编）. 中国建筑科学研究院，1985
36 混凝土结构设计规范（GBJ 10—89）. 北京：中国建筑工业出版社，1990
37 THOMAS T. C. HSU. Post-Cracking Torsional Rigidity of Reinforced Concrete Sections. ACI JOURNAL, Proceedings V. 70, NO. 5 May. 1973
38 HU Qingchang, Xu Yunfei. A NEW WAY FOR IMPROVING THE SEISMIC BEHAVIOR OF REINFORCED CONCRETE SHORT COLUMN, NINETH WORLD CONFERENCE ON EARTHQUAKE ENGINEERING 1998 , TOKYO-KYOTO, JAPAN
39 Rangan B V . Control of beam deflections by allowable span-depth rations. Journal of American Concrete Institute , 1982；79（5）：372－377
40 构件弹塑性计算专题研究组. 钢筋混凝土连续梁弯矩调幅限值的研究. 建筑结构，1982（4）
41 周献祥，宋明军等. 双向板按塑性理论设计的可靠性和经济性. 工程力学增刊，2001
42 张剑等. 重力荷载作用下钢筋混凝土框架梁平板楼盖分析. 建筑结构，2003（11）
43 蒋大骅. 大小偏心受压的界限及其判别. 建筑结构，1994（3）
44 周献祥，徐俊广. 混凝土设计规范若干问题的讨论. 建筑结构，2005（4）
45 姜维山，白国良. 配复合箍、螺旋箍、X形钢筋混凝土短柱的抗震性能及抗震设计. 建筑结构学报，1994（1）
46 孙金墀. 剪力墙边缘构件配筋对结构抗震性能的影响. 第十二届全国高层建筑结构学术交流会论文集（第三卷），1992
47 周献祥. 品味钢筋混凝土——设计常遇的混凝土结构机制机理分析. 北京：中国水利水电出版社 知识产权出版社，2006
48 傅剑平，白绍良. 钢筋混凝土框架顶层中间节点的设计与构造. 建筑结构，2003（2）
49 周献祥. 求解非线性方程的牛顿下山法及程序. 工程设计与研究，1998（3）
50 李广亮译. 大型钢筋混凝土梁的侧面裂缝. 建筑结构，1982（6）
51 黄警顽. 新《高规》应用的一些问题. 第九届高层建筑抗震技术交流会论文集，2003. 10 厦门
52 廉慧珍等. 影响膨胀剂使用效果的若干因素. 建筑科学，2000（4）
53 籍凤秋等. 改性轨枕用高性能混凝土的研制与应用. 工程力学增刊，2000
54 周献祥等. 减少和控制混凝土早期收缩裂缝的综合技术研究，第八届高层建筑抗震技术交流会论文集，2001. 11，南宁
55 陈肇元，崔京浩等. 钢筋混凝土裂缝分析与控制. 工程力学增刊（第一卷），2001
56 周献祥. 某内天井式高层科研楼的结构设计. 第六届高层建筑抗震技术交流会论文集，1997
57 周献祥，宋明军. 降低结构工程造价的途径及技术措施. 工程力学增刊，2001
58 张燕. 剪力墙的抗震作用. 第六届高层建筑抗震技术交流会论文集，1997
59 周献祥. 高层建筑柱下条形基础与扩底桩的经济技术性比较. 工程设计与研究，1996（1）
60 吕文，钱家茹等. 高轴压比悬臂剪力墙延性性能的研究. 第六届高层建筑抗震技术交流会论文集，1997

61 方鄂华，高向宇. 多层大开间少内纵墙住宅结构考虑塑性内力重分配的设计方法. 建筑结构学报，1996（2）
62 赵作周，高向宇，方鄂华. 多层大开间少内纵墙住宅结构模型试验研究. 建筑结构学报，1994（6）
63 王万钊等. 砖墙与混凝土剪力墙混合结构八层建筑模型抗震性能试验研究. 建筑科学，1996（1）
64 黄维平等. 钢筋混凝土-砖组合墙八层房屋的抗震性能研究. 工程抗震，1994（4）
65 方鄂华. 高层建筑钢筋混凝土结构概念设计. 北京：机械工业出版社，2005. 4
66 胡庆昌. 钢筋混凝土框剪结构抗震设计若干问题的探讨. 第十届高层建筑抗震技术交流会论文集，2005
67 柯长华，薛慧立. 抗震设计中一些问题分析和讨论. 第十届高层建筑抗震技术交流会论文集，2005